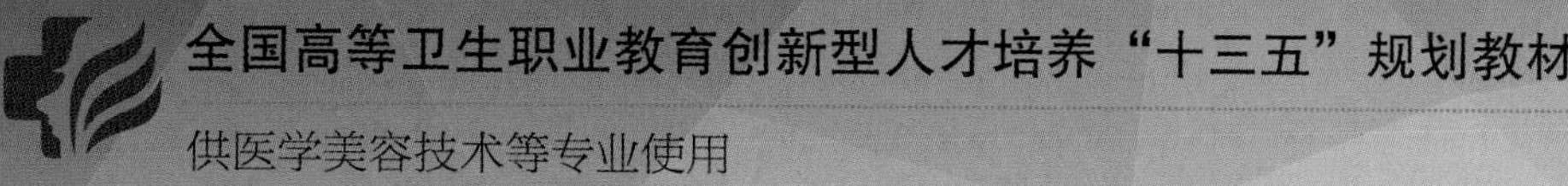

全国高等卫生职业教育创新型人才培养“十三五”规划教材

供医学美容技术等专业使用

美容护肤技术

主　编　孙　晶　蔡成功　申芳芳

副主编　肖杰华　邱子津　周　围

编　者　（以姓氏笔画为序）

邓丽阳　白城医学高等专科学校

申芳芳　山东中医药高等专科学校

孙　晶　白城医学高等专科学校

孙　磊　白城医学高等专科学校

李文娟　湖北职业技术学院

肖杰华　青海卫生职业技术学校

邱子津　重庆医药高等专科学校

宋佩杉　皖北卫生职业学院

周　围　宜春职业技术学院

蔡成功　沧州医学高等专科学校

華中科技大學出版社

http://www.hustp.com

中国·武汉

内容简介

本书是全国高等卫生职业教育创新型人才培养"十三五"规划教材。

本书的编写以"创新型"人才培养为指导思想，以充分发挥高素质、高技能人才培养的作用为宗旨。全书分上、下两篇，共六章。上篇为基础理论篇，包括概论、皮肤的生理解剖、皮肤的分析等。下篇为技能操作篇，包括面部养护技术、芳香疗法、美体塑身技术等。

本书适用于医学美容技术专业，同时也是美容师职业资格考试、自学考试的参考用书，更可作为医学美容院专业人员的参考用书或指导用书。

图书在版编目(CIP)数据

美容护肤技术/孙晶，蔡成功，申芳芳主编. —武汉：华中科技大学出版社，2019.1(2024.8 重印)
全国高等卫生职业教育创新型人才培养"十三五"规划教材
ISBN 978-7-5680-4829-3

Ⅰ. ①美… Ⅱ. ①孙… ②蔡… ③申… Ⅲ. ①美容-高等职业教育-教材 ②皮肤-护理-高等职业教育-教材 Ⅳ. ①TS974.1

中国版本图书馆 CIP 数据核字(2019)第 009686 号

美容护肤技术 孙　晶　蔡成功　申芳芳　主编
Meirong Hufu Jishu

策划编辑：居　颖
责任编辑：张　帆
封面设计：原色设计
责任校对：李　琴
责任监印：周治超
出版发行：华中科技大学出版社(中国·武汉)　电话：(027)81321913
武汉市东湖新技术开发区华工科技园　邮编：430223
录　　排：华中科技大学惠友文印中心
印　　刷：武汉科源印刷设计有限公司
开　　本：787mm×1092mm　1/16
印　　张：10.5
字　　数：301 千字
版　　次：2024 年 8 月第 1 版第 8 次印刷
定　　价：58.00 元

全国高等卫生职业教育创新型人才培养“十三五”规划教材（医学美容技术专业）

前言

QIANYAN

“美容护肤技术”是一门融专业理论和实践操作为一体的医学美容技术专业核心课程。该课程相关教材具有很强的实用性，尤其在人民物质生活水平普遍提高的今天，美容护肤技术越来越被人们广泛接受和运用。本教材为课程服务，适用于医学高等专科学校医学美容技术专业，同时也可作为美容师职业资格考试、自学考试的参考用书，更可为医学美容院专业人员提供参考和借鉴。

本教材为保证充分发挥高素质、高技能人才培养的作用，在教材编写过程中，我们力求在充分系统反映本课程基本内容的同时，做到语言简练，内容通俗易懂，避免因文字、图例等不够准确而影响教学质量的情况。

全书分上、下两篇，共六章。上篇基础理论篇包括第一章至第三章，是美容护肤的基础理论知识部分，重点介绍美容师的职业素养；美容护肤的概念与分类；手操；皮肤的生理解剖及皮肤分类与检测方法等。下篇技能操作篇包括第四章至第六章，是美容护肤的实践操作部分，重点介绍基础面部养护的技能操作程序；面部、身体芳香疗法的操作程序及美体塑身技术的实践操作技能。其中，第一章和第五章的第五节由申芳芳编写；第二章由宋佩杉编写；第三章和第四章的第七节由肖杰华编写；第四章第一、二节由蔡成功编写；第四章第三、四节由李文娟编写；第四章第五、六节由周围编写；第五章第一、二、三节由邱子津编写；第五章第四节由孙晶编写；第六章第一节由孙磊编写；第六章第二节由邓丽阳编写。

本教材在编写过程中，反复参考同类教材，吸取经验，弥补不足，不断改进完善，力求使其更加符合高等职业教育培养目标的要求，使其更加具有可操作性和实用性，以方便课程教学和自主学习。编者们尽心尽力、辛勤付出。教材编写也得到了所有参编单位及出版社的大力支持，编写中参阅了许多相关书刊及文献，在此，谨向相关参编单位和编者表示诚挚的谢意。

由于本教材的编写时间有限，可能还存在很多暂未发现的瑕疵，欢迎广大师生和读者批评指正，提出宝贵意见。

编　者

目录

MULU

上篇

基础理论篇

JICHULILUNPIAN

第一章　概　　论

第一节　美容师的职业素养

一、美容师的职业道德

（一）职业道德的含义

道德的德是由一定社会的经济关系所决定的社会意识形态，是以善恶为评价标准，依靠社会舆论、内心信念和传统习惯所维系的，调整人们之间以及社会之间关系的行为规范的总和。道德贯串于社会生活的各个方面，如社会公德、职业道德、婚姻家庭道德等。它通过确立一定的行为准则和善恶标准，约束人们之间的关系和个人行为，调节社会关系，并与法律一起保障社会生活的正常秩序。

职业道德，是与人们的职业活动紧密关联的符合职业特点所要求的道德准则、道德情操与道德品质的总和，它既是本职人员在职业活动中的行为准则和要求，也是职业对社会所肩负的道德责任与义务。每个从业人员，不论是从事哪种职业，在职业活动中都要遵守职业道德。职业道德要鲜明地表达职业义务、职业责任以及职业行为上的道德准则。它不是一般地反映社会道德和阶级道德的要求，而是要反映职业、行业以及产业特殊利益的要求，它往往表现为某一职业特有的道德传统和道德习惯，表现为从事某一职业的人们所特有的道德情操和道德品质。

（二）美容师的职业道德

美容师的职业道德是指美容师在职业活动中所遵循的与职业活动紧密关联的符合职业特点要求的道德准则、道德情操与道德品质的总和。主要内容包括以下几个方面。

1. 遵纪守法，爱岗敬业　美容师应该遵守国家相关的法律法规及美容院的规章制度，不做违反国家法律和损害求美者利益的事情。美容师应该热爱美容事业，在本职岗位上尽职尽责，努力工作。

2. 礼貌待人，热忱服务　对待顾客要友善、礼貌，要有热情和积极的态度，服务要细致、周到。

3. 实事求是，诚信公平　要尊重客观事实，做到言而有信，将顾客的需求和利益放在首要位置，不能为了追求经济利益而擅自夸大美容效果，欺骗顾客。要公平对待每一位顾客，不能厚此薄彼。

4. 认真负责，团结协作 要有积极认真的工作态度，主动完成岗位工作任务；同时要有良好的团队观念，要善于团结同事，共同协作，创造和谐的集体氛围。

5. 努力学习，刻苦钻研 要保持时刻学习的心态，不断学习和钻研新知识、新技术，不满足于熟练掌握一般的美容技术，应随时保持最高的专业水准。

二、美容师的职业形象

美容师的职业形象是指美容师的社会印象，它包括美容师的仪表、仪态及语言等方面。美容师的成功很大程度上取决于美容师的职业形象，因此职业形象对于美容师来说至关重要。作为一名职业美容师，不仅应该维护顾客的容貌美和形体美，还应该从自身做起，为顾客树立一个参照的榜样。

美容师塑造职业形象并不是一件简单的事情，它是外在形象、内在素养及专业修养的综合反映。一个优秀的美容师，应该努力形成符合专业岗位要求、体现个人职业修养的职业形象。

（一）仪容仪表

美容师个人展现出的美丽、优雅的外在形象，是对美容师岗位工作的最有力说明。因此，美容师应通过清洁与保养，保持个人整洁、美丽的外在形象。

1. 面部 美容师应定期对皮肤进行养护，保持皮肤的洁净、润泽和健康。女性美容师应着淡妆，整个妆面淡雅、清爽，切忌浓妆艳抹。

2. 头发 美容师的头发应保持清洁，经常清洗，不得有油腻、异味等；发型的选择应与脸型相适应，体现优雅、时尚的气质，不得染怪异的颜色及烫怪异的发型；留长发的美容师，应束发，避免长发干扰护理工作。

3. 口腔 美容师口腔应保持洁净，无异味，工作前不食用葱、蒜、韭菜等气味较大的食物；应经常进行口腔检查，养成饭后刷牙的好习惯。

4. 手部 手是女人的第二张脸，尤其是美容师的双手，是美容师工作中最重要的部位。美容师的手应注意保养，保持手部柔软，使其富有弹性，保持皮肤滋润细腻，保持手部清洁平滑；指甲应当修剪平整，不可留长指甲，不可涂颜色鲜艳的甲油；手部不能佩戴戒指、手链、手镯等饰品，防止在美容护理中划伤顾客。

5. 着装 美容师应统一穿着美容院工作制服，制服应保持清洁、平整；制服上应佩戴工作牌，标明美容师的姓名和岗位；为顾客做护理时，应佩戴符合要求的口罩。

6. 鞋袜 美容师工作时应着舒适、合脚、软底的鞋子，尽量不穿高跟鞋；鞋袜要保持干净、清洁、无异味。

7. 体味 美容师应经常沐浴，保持身体的清洁和无异味，使用香水时，应选择气味淡雅的香水。

（二）仪态举止

仪态举止包含站姿、坐姿、走姿和手势等，是无声的语言。仪态举止体现了一个人的风度和修养，正确的姿态还可以有效地缓解工作的疲劳。

1. 站姿 站姿是一个人站立的姿势，它是人们平时所采用的一种静态身体造型，同时又是其他动态身体造型的基础和起点。站姿是衡量一个人外表乃至精神的重要标准。正确的站姿是优美仪态的基础。

（1）正确的站姿。

①两脚跟相靠，脚尖展开 45°～60°，身体重心放在脚掌上。

②两腿并拢直立，小腿部肌肉收紧，大腿内侧夹紧，髋部上提。

③腹部、臀大肌微收缩并上提，臀部、腹部前后相夹，髋部两侧略向中间用力。

④脊柱、后背挺直，胸略向前上方提起。

⑤两肩放松下沉，气沉于胸腹之间，自然呼吸。

⑥两手臂放松，自然下垂于体侧或双手交叉放置于小腹部，交叉时，右手置于左手上。

⑦脖颈挺直，头向上顶。

⑧下颌微收，面带微笑，双目平视前方。

站立的时间过长时，双脚可以以一只脚为重心支撑站立，另一只脚稍息，然后轮换。

（2）不良的站姿。

①站立时，腰背不能挺直，有弯腰驼背的现象。除去其腰部弯曲、背部弓起之外，通常还会同时伴有颈部弯缩、胸部凹陷、腹部凸出、臀部撅起等一些其他的不良体态。

②一般情况下，"V"字步、"丁"字步均可采用，但要避免"人"字步和"蹬踩式"。"人"字步也就是"内八字"步，"蹬踩式"是一只脚站在地上的同时，把另一只脚踩在鞋帮上，或是踏在其他物体上。这两种站姿使人看起来不自信或比较随意。

③站立时身体明显歪斜，如头偏、肩斜、腿曲、身歪，或是膝部不直，这种站姿使人显得颓废消沉。

④站立时双手抱在胸前、双手叉腰、将手插在衣服或裤子口袋里等不当的手位，会破坏站姿的整体效果。

2. 坐姿　坐姿是人际交往中重要的人体姿势，优雅规范的坐姿，不仅可以体现美容师良好的职业形象，还可以避免不良姿势带来的疲劳和慢性劳损等情况。

（1）正确的坐姿。

①女士穿着裙装坐下时要先轻拢裙摆，然后入座，入座要轻而稳。

②入座后，面带微笑，双目平视，嘴微闭，微收下颌。

③双肩平正放松，两臂自然弯曲放在腿上、椅子或者扶手上。

④收腹、立腰、挺胸，上体自然挺直。

⑤女士双膝自然并拢，男士双膝微开。

⑥双侧大腿部与椅面保持平行，小腿与大腿垂直。

⑦坐在椅子上时，要至少坐满椅面的 2/3，背部轻靠在椅背上。

⑧起立时，右脚向后收半步然后起立。

⑨与顾客交谈时，可以侧坐，上身与腿应同时转向一侧。

（2）不良的坐姿。

①坐下后腰背懒散松塌，或过分后仰。

②坐下或站起行走时，动作过大碰出较大声响。

③坐下后腿敞开过大。

④坐下时摇晃抖动双腿或一条腿横架在另一条腿上。

⑤脚尖冲着别人或将脚放在自己或别人的座位上。

⑥坐在办公桌上或椅子扶手上。

⑦两手夹在两腿之间或垫在大腿下面。

3. 蹲姿 蹲在地上拾取东西时，应保持大方、端庄的姿态。

(1) 一脚在前，一脚在后，两腿下蹲。

(2) 前脚全部着地，后脚脚跟提起，脚掌着地。

(3) 蹲下时，腰背要挺直。

4. 走姿 走路姿势最能体现出人的精神风貌，走路的节奏和韵律很重要，不能过于呆板，也不能过于随意。

(1) 正确的走姿。

①双目向前平视，微收下颌，面带微笑。

②双肩平稳，双臂自然摆动，摆幅在30°～35°为宜。

③上身挺直，挺胸、收腹、立腰，重心稍向前倾斜。

④注意步位，两脚内侧落在一条直线上。

⑤步幅适当，前脚跟与后脚尖相距一脚之长。

⑥行走速度要适中，根据场合、服装等因素决定行走的速度。

⑦停步、拐弯、上下楼梯要从容不迫、控制自如。

(2) 不良的走姿。

①走路内八字或外八字。

②走路弯腰驼背，歪肩晃膀。

③走路时手的甩动幅度过大或扭腰摆臀。

④步幅太大或太小。

⑤行走时鞋子拖沓作响或双手插在裤兜里行走。

三、美容师的语言

美容师说话时要使用文明用语，声音悦耳、亲切，同时富有一定的谈话技巧，提高谈话的质量与水准，使顾客对美容师产生亲切感和信任感。

(一) 语气平和，语调适中

美容师在与顾客的对话中应心平气和，尽量使用请求式或商量式的语气，以显示对顾客的尊重；语调轻柔适中，会传递出对顾客友好诚恳的态度；语速快慢适度，会给顾客留下清晰沉稳的印象。

(二) 选择顾客喜欢的主题

美容师在谈话过程中要了解顾客的喜好，尽量选择顾客感兴趣的话题进行沟通，美容化妆、流行服饰、发型、文学、艺术、旅游、教育、地方新闻、文体活动等主题是较多谈起的话题。因此，美容师自身应该掌握丰富的知识和信息。

(三) 谈话的原则

为了使谈话过程轻松和谐，美容师应注意以下几个问题。

(1) 主动寻找合适的话题。

(2) 谈话过程中要学会倾听，不与顾客争论。

(3) 不问顾客隐私，不在背后议论同事或别的顾客。

(4) 注意使用文明用语，不要使用具有攻击性的语言。

四、美容师接待礼仪

（一）接待规范

1. 待客“三声”

（1）来有迎声。看到顾客进来，前台接待或美容师应主动上前与顾客打招呼，并进行沟通。

（2）问有答声。当顾客有问题时，应认真倾听，并及时解答。

（3）去有送声。顾客护理结束时，应将顾客送至店门口，微笑并目送顾客离开。

2. 热情“三到”

（1）眼到。美容师应时刻用心观察顾客的行动，了解顾客的意图。

（2）手到。美容师的动作应该敏捷、熟练，当顾客有需求的时候，要主动协助顾客完成。

（3）意到。在接待过程中，通过语言、表情等途径传递美容师的友好与热情，与顾客构建良好的沟通氛围。

3. 文明“五句” “您好”“请”“谢谢”“对不起”“再见”，是美容师在岗位工作中要经常使用的文明用语，不讲粗俗污秽或污蔑性的语言，不开过分的玩笑。在此基础上，要真诚待人，由内而外地体现出美容师的礼貌规范。

（二）服务礼仪

（1）给顾客做引导时，要走在顾客的前两步远的一侧，以便随时为顾客解说和照顾顾客。

（2）一般不要随意超过前行的顾客，如需超过，应先说“对不起”，待顾客侧身后，说“谢谢”，再轻轻超过。

（3）顾客和同事从对面走过时，应主动侧身，并点头问好。

（4）他人在交谈过程中，不可以随意插话，如有特殊情况时，应先说“抱歉，打扰您一下”。

（5）在工作过程中，如有其他顾客，应用点头或眼神示意欢迎，不得无所表示，冷落顾客。

五、美容师的人际关系

（一）影响人际关系的行为

（1）以自我为中心的意识较强，只关心个人的利益，不顾别人的想法和需要。

（2）缺乏自信，过度自卑。缺乏自信的人会给别人带来不安全感，不利于建立良好的信任关系。

（3）性格孤僻。这种性格多表现为不随和、不合群，孤芳自赏，缺乏团队意识。

（4）疑心重，喜欢猜忌别人，对他人不信任，总是怀疑他人，这样会挫伤别人的感情。

（5）行事作风过于强硬，习惯强迫他人。总是以命令的口气要求别人，强迫别人做不喜欢做的事情。

（二）美容师建立良好人际关系的方法

1. 自我意识 建立良好的自我意识，自觉调整自己的意识和行为，有意识的控制自己的动机和情绪，努力克服害羞、孤僻、自卑、封闭、嫉妒、强迫等心理障碍。

2. 人格锻炼 重视人格锻炼，培养良好的人际关系心理品质。不良的人格往往造成人际关系的紧张，而良好的人格能改善和增强人际关系。

3. 道德品质 美容师要建立和谐有效的人际关系，应该具备以下的道德品质。

（1）诚：诚实、诚恳、诚心。诚实使人有安全感，这是建立人际关系的基本心理保证；诚恳，是推动人际关系良好发展的催化剂；诚心，是促进人际交往发展的基本心理动力。

（2）信：自信、守信、信任。自信的人，才能赢得他人的信任和尊重；守信，不仅能获得别人的信任，也是对别人感情和人格的尊重；信任别人，更是尊重别人的表现。

（3）宽容：不计较细枝末节。斤斤计较的人，得到了利益但是会失去别人的感情和交往的空间，只有对人宽容才能改善人际关系。

（4）节制：自我约束。人际交往中，要时刻控制好自己的情绪，避免过度情绪化。

（5）热情：热情的人通常会被赋予一些积极的品质，如公正、无私等，这有助于人际关系的改善。

第二节　美容护肤的概念与分类

爱美是人的天性，随着国家经济的快速发展和社会文明程度的日益提高，人们对美的追求也越来越高，美丽的肌肤是人们追求的永恒主题。肌肤是人体最外层也是面积最大的器官，它能反映一个人的健康情况、年龄等信息。美丽的肌肤能增加人的自信心，甚至成功的概率。因此，自古以来，年轻靓丽的肌肤就是爱美人士的梦想。要达到容颜靓丽有光泽，必须进行肌肤的养护，随着现代高科学技术的发展和应用，化妆品产业的快速崛起，现代医学技术与传统美容手法的充分融合，美容护肤技术快速发展，美容护肤的效果也进一步增强。

一、美容护肤的概念

（一）美容护肤的定义

美容护肤是根据皮肤的类型和存在的问题，选择恰当的护理手段，对皮肤进行有效调理，是皮肤恢复和保持健康的一种科学方法。

（二）美容护肤的作用

通过定期有效的皮肤养护，可以恢复和保持皮肤的健康状态，达到靓丽无暇、延缓衰老的效果。美容护肤的作用具体表现在以下几点。

（1）防止和祛除面部的色斑、痤疮等皮肤问题，使皮肤洁白无瑕、健康洁净。

（2）增加皮肤的含水量和弹性，使皮肤细腻柔嫩。

（3）强健肌肤，恢复皮肤活性，延缓衰老。

二、美容护肤的分类

目前美容护肤的手法繁多，随着行业的快速发展，不断有新产品、新技术被研发出来，但是综合目前常用的手法，主要有以下几类。

（一）根据护肤的部位分类

根据美容护理的部位不同，可以分为头面部养护和身体养护。

1. 头面部养护　头面部养护的养护部位为头部和面部，两者常结合进行。头面部养护主要是运用手部、刮痧板、仪器等方式，结合按摩膏、精油等各种美容护肤产品，在面部肌肉、皱纹、穴位、经络等部位进行养护的方法。

2. 身体养护 身体养护的养护部位为肢体的各个部位，如背部、胸部、四肢部，可单独养护一个部位，也可做全身养护。

（二）根据护肤的效果分类

根据护肤达到的效果不同，可分为基础养护和功效性养护。

1. 基础养护 主要是进行皮肤的保湿、补水等基础的护理，所用的产品功能比较单一，适合三十岁以下的皮肤。

2. 功效性养护 根据皮肤所存在的皱纹、色斑、痤疮等问题，选择具有特定功效的产品进行的养护操作，如抗衰护理、美白护理等。

（三）根据护肤的手段分类

根据护肤时所采用的手段不同，可分为手法养护和仪器养护。

1. 手法养护 采用点、揉、推、拿等各种手法，结合美容产品，在皮肤表面进行按摩的护理方法。手法养护的帖服度和舒适度较好，可根据顾客的体质进行力度的调整。

2. 仪器养护 采用各种美容仪器，在皮肤表面进行养护的方法。仪器因其具备一些特有的物理特性，对皮肤的吸收或生理结构产生影响，从而增强皮肤的吸收功能和改善皮肤、机体的生理状态。

手法护理和仪器护理各有优势，在实践操作时，常结合使用，养护效果更佳。

第三节 手 操

美容师在用双手为顾客进行按摩护理时，手部要灵活地适应各个部位的变化，根据体表位置和状态，调整按摩的手法和力度，并在护理过程中保持韵律和节奏，这要求美容师的双手具有良好的灵活性与协调性。要达到这个目标，美容师要进行手部训练。手部训练不但可以训练手部的灵活性，还有利于保持良好的手形。

一、操作手法

1. 甩手运动

（1）动作要领：两臂在胸前自然弯曲，十指指尖向下，双手手腕放松，在胸前做快速甩动，甩动方向为上、下、左、右（图 1-1）。

（2）作用：活动腕关节，促进手部血液循环。

2. 抛球运动

（1）动作要领：双手屈肘、握拳，与胸平齐，掌心向外，假想手中紧握一个小球，向前甩动前臂，用力将小球抛出，抛出后手指尽量张开并向手背方向绷紧，快速连续的进行抛、握的操作（图 1-2、图 1-3）。

（2）作用：增强手部和手腕的力量，拉伸手掌的韧带。

3. 旋腕运动

（1）动作要领：两臂相对弯曲，十指相互交叉对握，向前、后、左、右旋转（图 1-4）。

（2）作用：增加腕关节的灵活度。

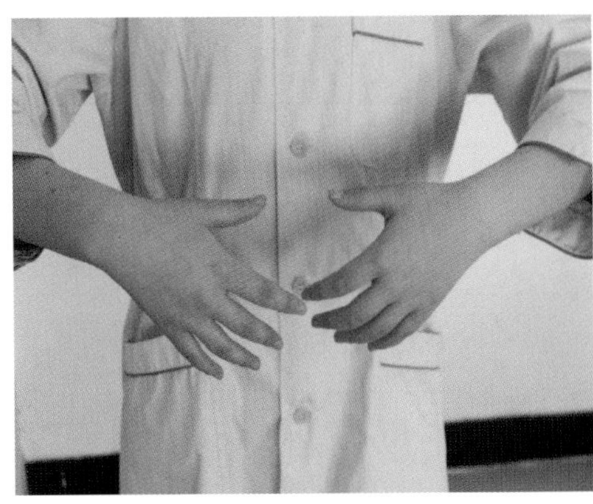

图 1-1　甩手运动

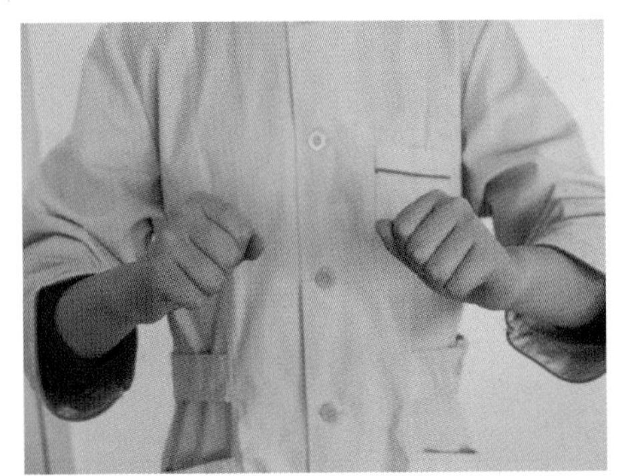

图 1-2　抛球运动一

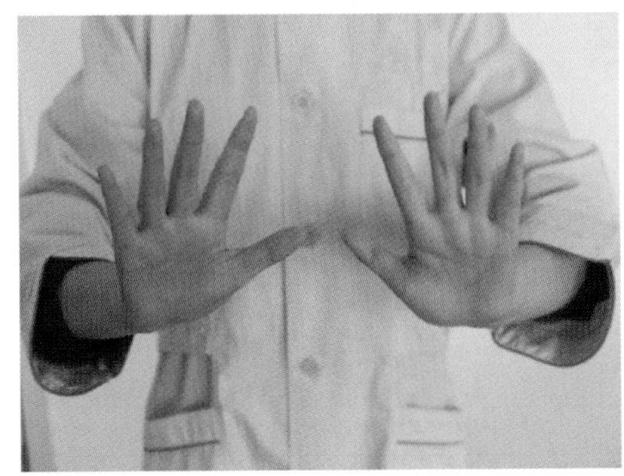

图 1-3　抛球运动二

4. 压掌运动

(1) 动作要领:两手并拢,与胸平齐,双手指尖向上,在胸前合十,右手尽力按压弯曲左手腕,然后再换右手腕,如此交替按压(图 1-5)。

(2) 作用:增加手腕和手部的力量和韧性。

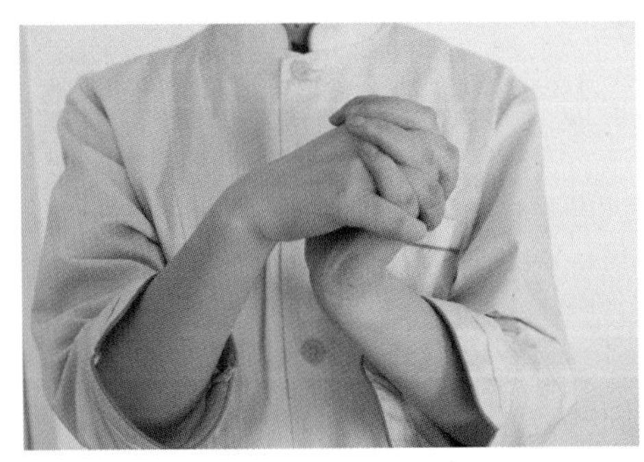

图 1-4　旋腕运动

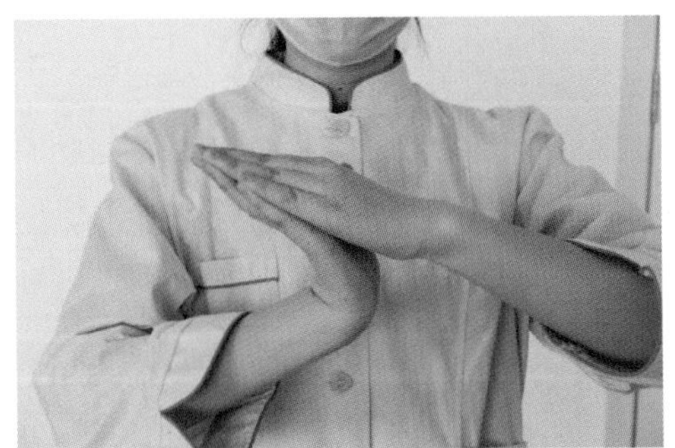

图 1-5　压掌运动

5. 弹琴运动

(1) 动作要领:五指自然分开,指关节自然弯曲,掌心向下。从拇指开始,分别以五个手指的指端,有节奏的轻弹桌面,再由小指弹回拇指,动作快速、连贯、有节奏,手指要尽量抬高(图 1-6)。

(2) 作用:促进手指的协调性,增加手指灵活度。

6. 拉指运动

(1) 动作要领:两手臂抬起,与肩同高,双手交叉,掌心向下,从指根处向两侧拉伸(图 1-7)。

(2) 作用:促进手部血液循环,保持修长的手形。

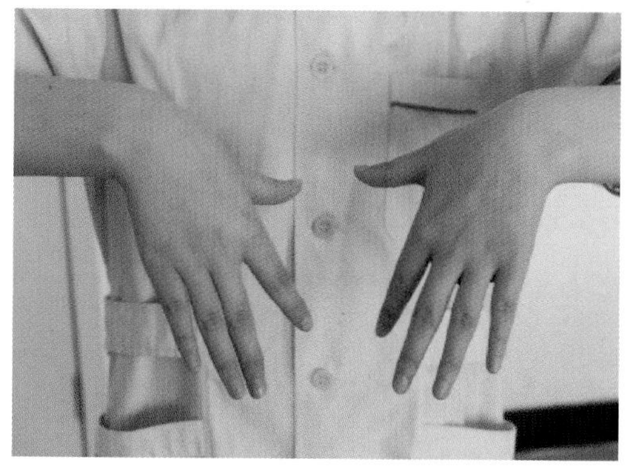

图 1-6 弹琴运动

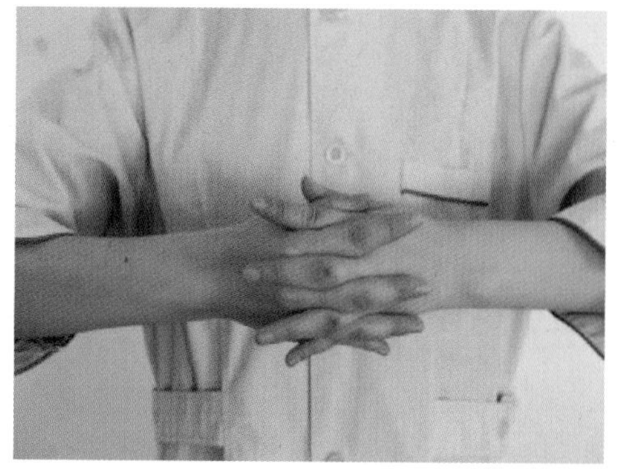

图 1-7 拉指运动

7. 正向轮指

(1) 动作要领:掌指关节微弯曲,手指绷直,从食指开始,手指握入掌心,依次向后直至小指握入,呈握拳状,拇指保持伸展状态,轮指的时候伴有向内侧旋腕(图 1-8)。

(2) 作用:增强手指和掌指关节的灵活度和手指间的协调性。

8. 反向轮指

(1) 动作要领:手部尽量舒展,手指绷直,从小指开始,弯曲掌指关节,手指握入掌心,依次向前直至食指握入,呈握拳状,拇指保持伸展状态,轮指的时候伴有向外侧旋腕(图 1-9)。

(2) 作用:增强手指和掌指关节的灵活度和手指间的协调性。

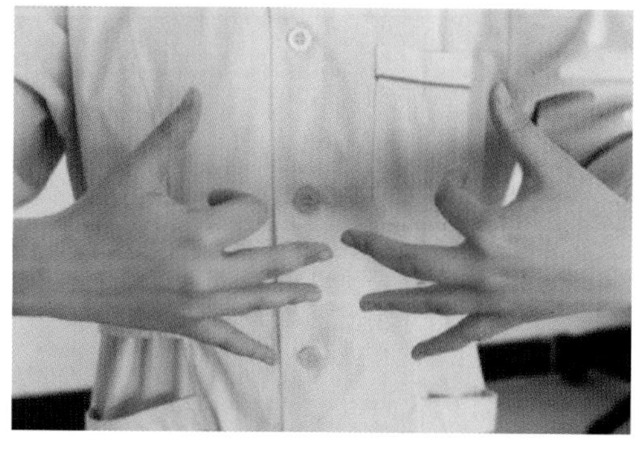

图 1-8 正向轮指

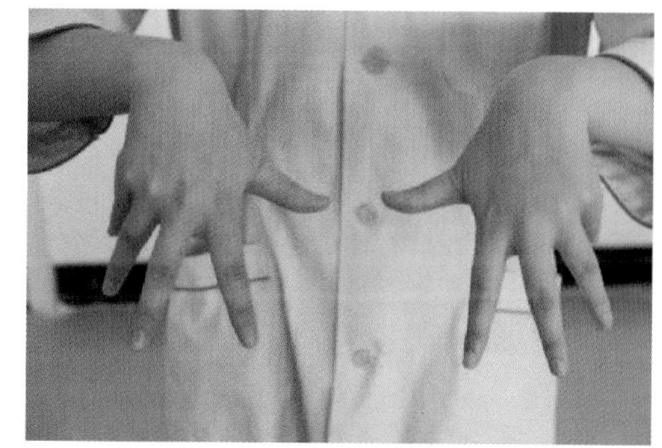

图 1-9 反向轮指

9. 指关节运动

(1) 动作要领:双手屈肘上举,手指伸直,指尖向上,掌心相对,从第一指节开始向下弯曲,至掌心握拳,手指运动期间需用力(图 1-10)。

(2) 作用:增强手指的力量和控制力。

10. 手腕绕圈运动

(1) 动作要领:屈肘,双手握拳,手腕做环转运动,正向环转后再反向环转(图 1-11)。

（2）作用：增加手腕的灵活度。

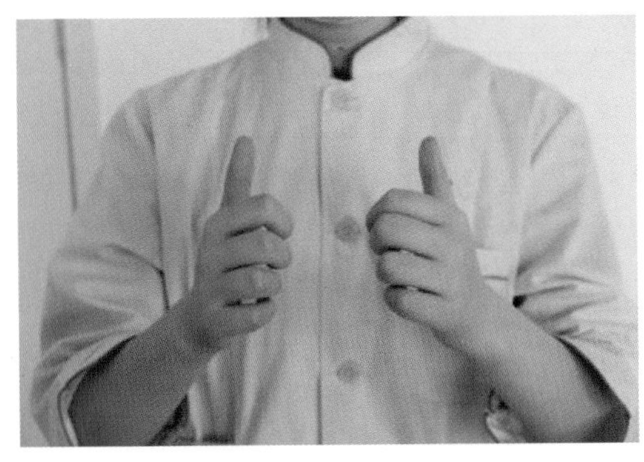

图 1-10　指关节运动

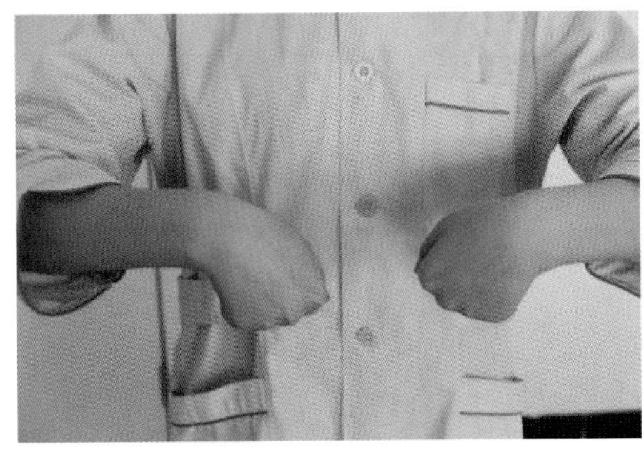

图 1-11　手腕绕圈运动

11．压墙练习

（1）动作要领：屈肘，双手伸展，与肩同高，以指腹接触墙面，掌心不接触墙面，将身体的力量压在手指上，有节奏地进行按压（图 1-12）。

（2）作用：锻炼手部的力量。

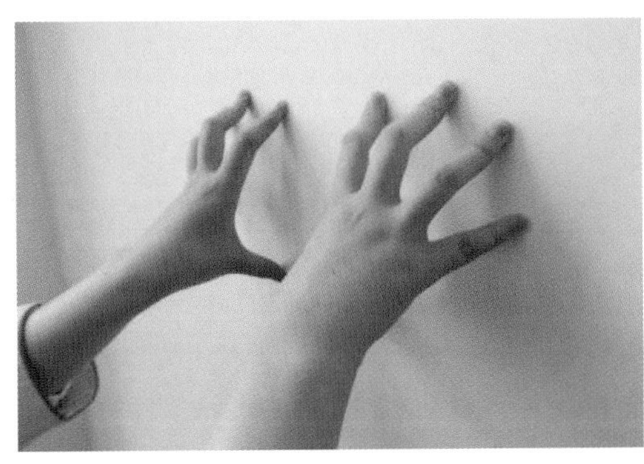

图 1-12　压墙练习

二、注意事项

（1）手操要每天坚持练习，才能较好的改善手部的柔软度和灵活度。

（2）练习时可结合节拍进行。

第二章　皮肤的生理解剖

第一节　皮肤基础知识

皮肤是人体最大的器官，主要承担着保护身体、排泄汗液、感觉冷热和压力等功能。皮肤覆盖全身，它使体内各种组织和器官免受物理性、机械性、化学性刺激和病原微生物的侵袭。皮肤与人的容貌密切相关，健康的肌肤给人以美好的感觉。如果皮肤护理不当出现问题，其美感也将受到影响。因此，美容师应了解皮肤的生理解剖，为今后从事美容护理服务工作奠定坚实的理论基础。

一、皮肤的基本结构

皮肤由外向内分为三层，即表皮、真皮和皮下组织，其间分布着血管、神经、淋巴管及汗腺、皮脂腺、毛发、毛囊等皮肤附属器，如图 2-1 所示。

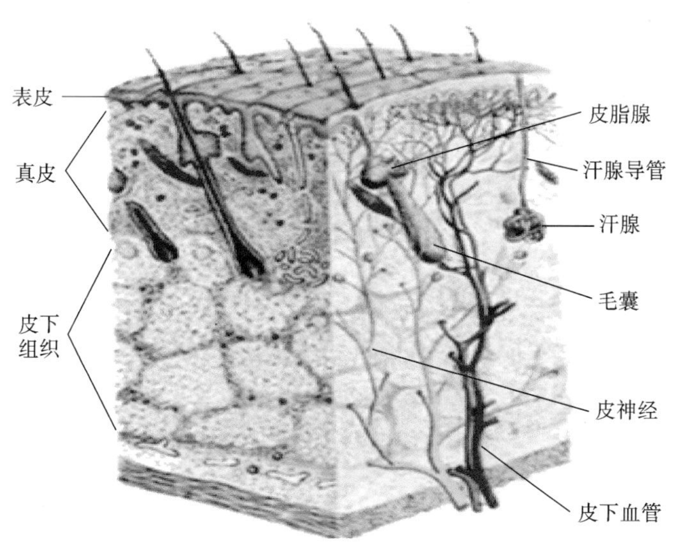

图 2-1　皮肤结构

（一）表皮

表皮是皮肤最外面的一层，根据细胞的不同发展阶段和形态特点，由外向内可分为 5 层。

1. 角质层　角质层为表皮的最外层，是表皮最主要的保护层。由数层角化细胞组成，含有大量角蛋白。它能抵抗摩擦，防止体液外渗和化学物质内侵。角蛋白吸水力较强，一般含水量不低于 10%，以维持皮肤的柔润，如低于 10%，皮肤干燥，出现鳞屑或皲裂。由于部位不同，角质层厚度差异甚大，如眼睑、包皮、额部、腹部、肘窝等部位较薄，掌、跖部位最厚。角质层还起折射和吸收紫外线的作用，其薄厚对皮肤的颜色和吸收能力有一定的影响，角质层越薄，营养成分越容易被吸收。

2. 透明层 由 2～3 层核已死亡的扁平透明细胞组成，透明层含磷脂类物质较多，能防止水分、电解质、化学物质的通过，故又称屏障带。

3. 颗粒层 由 2～4 层扁平或梭形细胞组成，含有大量嗜碱性透明角质颗粒。这一层有拒水的磷脂层，从而形成防水屏障，防止表皮水分向角质层渗透。

4. 棘细胞层 由 4～8 层多角形、有棘突的细胞组成。棘细胞是表皮中最厚的一层，细胞由下向上渐趋扁平。棘细胞间有明显的间隙，有利于组织液流通，为表皮提供营养供应。

5. 基底层 基底层为表皮最下面一层，与真皮的结合非常牢固。表皮无血管，营养物质及代谢产物通过基底层进行输送。基底细胞间夹杂一种来源于神经嵴的黑素细胞，能产生黑色素，黑素细胞决定着皮肤颜色的深浅。肤色越白，基底细胞内所含的黑色素越少，肤色越黑，所含的黑色素越多。

（二）真皮

真皮位于表皮和皮下组织之间，由胶原纤维、弹力纤维、网状纤维、细胞和基质构成。

1. 胶原纤维 为真皮的主要成分，约占 95%，集合组成束状。在乳头层，纤维束较细，排列紧密，走行方向不一，亦不互相交织。

2. 弹力纤维 在网状层下部较多，多盘绕在胶原纤维束下及皮肤附属器周围。除赋予皮肤弹性外，也是构成皮肤及其附属器的支架。

3. 网状纤维 被认为是未成熟的胶原纤维，它环绕于皮肤附属器及血管周围。在网状层，纤维束较粗，排列较疏松，交织成网状，与皮肤表面平行者较多。由于纤维束呈螺旋状，故有一定伸缩性。

4. 基质 是一种无定形的、均匀的胶样物质，充塞于纤维束间及细胞间，为皮肤各种成分提供物质支持，并为物质代谢提供场所。

5. 细胞 成纤维细胞、吞噬细胞和肥大细胞是真皮中的常驻细胞，还有由血液迁徙来的细胞和黑素细胞。成纤维细胞产生纤维和基质。

（三）皮下组织

皮下组织位于真皮下方，由疏松结缔组织和脂肪构成，又称皮下脂肪层。这层还有汗腺、毛根、血管、淋巴管和神经等。皮下组织的厚度根据人的年龄、性别、营养状况及部位不同而有较大的区别。适度的皮下组织可以使人显得丰满，使皮肤富有弹性。

（四）附属器

1. 汗腺

（1）小汗腺：即一般所说的汗腺。位于皮下组织的真皮网状层。除唇部、龟头、包皮内面和阴蒂外，分布全身。以掌、跖、腋窝、腹股沟等处较多。汗腺可以分泌汗液，调节体温。

（2）大汗腺：主要位于腋窝、乳晕、脐窝、肛周和外生殖器等部位。青春期后分泌旺盛，其分泌物经细菌分解后产生特殊臭味，是臭汗症的原因之一。

2. 皮脂腺 位于真皮内，靠近毛囊。除掌、跖外，分布全身，以头皮、面部、胸部、肩胛间和阴阜等处较多。唇部、乳头、龟头、小阴唇等处的皮脂腺直接开口于皮肤表面，其余开口于毛囊上 1/3 处。皮脂腺可以分泌皮脂，润滑皮肤和毛发，防止皮肤干燥，青春期以后分泌旺盛。

3. 毛发 分长毛、短毛、毫毛三种。毛发在皮肤表面以上的部分称为毛干，在毛囊内部分称为毛根，毛根下段膨大的部分称为毛球，突入毛球底部的部分称为毛乳头。毛乳头含有丰富的血管和神经，以维持毛发的营养和生长，如发生萎缩，则发生毛发脱落。毛发呈周期性地生长与休止，但全部毛发并不处在同一周期，故人体的头发是随时脱落和生长的。不同类型毛发的周期长短不一，头发的生长期为 5～7 年，接着进入退行期，为 2～4 周，再进入休止期，约为数个月，最后毛发脱落。此后再过渡到新的生长期，长出新发。平时洗头或梳头时，发现有少量头发脱落，是正常的生理现象。

4. 指(趾)甲 指(趾)甲为半透明状，由多层紧密的角质细胞构成。暴露部分称为甲板。皮肤与甲板连接部位称为甲床，内含血管和神经。甲板后部分称为甲半月。甲半月的后部分称为甲根，深藏在皮肤下。指甲可保护其覆盖的组织，帮助手指完成各种精细的动作。指甲的生长速度约为每天 0.1 mm。

二、皮肤的生理功能

由于皮肤结构十分复杂、精确度高，决定了皮肤具有广泛性和综合性的生理功能。其中与美容有直接关系的生理功能有保护功能、吸收功能、感觉功能、分泌排泄功能、体温调节功能、呼吸功能、新陈代谢功能等。皮肤的生理功能一旦失常，便会发生皮肤的损害，严重的还会引起全身的疾病。

1. 保护功能 皮肤主要能抵御以下外来刺激。

(1) 抵御机械性刺激：坚韧的表皮，特别是角质层紧密地连接在一起，加上具有弹性的真皮以及能起到软垫作用的皮下脂肪层，使皮肤能缓冲和抵御机械性刺激，如摩擦、牵拉、挤压、冲击等。

(2) 抵御物理性刺激：皮肤角质层的角质细胞能吸收短波紫外线，棘细胞和基底细胞能吸收长波紫外线，基底层的黑素细胞能吸收大量伤害皮肤的中波紫外线，以避免紫外线穿透皮肤。皮肤和毛发表面表皮凹凸不平，部分角质细胞呈剥离状态，客观上起到了反射紫外线的作用。

(3) 抵御化学性刺激：致密的角质层能阻止化学物质的侵入。皮肤分泌的皮脂和汗液乳化成脂膜，覆盖在皮肤的表面，能防止化学物质对皮肤的刺激。

(4) 抵御病原微生物侵袭：覆盖于皮肤表面的乳状皮脂膜使皮肤呈弱酸性，而且皮脂膜还含有溶菌酶，能抑制细菌、真菌、病毒等微生物的生长和繁殖。

2. 吸收功能 皮肤有吸收外界物质的能力。皮肤通过角质层、毛孔、汗孔吸收各种物质，尤其是对水分、脂溶性物质、油脂类物质及各种金属均有较强的吸收作用。因此，选择化妆品时，必须考虑到化妆品经皮肤吸收后是否对皮肤的健康有利。

3. 感觉功能 皮肤是一个重要的感觉器官。神经末梢和特殊感受器广泛地分布在表皮、真皮及皮下组织内，以感知体内外各种刺激。正常皮肤可以感知痛、温、触、压、痒等不同刺激，并迅速传递到大脑，引起必要的保护性神经反射。

4. 分泌排泄功能 皮肤通过汗腺和皮脂腺进行分泌和排泄。皮肤在 24 小时内排泄出的汗液重达 500～700 克。皮脂腺在头面部、肩背部等处分泌量多，特别是在鼻尖与鼻翼部位尤其旺盛。皮脂能滋润皮肤和毛发，使皮肤柔软、润泽，使头发不易断裂。皮脂腺的分泌直接受内分泌的控制，也受年龄及性别的影响，同时与饮食、气候也有关。如儿童期分泌较少，青春期分泌旺盛，老年期明显下降；男性分泌较多，女性分泌相对较少。

5. 体温调节功能 皮肤是最重要的体温调节器官，可通过辐射、蒸发、对流、传导四种方式散热，以调节体温；皮肤中的血管，尤其是毛细血管的开闭以及汗腺分泌的多少，均对体温调节起着重要的作用。

6. 呼吸功能 皮肤有直接从空气中吸收氧气、排出二氧化碳的功能。面部皮肤角质层较薄，毛细血管网丰富，又直接暴露于空气中，因此它的呼吸功能比其他部位更为突出。

7. 新陈代谢功能 皮肤作为人体的器官参与人体的糖、蛋白质、水、电解质等物质的新陈代谢活动。皮肤中含有大量的水分和脂肪，它们不仅使皮肤丰满润泽，而且为整个机体提供能量。皮肤细胞的分裂再生、新陈代谢活动，一般在夜晚 22 点至凌晨 2 点之间最为活跃，因此，做好晚间的洁肤、护肤和保证睡眠质量对皮肤大有益处。

第二节 骨骼基础知识

一、头面部骨骼

颅是头面部骨骼的总称，是头部重要器官的支架和保护器。颅骨分为脑颅和面颅两部分，如图 2-2 所示。

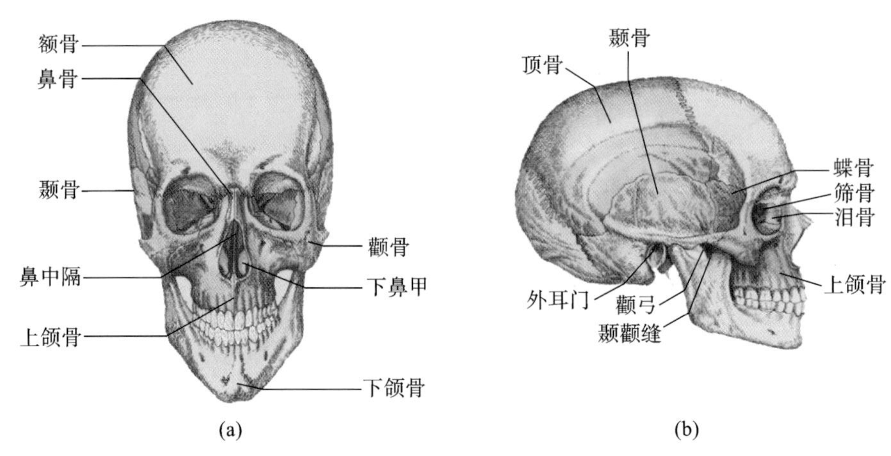

图 2-2 颅骨结构

(a) 面颅结构；(b) 脑颅结构

(一) 脑颅

脑颅位于脑的后上方，构成颅腔，容纳脑和脑膜，保护着颅脑。脑颅共 8 块，其中不对称骨 4 块：额骨、枕骨、筛骨、蝶骨。成对骨 4 块：顶骨、颞骨各 2 块。

1. 顶骨 左右各一，位于颅顶中线两侧，形成脑颅的圆顶。

2. 颞骨 左右各一，位于颅的两侧，其下部有外耳门。

3. 枕骨 位于颅的后下部，呈勺状，构成颅底。

4. 额骨 位于颅的前上部，构成长方形的前额。

5. 蝶骨 位于颅的中部，枕骨前方，形似蝴蝶，与脑颅各骨均有连接。

（二）面颅

面颅位于头的前下方，为眉以下、耳以前的部分，起维持脸型、保护和容纳感觉器官的作用。面颅共 15 块，其中不对称骨 3 块，分别为：犁骨、下颌骨、舌骨。成对骨 12 块，分别为：鼻骨、泪骨、下鼻甲骨、颧骨、上颌骨、腭骨各 2 块。

1. 鼻骨 位于两眼眶之间，构成鼻梁的硬骨。

2. 颧骨 位于上颌骨的外上方，形成两侧突出的面颊。

3. 上颌骨 位于面部中央，构成眼眶下壁、鼻腔下部，其下缘游离，为牙槽缘。

4. 下颌骨 位于面部的前下方，居上颌骨之下，形成整个下颌部；分为下颌体和下颌支两部分。下颌体与下颌支之间形成下颌角，这个角度的大小，决定了脸型的长或圆。

5. 犁骨 为斜方形薄骨板，构成鼻中隔骨部的后下部。

6. 下鼻甲骨 为一对卷曲的薄骨片，呈水平状，附于鼻腔外侧壁。

7. 舌骨 是颅骨中唯一的一块游离骨，借肌肉、韧带之力悬于颈前正中部分，在喉的上方，形状呈“U”形。

二、颈部、肩部、臂部、手部骨骼

（一）颈部骨骼

颈部骨骼由 7 块颈椎骨相互连接构成。

（二）肩部、臂部、手部骨骼

肩部、臂部、手部主要由 32 块骨骼构成。

1. 锁骨 构成肩部前方的细长骨骼。

2. 肩胛骨 位于肩、背部上外侧的三角形扁骨。

3. 肱骨 构成上臂的长骨，它的上端与肩胛骨、锁骨共同构成肩关节。

4. 尺骨 位于前臂小指侧的长骨。

5. 桡骨 位于前臂拇指侧的长骨。

6. 腕骨 为 8 块不规则的小骨骼，排列成为两排，由韧带连接成活动的关节，构成手腕部。

7. 掌骨 构成手掌的大小不一的细长形小骨骼，共 5 块。

8. 指骨 构成手指的大小不一的细长形小骨骼，每只手有 14 块，其中包括拇指 2 块，其余四指各 3 块。

三、腿部骨骼

腿部骨骼包括髋骨、股骨、髌骨、腓骨、胫骨、足骨，两侧共 62 块。

1. 髋骨 髋骨为不规则的扁骨。幼年时由髂骨、坐骨和耻骨借软骨连在一起。成年后，软骨骨化，三骨融合为一块髋骨。髋骨外面有一深凹称为髋臼，是髂骨、坐骨和耻骨的融合部位。

2. 股骨 股骨是人体最长的骨。上端为股骨头，与髋臼构成关节。股骨下端粗大，借一深凹分为向后卷曲的内侧髁与外侧髁。内侧髁与外侧髁的下面及后面都是关节面，两关节面的前方连接着髌骨。

3. 髌骨 髌骨为长三角扁骨，包埋在股四头肌的肌腱中，后面由关节面与股骨的髌骨面相接触。

4. 腓骨 腓骨较细，位于小腿外侧，其上端膨大，为腓骨头，下端较膨大称为外踝。

5. 胫骨 胫骨较粗，位于小腿内侧，上端膨大，形成内侧髁和外侧髁，两髁与股骨相应的髁相关联。下端有向下突出的内踝。

6. 足骨 足骨跗骨共7块，排成两列。近侧列有距骨和下方的跟骨。近侧列由内向外分别为第一、二、三楔骨和骰骨，在距骨和三块楔骨之间还有一块舟骨。距骨共5块，每块分为底、体、头三部分。底与楔骨或骰骨相关联，头与第一节趾骨底相关联。

第三节 肌肉基础知识

一、头面部肌肉

头肌可分为表情肌和咀嚼肌两类。肌肉在不同的情绪影响下，牵动皮肤会产生细致而复杂的面部表情，故称表情肌，表情肌位于脸部正面。咀嚼肌分布在下颌关节周围，运动下颌关节，产生咀嚼运动，并协助说话，如图2-3所示。

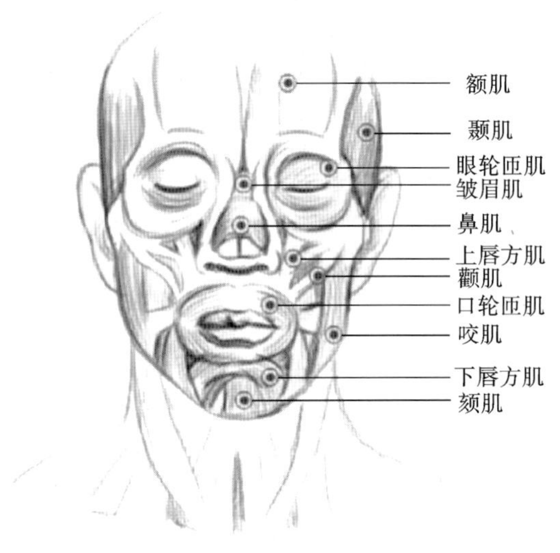

图2-3 头面部肌肉

（一）表情肌

表情肌属于皮肌，大多分布于额、眼、鼻、口周围。起始于颅骨，止于面部皮肤。收缩时使面部皮肤形成许多不同的皱褶与凹凸，赋予颜面各种表情，可做出喜、怒、哀、乐等表情，并参与语言和咀嚼等活动。表情肌主要有下列几种。

1. 额肌 起始于眉部皮肤，终止于帽状腱膜，收缩时可提眉，并使额部出现横向的皱褶。

2. 皱眉肌 起始于额骨，终止于眉中部和内侧部皮肤，可牵动眉向内下方运动，使眉间皮肤形成皱褶。

3. 降眉肌 也称三棱鼻肌，起始于鼻骨上端，向上连接眉头的皮肤，可加强皱眉肌的表情作用。

4. 眼轮匝肌 位于眼裂和眼眶周围，为扁椭圆形环状肌肉。收缩时可闭眼或眨眼，使眼外侧出现皱褶等。

5. 鼻肌 为几块扁平的小肌肉，收缩时可扩大或缩小鼻孔，并产生鼻背纵向的细小皱褶。

6. 上唇方肌 有三个头，起自内眼角、眶下缘和颧骨，终止于上唇和鼻唇沟部皮肤。收缩时可提上唇，加深鼻唇沟。

7. 颧肌 起始于颧骨，终止于嘴角，移行于下唇。收缩时，可上提嘴角。

8. 笑肌 薄而窄的肌肉。起于耳孔下咬肌的筋膜，横向附着于嘴角的皮肤上。收缩时，牵引嘴角向外，形成微笑，常使面颊上出现一个小窝，俗称“酒窝”。随着年龄增长，这里的皮肤因松弛而形成颊纹。

9. 口轮匝肌 呈环形围绕口周，内围为红唇部分，收缩时嘴唇轻闭或紧闭，外围收缩时，使嘴唇向下。

10. 降口角肌 呈三角形，位于下唇外方，覆盖下唇方肌，附着于嘴角皮肤。收缩时，牵引嘴角向下。

11. 下唇方肌 属于深层肌肉，起始于下颌骨下缘，终止于口角和下唇皮肤。收缩时，向下向外牵引下唇。

12. 颏肌 起始于下颌侧切牙牙槽外面，终止于颏部皮肤。收缩时，可上提颊部皮肤并使上唇前凸。

13. 颊肌 位于上下颌骨之间，紧贴口腔侧壁颊黏膜。收缩时使口唇、颊黏膜紧贴牙齿，帮助吸吮和咀嚼。

（二）咀嚼肌

咀嚼肌附着于上颌骨边缘、下颌角旁的骨面上，产生咀嚼运动，并协助说话。

1. 颞肌 起自颞窝，通过颧弓下缘，止于下颌支的冠突。收缩时，将下颌骨提起，紧闭口部，帮助咀嚼。

2. 咬肌 也称嚼肌。起于颧弓下缘，止于下颌支外面。收缩时，可上提下颌骨，因此可以紧扣颌骨，用力压在牙齿上，使上下牙齿强力咬合。

二、颈部、肩部肌肉

（一）颈部肌肉

颈部肌肉分为颈浅肌、颈中肌和颈深肌三群。这里重点介绍与按摩有关的颈浅肌群。颈浅肌群包括颈阔肌和胸锁乳突肌，如图 2-4 所示。

1. 颈阔肌 颈阔肌属于皮肌，位于颈部浅筋膜中，起于胸部的胸大肌和肩部的三角肌表面筋膜，止于面部的嘴角，有紧张颈部皮肤和下拉嘴角等作用。收缩时，牵动嘴角向下，呈现忧愁状，并使颈部皮肤出现皱纹。

2. 胸锁乳突肌 位于颈阔肌的深面，斜列于颈部两侧，起于胸骨体和锁骨胸骨端，行向正上后外方，止于颞骨乳突部及枕骨上项线。收缩时可产生转头、仰头的动作。

（二）肩部肌肉

肩部肌肉由三角肌、斜方肌、背阔肌等主要肌肉组成。它通过不同部位的肌肉收缩，完成

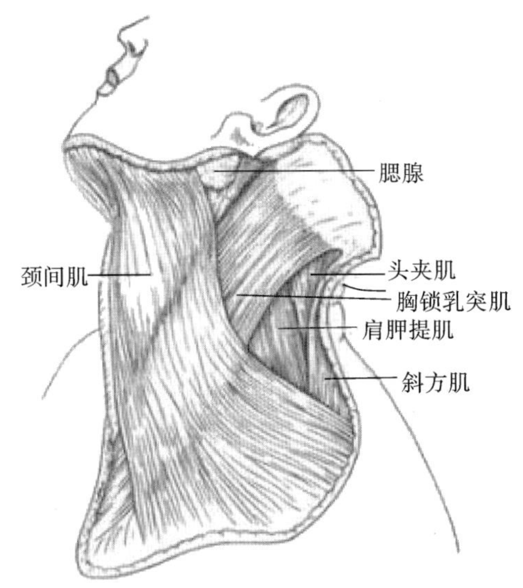

图 2-4　颈浅肌群

头部、肩部及手臂的动作。

1. 三角肌　位于肩部，为三角形肌肉。它控制肩关节的活动并使手臂抬举转动。

2. 斜方肌　位于颈部和背上部的浅层，为三角形的阔肌，左右各一块，合在一起呈斜方形。它能使肩胛骨运动并参与头部转动。

3. 背阔肌　位于背的下半部及胸的后外侧。它可以控制手臂的摇摆动作。

三、臂部、手部肌肉

（一）臂部肌肉

臂部肌肉很多，由肱二头肌、肱三头肌、旋前肌群、旋后肌群、屈肌群、伸肌群等组成。

1. 肱二头肌　位于上臂前方，呈梭形。它可以屈肘，旋转前臂。

2. 肱三头肌　位于上臂后方。它可以伸肘关节，控制肩部前后运动。

3. 旋前肌群　为前臂的一组肌肉，活动时，使桡骨旋向后方，手掌向下。

4. 旋后肌群　位于前臂上部，活动时，使桡骨旋向后方，手掌向上。

5. 屈肌群　为前臂内侧的一组肌肉，有屈腕、屈指的作用。

6. 伸肌群　为前臂外侧的一组肌肉，有伸腕、伸指的作用。

（二）手部肌肉

手部肌肉可分为内侧群、中间群和外侧群三组，如图 2-5 所示。

1. 内侧群　俗称小鱼际，主要运动小拇指。

2. 中间群　主要活动二、三、四指。

3. 外侧群　俗称大鱼际，主要运动大拇指。

此外，手部各关节之间还有许多短小的肌肉，它们可以使手指灵活运动。

四、腿部肌肉

腿部肌肉分为髋肌、大腿肌、小腿肌和足肌。腿部肌肉比手臂肌肉粗壮强大，这与维持直

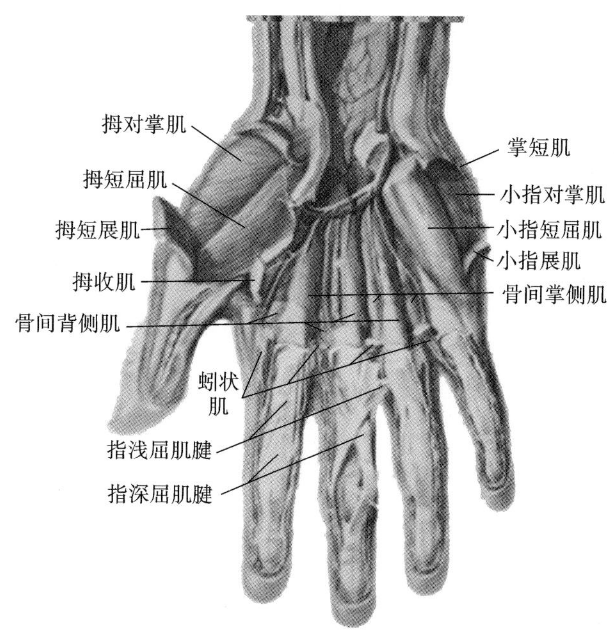

图 2-5 手部肌肉

立姿势、支撑体重和运动有关。

（一）髋肌

髋肌为运动髋关节的肌群，分为屈肌与伸肌。

（二）大腿肌

大腿肌包围在股骨周围，可分为前群肌、后群肌、内侧群肌。

1. 前群肌 位于股骨前方的主要有股四头肌。股四头肌是膝关节强有力的伸肌。

2. 后群肌 位于大腿后面，如股二头肌。主要功能是屈小腿、后伸大腿。

3. 内侧群肌 位于大腿内侧，主要功能是收缩大腿。

（三）小腿肌

小腿肌可分为前群肌、外侧群肌和后群肌。

1. 前群肌 位于胫骨、腓骨及骨间膜的前面，使足背屈。

2. 外侧群肌 附于腓骨的外面，使足趾屈和外翻。

3. 后群肌 位于胫骨、腓骨及骨间膜的后面。主要的屈肌有小腿三头肌，它是由腓肠肌和比目鱼肌组成。腓肠肌内、外侧端分别起自股骨内、外侧髁，比目鱼肌起于腓骨近端的后面。两肌合并后，以粗大的跟腱止于跟结节。小腿三头肌是踝关节的有力屈肌，对于走路、跑跳和维持人体的站立姿势起着十分重要的作用。

（四）足肌

足肌分为背肌和足底肌，主要位于足底，分布与手掌肌相似，起运动足趾和维持足弓的作用。

第三章　皮肤的分析

第一节　皮 肤 分 类

人的皮肤按其皮脂腺的分泌状况，一般分为四种类型，分别为中性皮肤、干性皮肤、油性皮肤和混合性皮肤。

1. 中性皮肤　健康的理想的皮肤类型，皮脂腺和汗腺的分泌量适中，皮肤既不干燥也不油腻，红润细腻而富有弹性，皮肤角质层的厚薄适中，对外界的刺激不敏感，没有任何瑕疵。中性皮肤多见于 14 周岁以前的少男少女。

2. 干性皮肤　皮肤细腻，皮脂腺分泌量少，无油腻感，毛孔细小，皮肤较敏感，容易产生皱纹，容易长斑，日晒后容易发红，容易有微丝血管，冬季较干燥时容易脱皮。

3. 油性皮肤　皮脂腺分泌旺盛，毛孔粗大，肤质油腻光亮，纹理较粗糙，对外界的刺激不敏感，不易长皱纹，不易长斑，但是容易长粉刺。

4. 混合性皮肤　由两种或两种以上皮肤类型组成的皮肤称为混合性皮肤。

第二节　皮肤分析的检测方法

一、皮肤分析

皮肤分析，就是指通过美容师的肉眼观察或借助专业的皮肤检测仪器，对顾客皮肤的厚薄、弹性、光泽、温度、湿润度、纹理、皮脂分泌、毛孔大小等情况进行综合分析、检测，从而对皮肤的类型及存在的问题做出较为准确的判断。皮肤分析是通过观察、交谈和检测进行的，并通过填写顾客资料登记表来完成(表 3-1)。

表 3-1 美容院顾客资料登记表

鉴定编号：__________ 建卡日期：__________

顾客姓名________ 性别________ 年龄________ 生育情况________ 体重________ 血型________

住址________________________ 电话________ 职业________ 文化程度________

皮肤状况分析

1. 皮肤类型

□中性皮肤 □油性皮肤 □混合性皮肤

干性皮肤 { □缺乏水分的干性皮肤 / □缺乏油脂的干性皮肤

2. 皮肤吸收状况

冬天 □差 □良好 □相当好

夏天 □差 □良好 □相当好

备注：________________

3. 皮肤状况

①皮肤湿润度 □不足 □平均 □良好

部位________ 部位________ 部位________

②皮脂分泌 □不足 □适当 □过盛

部位________ 部位________ 部位________

③皮肤厚度 □薄 □较厚 □厚

④皮肤质地 □光滑 □较粗糙 □粗糙 □极粗糙

□与实际年龄成正比 □比实际年龄显老 □比实际年龄显小

⑤毛孔大小 □很细 □细 □比较明显 □很明显

⑥皮肤弹性 □差 □一般 □良好

⑦肤色 □红润 □有光泽 □一般

□偏黑 □偏黄 □苍白，无血色 □较晦暗

⑧颈部肌肉 □结实 □有皱纹 □松弛

⑨眼部 □结实紧绷 □略松弛 □松弛

□轻度鱼尾纹 □深度鱼尾纹

□轻度黑眼圈 □重度黑眼圈

□暂时性眼袋 □永久性眼袋

□浮肿 □脂肪粒 □眼疲劳

⑩唇部 □干燥，脱皮 □无血色 □肿胀 □皲裂

□唇纹较明显 □唇纹很明显

4. 皮肤问题

□色斑 □痤疮 □老化 □敏感 □过敏 □毛细血管扩张 □日晒伤

□瘢痕 □风团 □红斑 □瘀斑 □水疱 □抓痕 □萎缩

其他________________________

①色斑分布区域 □额头 □两颊 □鼻翼

②色斑类型 □黄褐斑 □雀斑 □晒伤斑

□瑞尔黑变病 □炎症后色素沉着

其他________________________

③皱纹分布区域 □无 □眼角 □唇角 □额头 □全脸

④皱纹深浅 □浅 □较浅 □深 □较深

续表

皮肤状况分析	⑤皮肤敏感反应症状 □发痒 □发红 □灼烧 □起疹子 ⑥痤疮类型 □白头粉刺 □黑头粉刺 □丘疹 □脓包 □结节 □囊肿 □瘢痕 ⑦痤疮分布区域 □额头 □鼻翼 □唇周 □下颌 □两颊 □全脸 5. 皮肤疾病 □无 □太田痣 □疖 □癣 □扁平疣 □寻常疣 □单纯疱疹 □带状疱疹 □毛囊炎 □接触性皮炎 □化妆品皮肤病 其他________
护肤习惯	1. 常用护肤品 □化妆水 □乳液 □营养霜 □眼霜 □精华素 □美白霜 □防晒霜 □颈霜 其他________ 2. 常用洁肤品 □卸妆液 □洗面奶 □深层清洁霜 □香皂 其他________ 3. 洁肤次数/天 □2 次 □3 次 □4 次 其他________ 4. 常用化妆品 □唇膏 □粉底液 □粉饼 □腮红 □眼影 □睫毛膏 其他________
饮食习惯	1. 饮食爱好 □肉类 □蔬菜 □水果 □茶 □咖啡 □油炸食物 □辛辣食物 其他________ 2. 易过敏食物________
健康状况	1. 是否怀孕 □是 □否 2. 是否生育 □是 □否 3. 是否服用避孕药 □是 □否 4. 是否戴隐形眼镜 □是 □否 5. 是否进行过手术治疗 □是 □否 手术内容________ 6. 易对哪些药物过敏________ 7. 生理周期 □正常 □不正常 8. 有无以下病史 □心脏病 □高血压 □妇科疾病 □哮喘 □肝炎 □骨头上钢板 □湿疹 □癫痫 □免疫系统疾病 □皮肤疾病 □肾疾病 其他________
护理方案	

续表

	日期	护理前皮肤主要状况	主要护理程序及方法	主要产品	护肤后状况	顾客签字/美容师签字
护理记录			（是否对原方案进行调整，调整理由等）	（是否对原有产品进行调整，调整理由等）		______/______
						______/______
备注	（记录顾客的要求、评价及每次所购买的产品名称等相关事宜）					

二、皮肤分析的重要性

准确的皮肤分析是制订正确护理方案和实施护理计划的基础。

通过观察和交谈了解顾客皮肤状况，分析皮肤类型及存在的问题，再配合检测仪器帮助确诊，同时了解顾客真正的心理需求。

通过皮肤分析，可以帮助顾客正确客观地认识自己的皮肤，进而接受服务；可以记录护理的成效及进展，体现个性化服务，增强顾客对美容院的信赖感及对美容护理的信心。

三、常见的皮肤检测方法

1. 肉眼观察法 面部清洁后，观察其肤色、皮脂分泌情况、湿润度、毛孔状态、纹理、肤质、皱纹、瑕疵、血液循环状况、敏感情况和特殊病变。

2. 纸巾擦拭法 彻底清洁皮肤后，不用任何护肤品，2 小时之后用干净的面巾纸或吸油纸分别轻按额部、面颊、鼻翼和下颌等处，观察纸巾上油污的多少（此方法只适合顾客在家进行自我测试，不方便在美容院操作，但可作为参考）。

3. 美容放大镜观察法 洗净面部，待皮肤紧绷感消失后，用放大镜仔细观察皮肤纹理及毛孔状况。操作时应用棉片将顾客双眼遮盖，防止放大镜折光损伤眼睛。

4. 美容透视灯观察法（皮肤检测仪等） 美容透视灯内装有紫外线灯管，紫外线对皮肤有较强的穿透力，可以帮助美容师了解皮肤表面和深层的组织情况。不同类型的皮肤在透视灯下呈现不同的颜色。使用透视灯前，先清洁面部，用湿棉片遮住顾客双眼，以防紫外线刺伤眼睛，待皮肤紧绷感消失后再进行测试。

5. 美容光纤显微检测仪观察法 该仪器利用光纤显微技术，采用新式的冷光设计，清晰、高效的彩色或黑白电脑显示屏，使顾客亲眼看见自身皮肤或毛发状况。该仪器具有足够的放大倍数（一般为 50 倍或 200 倍以上），可直接观察皮肤基底层，微观放大，即时成像。同时，电脑根据收集到的皮肤各方面的信息资料，进行综合分析判断，得出较为准确的结论。

6. 虹膜检测仪观察法 虹膜检测仪通过准确检测体内毒素、营养情况来分析影响美容的最终障碍原因，从而为美容护理提供科学依据，正确地指导美容师为顾客设计最适宜的美容方案。虹膜检测仪观察法有助于美容师全面了解顾客的健康状况、营养摄入有效情况、体内毒素的产生和沉积等。

第三节　皮肤分析的程序

顾客第一次护理之前，一定要进行皮肤分析与检测。由于季节、饮食或身体状况的变化，皮肤的情况也会产生变化。因此也可在每次护理或分阶段护理都进行简单的皮肤分析与检测，以观察护理后的效果。

一、皮肤分析的程序

1. 询问　按美容院顾客资料登记表需要填写的内容，以询问的方式让顾客进行自我介绍，并做好最基本的资料记录，为准确分析皮肤的状况提供信息参考。

2. 用肉眼观察　对于未化妆的顾客，可用肉眼观察法直接判断皮肤大致情况。也可用拇指和食指在局部做推、捏、按摩动作，仔细观察皮肤毛孔、弹性及组织情况或用手指轻抚皮肤，感觉其粗糙、光滑、柔软或坚硬的程度。注意，如果顾客化了妆，一定要先卸妆，彻底清洁面部皮肤后，再进行皮肤分析。

3. 借助专业仪器观察　用美容放大镜、美容透视灯、美容光纤显微检测仪、虹膜检测仪等检测皮肤，可更加准确地判断皮肤状况。

4. 分析结果，制订护理方案　将分析结果记录在美容院顾客资料登记表上，按检测结果正确制订合理的护理方案，并将分析结果、护理计划（包括家庭护理）、可能达到的效果和注意事项告诉顾客，增加其信心。

二、皮肤分析注意事项

（1）无论顾客的皮肤是受到环境、季节、气候的影响，还是受健康状况因素的影响，进行皮肤分析都要以当时的皮肤状态为基准。

（2）护理的目的是解决当时皮肤最需要解决的问题，因此，在判断皮肤类型时，应根据皮肤问题所占的比重做出相应的判断。

（3）超出美容范围的皮肤病不要擅自诊断，以免误诊。

对于刚开始学习皮肤分析的美容师来说，可能进行皮肤分析的难度较大，但只要在长期实践中不断学习和总结，经验会越来越丰富。

三、常见皮肤分析案例

1. 中性皮肤

（1）肉眼观察。皮肤既不干燥也不油腻，面色红润，皮肤光滑细嫩，富有弹性。

（2）纸巾擦拭法观察。纸巾上油污面积不大，呈微透明状。

（3）美容放大镜观察。皮肤纹理不粗不细，毛孔细小。

（4）美容透视灯观察。皮肤大部分为淡灰色，小面积有橙黄色荧光块。

（5）美容光纤显微检测仪观察。皮肤纹理清晰，没有松弛、老化迹象。纹路间隔整齐、紧实；在真皮部位没有脂肪颗粒阻塞的现象，亦无褐色斑点。

2. 油性皮肤

（1）肉眼观察。皮脂分泌量多使皮肤呈现出油腻光亮感。

(2) 纸巾擦拭法观察。纸巾上有大片油渍，呈透明状。

(3) 美容放大镜观察。毛孔较大，皮肤纹理较粗。

(4) 美容透视灯观察。皮肤上有大片橙黄色荧光块。

(5) 美容光纤显微检测仪观察。表皮过油，纹路不清晰，有油光；真皮油亮、湿润。毛孔若阻塞严重，则表皮看不见纹路，真皮可见大小颗粒，粗糙、多杂质，色黄。

3. 干性皮肤

1) 干性缺水皮肤

(1) 肉眼观察。皮肤较薄，干燥，不润泽，可见细小皮屑，皱纹较明显，皮肤松弛缺乏弹性。

(2) 纸巾擦拭法观察。纸巾上基本不沾油渍。

(3) 美容放大镜观察。皮肤纹理较细，皮肤毛细血管和皱纹较明显。

(4) 美容透视灯观察。大部分皮肤为青紫色。

(5) 美容光纤显微检测仪观察。皮肤纹理明显，皮沟浅，皮肤较细致，无湿润感，可见咖啡色斑点。

2) 干性缺油皮肤

(1) 肉眼观察。皮脂分泌量少，皮肤较干，缺乏光泽。

(2) 纸巾擦拭法观察。纸巾上基本不沾油渍。

(3) 美容放大镜观察。皮肤纹理细腻，毛孔细小、不明显，常见细小皮屑。

(4) 美容透视灯观察。皮肤呈淡紫色，有少许或没有橙黄色荧光块。

(5) 美容光纤显微检测仪观察。皮肤纹理较深，与干性缺水皮肤比较，略有湿润感。

4. 混合性皮肤

(1) 肉眼观察。在面部 T 形区(额、鼻、口、下颚)呈油性，其余部分呈干性。

(2) 纸巾擦拭法观察。T 形区呈油性，其余部位呈干性。

(3) 美容放大镜观察。T 形区毛孔粗大，皮肤纹理粗，其余部位毛孔细小，有细碎皱纹，常有粉状皮屑脱落。

(4) 美容透视灯观察。T 形区见大片橙黄色荧光块，其余部位呈淡紫色。

(5) 美容光纤显微检测仪观察。T 形区的纹路看不清楚，有油光，眼周及脸颊处纹路较明显，没有油光现象，鼻周及下颚处有颗粒状阻塞物。

5. 有痤疮问题的皮肤

(1) 肉眼观察。皮质分泌过多，滞留于毛囊内不能顺利排出，使皮肤油腻，并出现黑头粉刺、白头粉刺。

(2) 纸巾擦拭法观察。纸巾上见大片油渍，甚至浸透纸巾，呈透明状。

(3) 美容放大镜观察。毛孔粗大，油腻光亮，表皮粗糙，有黑头粉刺、白头粉刺。

(4) 美容透视灯观察。皮肤上见大片橙黄色、粉红色荧光块，其中淡黄色小点为化脓粉刺部位。

(5) 美容光纤显微检测仪观察。表皮呈红肿发炎，皮肤上会有一颗颗白色小粒，为白头；若为黑头，则表皮开口处有黑色脂肪团，黑头部位的真皮处有微凸状的脂肪团。当粉刺进一步发展时，皮肤上鼓出一粒粒的脓包，真皮周围呈现红褐色微血管扩张状，中心点呈黑色。

6. 有色斑问题的皮肤

(1) 肉眼观察。中性、油性、干性、混合性皮肤都可能出现色斑，即在皮肤上出现红褐色或咖啡色大小形状不一的色素沉着。

(2) 美容透视灯观察。皮肤呈棕色,有少量荧光块。灰褐色的表皮型黄褐斑,在透视灯下色泽会加深;蓝灰色的真皮型黄褐斑色泽不变;深褐色的混合型黄褐斑斑点加深。

(3) 美容光纤显微检测仪观察。表皮的颜色呈咖啡色,深浅不一;真皮呈整片或点状黄色,有的呈血管扩张般的红褐色。

7. 有老化现象的皮肤

(1) 肉眼观察。类似于干性皮肤,弹性较弱,无光泽,皮下组织减少、变薄,皮肤松弛、下垂,皱纹增多,色素也增多。

(2) 美容透视灯观察。皮肤呈紫色,有悬浮白色。

(3) 美容光纤显微检测仪观察。表皮没有纹理,表示肌肤萎缩紧绷;真皮纹理宽大,有的微血管扩张,表示肌肤松弛,可见浅咖啡色或深咖啡色的斑点。

8. 有敏感问题的皮肤

(1) 肉眼观察。类似于干性皮肤或中性皮肤,皮肤毛孔紧闭细腻,表面干燥缺水、粗糙、有皮屑,皮肤薄,隐约可见毛细血管或不均匀潮红。

(2) 美容透视灯观察。可观察到紫色斑点。

(3) 美容光纤显微检测仪观察。表皮发炎红肿,角质层较薄,毛细血管表浅,真皮部位则呈一片红的现象。

9. 有毛细血管扩张问题的皮肤

(1) 肉眼观察。皮肤较薄,表皮下可见丝状、星状、网状等破裂或扩张的毛细血管,红色,压之不退。

(2) 美容放大镜观察。毛孔较小,皮肤毛细血管比较明显。

(3) 美容透视灯观察。皮肤上可见大片的紫色荧光块。

(4) 美容光纤显微检测仪观察。真皮受到伤害部位的毛细血管扩张,色素沉淀,表皮无光泽,暗沉,皮脂死细胞堆积。

10. 日晒伤后的皮肤

(1) 肉眼观察。一般在阳光下直接照射 2～3 小时后,在 12 小时以内观察,会发现皮肤有发热变红、紧绷、脱水等现象,严重者可能出现脱皮、红肿、皮疹等。4～7 天后观察,皮肤受损部位开始黑化、脱皮。

(2) 美容放大镜观察。角质层增厚、毛孔扩大。

(3) 美容光纤显微检测仪观察。表皮发炎红肿,真皮受到伤害部位的毛细血管扩张。

四、常见皮肤问题的分析

皮肤问题常伴有一系列的自觉症状和他觉症状。自觉症状是指顾客主观感觉到的症状,主要包括痒、痛、灼热等感觉。他觉症状是指能看到或摸到的皮肤或黏膜损害,统称为皮疹或皮损。

皮疹可分为原发疹(第一级损害)和继发疹(第二级损害)。原发疹是损害初发时的皮损;继发疹是由原发疹演变而来的损害。

1. 原发疹

(1) 斑疹。皮肤表面的变色小点,不凸起也不凹陷,如雀斑、黄褐斑、瘀斑等。

(2) 丘疹。高出皮肤,可以触摸到的隆起,一般为针头至 1 cm 直径大小,如痤疮。丘疹可转化为水疱、脓包，也可被完全吸收而消失，不留痕迹。根据其形态、大小、颜色、分布情况，大多数可做出判断。

（3）水疱。高出皮肤表面的含有液体的疱。可位于表皮层、表皮下或真皮上部，小的如针头，大的直径不超过 1 cm。水疱破后会形成糜烂面，疱液可自行吸收，干涸后形成鳞屑，愈后不留瘢痕。

（4）脓包。高出皮肤表面的含有脓液的包，可由丘疹或水疱转变而成，其内含物浑浊或呈黄色，周围常有红晕，一般为针头至黄豆大小。脓包可干燥成痂，也可破裂形成糜烂面。位于表皮的脓包愈后不留瘢痕，如进入真皮层可形成溃疡，愈后有瘢痕形成。

（5）结节。位于真皮或皮下组织的块状皮损，也可能凸出皮肤表面，大小不一，颜色、硬度、形态各异。

（6）囊肿。含有液体或黏稠分泌物及细胞成分的囊状损害，多发生在真皮或皮下组织，大小不一，呈圆形或椭圆形，触之有弹性。

（7）风团。真皮浅层急性水肿引起的隆起性皮损，大小、形态不一，发生急骤，消退迅速，一般数小时可退，不留任何痕迹。发作时常有剧痒，可呈红色或苍白色，周围有红晕，如麻疹或虫咬症状。

（8）肿瘤。皮肤或皮下组织的新生物。小如绿豆，大如鸡蛋或更大，呈圆形、椭圆形或不规则形，或软或硬。一般呈皮肤色，如有炎症则呈红色，有色素细胞增生则为黑色，持久存在或逐渐增大，会出现破溃形成溃疡，很少自行消失。

2. 继发疹

（1）鳞屑。主要为角质层大量脱落的上皮碎屑，如不正常或过多的头皮屑等。

（2）痂。指皮损处的浆液、血液或脓液干涸后形成的浆痂、血痂或脓痂。

（3）糜烂。表皮或黏膜上皮的缺损。表面潮红、湿润、有渗出。在水疱或脓包等破溃后，失去表皮即形成糜烂，愈后不留瘢痕。

（4）溃疡。真皮的皮肤或黏膜缺损。其大小、形态不一，愈后留有瘢痕。

（5）抓痕。搔抓引起的线状或点状表皮或部分真皮的损伤。可引起出血，形成血痂，愈后一般不留瘢痕。

（6）皲裂。深达真皮的条形皮肤裂隙。通常由皮损或外伤造成，多见于皮肤活动多的部位，多发于干燥季节。

（7）瘢痕。指真皮以下的组织缺损，被新生的结缔组织修复后形成的组织。瘢痕没有正常的皮肤纹理和附属器，所以它没有弹性、皮沟、毛发，也不会出汗。

（8）萎缩。皮肤萎缩多见于表皮、真皮或皮下组织，是由于皮肤老化，表皮细胞层数减少变薄而出现的萎缩现象。

（9）苔藓样变。由角质形成细胞，特别是棘细胞层和角质层增殖引起的皮肤增厚，表现为皮沟变深、粗糙，常伴有干燥、色素沉着。多见于慢性瘙痒性皮肤病。

（10）浸渍。指皮肤长时间浸在水中，角质层吸水过多后出现变白、变软和肿胀现象。

下篇

技能操作篇

JINENGCAOZUOPIAN

第四章　面部养护技术

第一节　面部皮肤护理概述

一、面部皮肤护理的定义及分类

面部皮肤护理，是在科学美容理论的指导下，运用专业的美容技术、美容仪器及相关的护肤产品，维护和改善人体面部皮肤，使其在结构、形态和功能上保持良好的健康状态，延缓其衰老。面部皮肤护理可分为两类。

1. 预防性皮肤护理　预防性皮肤护理（又叫面部保养），是利用深层清洁、按摩、敷面膜等护理方法维护皮肤的健康状态。

2. 改善性皮肤护理　改善性皮肤护理是针对一些常见皮肤问题（医学上称损容性皮肤病），如色斑、痤疮、老化、敏感等，利用相关的美容仪器、疗效性护肤品对其进行特殊的保养和处理，达到改善皮肤状况的目的。

二、面部皮肤护理的意义、作用

在全身皮肤中，面部皮肤因环境因素受到的损害最大，容易出现敏感、晒伤、痤疮、老化等皮肤问题。正确的皮肤护理有助于改善皮肤表面缺水的状态，可保持毛孔的通畅，淡化色斑，减慢皱纹的形成，加速皮肤的新陈代谢。总之，皮肤护理有助于预防及改善皮肤问题，延缓皮肤衰老，保持皮肤的健康状态。面部皮肤护理可起到以下五个方面的作用。

1. 深层清洁皮肤　专业的面部皮肤护理是以卸妆、洁面、蒸面、脱角质、真空吸啜等多种方法联合使用，去除面部残留污垢和彩妆的护理方法。清除老化角质，畅通阻塞的毛孔，使面部恢复光泽，减少痤疮的形成。

2. 补充皮肤营养　面部皮肤护理通过蒸面、按摩、敷面膜等方法可有效增强皮肤的水合度，有利于皮肤对营养物质的吸收，同时选择相应的美容仪器将护肤品中的有效成分导入皮肤，以补充皮肤所需养分，使皮肤更加健康。

3. 改善皮肤问题　正确的面部皮肤护理有助于改善皮肤不良状况，如晦暗、色斑、肤质粗糙等。特定的美容方法和疗效性产品的应用可以预防和缓解痤疮、色斑、敏感等皮肤问题，使皮肤保持健康、美丽。

4. 缓解压力　面部护理中，柔和的按摩手法、舒适的环境、轻松的音乐和温柔体贴的护理有助于精神、肌肉的放松，舒缓压力。

5. 心理美容作用 面部护理在改善皮肤不良状况的同时，更能增添求美者的自信心。

第二节 面部皮肤护理的基本程序

面部皮肤护理的每个程序都有其不同的目的、作用及效果，其操作程序应该根据各种护理目的的不同而设定，各程序之间的作用相辅相成，但又不是一成不变的，应根据不同皮肤状况及护理目的进行合理调整。完整的面部皮肤护理基本操作程序如下：准备工作→消毒→面部清洁→爽肤→观察皮肤→蒸面→按摩→敷面膜→基本保养→结束工作。其中去角质属于面部皮肤深层清洁方式，一般是在蒸面之后、按摩之前进行。仪器护理是指借助超声波美容仪、真空吸啜仪或高频电疗仪等美容仪器对皮肤进行保养，一般是在按摩之前或按摩之后进行。去角质和仪器护理两项应根据顾客的具体情况选择采用。

面部皮肤护理的基本操作程序介绍如下。

一、准备工作

为了保证护理工作能够有条不紊地进行，美容师应做好护理前的所有准备工作。

1. 美容仪器及相关设备的准备

(1) 美容床单位准备：在顾客到来之前应检查美容床是否安全，调整美容床的位置、角度，床头部稍微抬起(不得高于 30°)，让顾客以最舒适的姿势接受护理。更换床上用品，用一条大毛巾横向铺盖美容床头，两条消毒后的毛巾放置于床头部，如图 4-1 所示。

(2) 美容仪器、设备的准备：检查电路是否畅通、安全，设备运转是否正常，并将仪器设备配件及附属用品配齐、消毒、就位。

(3) 用品、用具放在随手可取的工作台或手推车上，排列整齐，如图 4-2 所示。

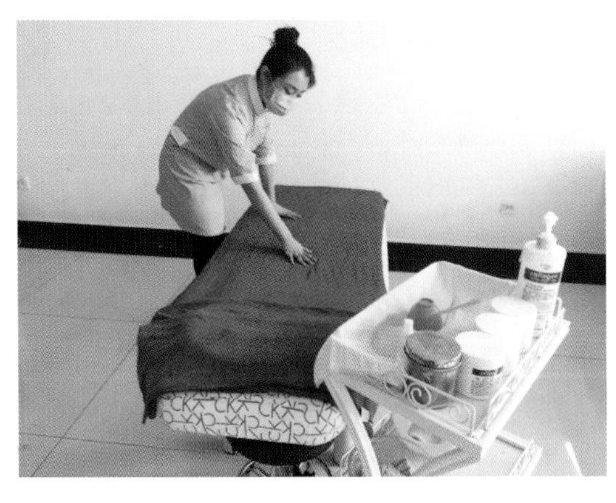

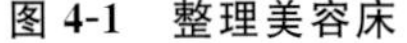
图 4-1 整理美容床

图 4-2 用品、用具的摆放

工作台或手推车上用品、用具的摆放应注意以下四个方面。

①建议手推车上层桌面先放一条消毒毛巾，分前后两排使用，前排摆放消毒工具，在毛巾上摆放消毒后的镊子、卸妆用的棉棒、调勺、面膜碗、棉片、纸巾、暗疮针、一次性洗面巾或海绵

等相关用具。

②后排护肤产品，从右至左按皮肤护理流程依次摆放浓度为70%的酒精或其他有效消毒杀菌液→卸妆产品→清洁产品→去角质产品→按摩膏→护肤品（精华素、眼霜、日霜、防晒霜等）。

③用过的物品不可再放回消毒物品摆放范围内。每次护理完毕后应更换消毒毛巾。

④建议手推车中层桌面放置洗脸海绵或洗脸小毛巾两个，两个内盛34～37 ℃温水的面盆，面盆内的水不应太满，一般不超过面盆的1/2，以免洒出。

2. 顾客准备 告知顾客将身上佩戴的饰物（如戒指、项链、手镯等）取下与衣服一起放进衣柜锁好。请顾客更换美容服，美容师应离开护理室约2分钟，以便留给顾客私人空间。顾客更换美容服后应脱下鞋，平躺在美容床上。美容师回来时应轻轻敲门，得知顾客准备好后才可进入护理室。

3. 美容师准备

（1）仪容整洁，化淡妆，身着工作服，佩戴工牌，以甜美的笑容迎接顾客。

（2）先放一条毛巾在顾客的胸前作为肩巾，再用干净柔软的盖被盖好顾客全身，将肩巾的一半对折把被头端包住，最后将顾客的拖鞋置于美容床下。

（3）按照洗手程序清洁，消毒双手（请顾客稍稍休息）。

（4）为顾客包头。在护理之前应将顾客的头发、衣襟保护好，同时也便于操作。包头可用一次性头罩、宽边发带或毛巾。

4. 环境准备 室内空气应新鲜，温度、湿度适宜，光线柔和，选择顾客喜欢或为顾客推荐符合中医音乐疗法的音乐作背景。

1）美容床

美容床是美容院的基础设备之一，是做面部护理时供顾客躺坐的美容专业设备。最早的美容床是简单、便宜的懒式椅，现在已被专业的美容床取代。目前国内普遍使用的美容床一般为三段式，上段与下段可以根据需要进行手动调节，还配有可拆卸的扶手。有的美容床还配备了电动水压自动调节器，可以轻松自如地调节。此外，还有面部护理、按摩两用床，床头部可根据需要自由转换。

2）常见毛巾包头法

（1）方法一：

①将长毛巾的长边向下折叠2 cm左右，垫在顾客头下，让顾客的头躺于毛巾中央，折边在下与后发际平齐，如图4-3所示。

②左手拿住折边一端沿发际从耳后往右方拉紧至额部压住头发，右手掌同时配合左手将包住的头发拢向耳后，如图4-4所示。

③用同样方法拉起毛巾右角边往左方压住发际头发，然后将毛巾塞进折边内固定好，如图4-5所示。

④将顾客耳朵抚平，双手四指扣住毛巾边缘，轻轻将包好的毛巾向后拉至发际。

⑤检查毛巾松紧度是否合适。

注：去角质和敷面膜之前也可重新包头，可将耳朵全部包进。

（2）方法二：使用宽边的弹性发带，从发际处将头发固定，是一种简便易行的包头方法。

3）常见肩巾搭法

（1）方法一：将长毛巾一边斜放在顾客胸前，如图4-6所示，另一端呈“V”形反折，将顾客

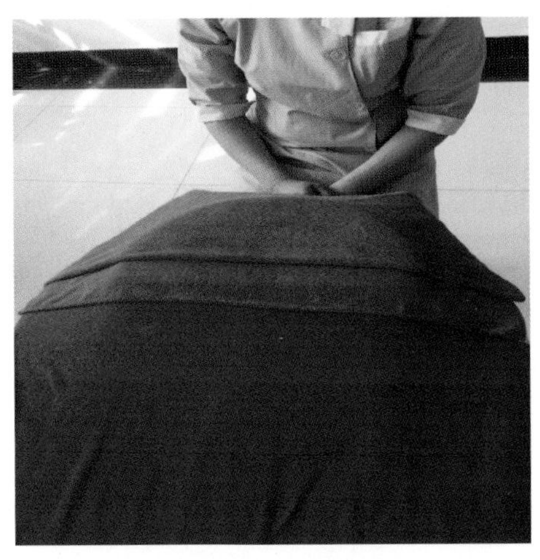

图 4-3　毛巾包头法操作一

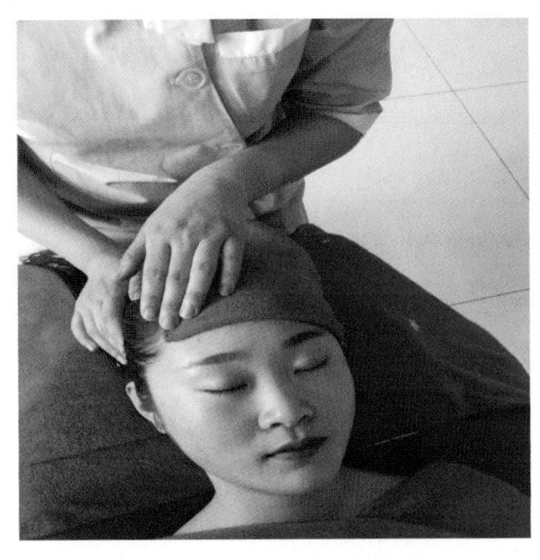

图 4-4　毛巾包头法操作二

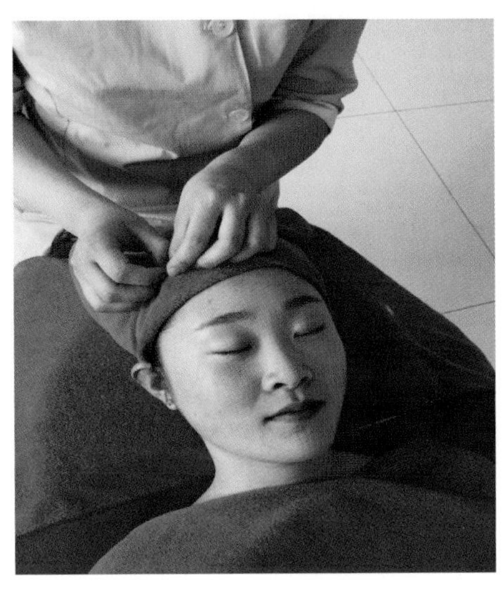

图 4-5　毛巾包头法操作三

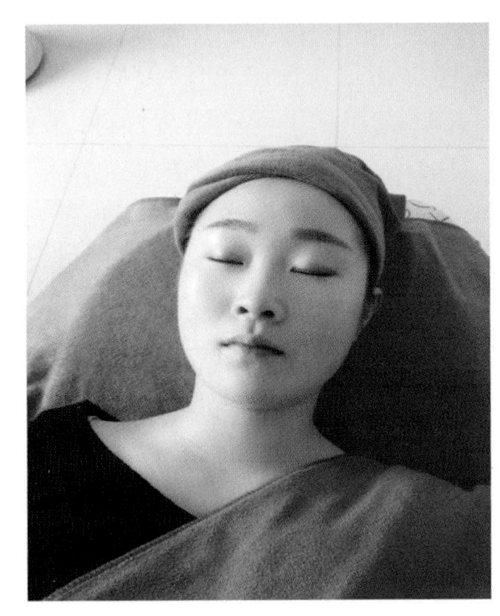

图 4-6　肩巾搭法一

衣领包住以免弄脏衣服，如图 4-7 所示。

(2) 方法二：若顾客已穿露出肩及前胸的美容服，只需用毛巾的长边将美容服平行包住即可，如图 4-8 所示。

二、消毒

工作前美容师应按照卫生规范洗手，并用蘸有 70％的酒精或其他有效消毒剂的棉球对准备使用的器皿用具进行消毒，若遇特殊情况还应对双手进行消毒，如图 4-9 所示，做到无菌操作，避免交叉感染。同时给顾客留下严谨、规范的专业印象，增加信任感。

酒精又称乙醇，是最常用的皮肤消毒剂。一般来说，70％(按质量计)的酒精用于灭菌消毒，50％的酒精用于预防压疮，20％～50％的酒精擦浴用于高热患者的物理降温。不同浓度的酒精都是由高浓度(95％)酒精经蒸馏水稀释而成的。

酒精之所以能消毒是因为酒精能够吸收细菌蛋白的水分，使其脱水变性凝固，从而达到杀灭细菌的目的。如果使用高浓度酒精，则对细菌蛋白脱水过于迅速，使细菌表面蛋白质首

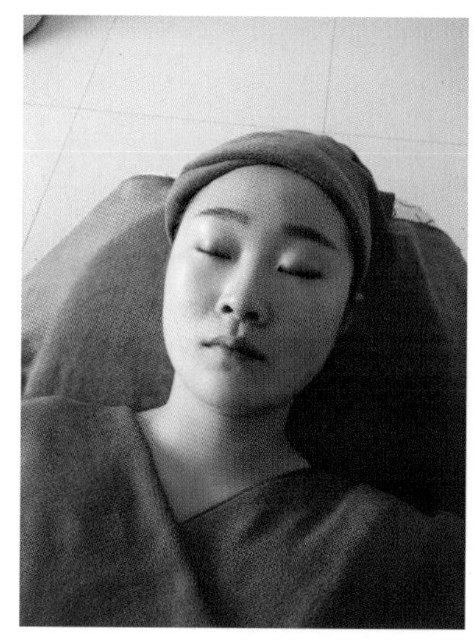

图 4-7　肩巾搭法二

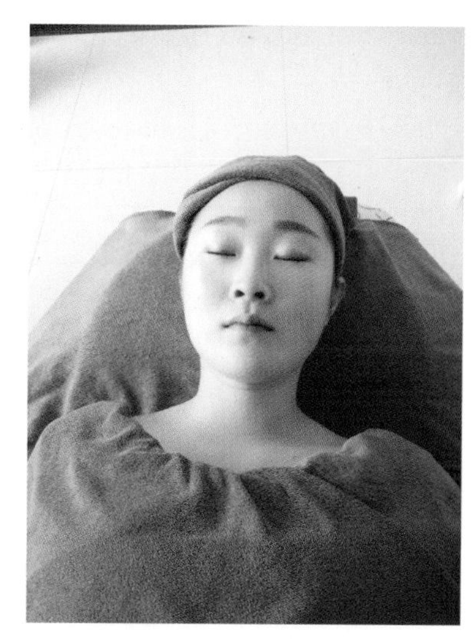

图 4-8　肩巾搭法三

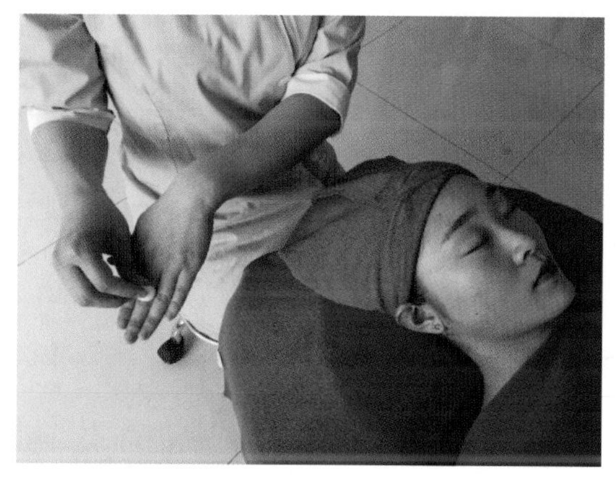

图 4-9　手部消毒

先变性凝固，形成一层坚固的薄膜，酒精不能很好地渗入细菌内部，影响其杀菌能力。70％的酒精与细菌的渗透压相近，可以在细菌表面蛋白质变性前逐渐向菌体内部渗入，使细菌所有蛋白脱水，变性凝固，最终杀死细菌。酒精浓度低于70％时，由于渗透性降低，也会影响杀菌能力。

由此可见，酒精杀菌消毒能力的强弱与其浓度高低有直接的关系，过高或过低都不行，效果最好的是70％的酒精。酒精极易挥发，因此，消毒酒精配制好后，应立即置于密封性能良好的瓶中保存、备用，以免因挥发而降低浓度，影响杀菌效果。另外，酒精的刺激性较大，黏膜消毒时禁用。如有对酒精过敏者，应换用其他有效消毒杀菌剂。

三、面部清洁

在皮肤中面部皮肤暴露在空气中的时间最长，空气中的污物、尘埃、细菌容易吸附在皮肤表面，再加上皮肤自身分泌的油脂、汗液及代谢后产生的死亡细胞，这些因素会影响皮肤正常的生理功能，造成肤色晦暗，肤质粗糙，甚至会引起皮肤过敏、发炎、痤疮及斑疹等问题。因此，使用清洁产品（图4-10）对皮肤进行清洁是皮肤保养的首要条件，也是关键的一步。

图 4-10　清洁产品

（一）面部清洁的目的

（1）彻底清除皮肤表面的污垢、化妆品、皮肤分泌物及代谢废物，使皮肤保持清洁健康，从而预防各种皮肤问题的产生，使皮脂腺、汗腺分泌物排出畅通。

（2）可调节皮肤 pH 值，保持皮肤表面正常的酸碱度，防止细菌感染。

（3）促进皮肤新陈代谢，增强皮肤吸收营养物质的能力。

（4）使皮肤得到放松、休息，以便充分发挥皮肤的生理功能。

（二）面部清洁的步骤

表层清洁（卸妆、洁面）→深层清洁。

皮肤上有三层“垃圾”：第一层是覆盖在皮肤上的灰尘和皮肤分泌物；第二层是毛孔浅层中的污垢；第三层是皮肤新陈代谢而产生的生物“垃圾”，即角质层老化或死亡细胞。洗面奶配合清洁手法只能去掉前两层“垃圾”，而不能将皮肤因新陈代谢产生的角质层死亡细胞从皮肤表面除去。当蒸气将角质层死亡细胞软化以后，可借助磨砂膏、去角质膏、去角质液等彻底而有效地除去角质层死亡细胞，避免死亡细胞的堆积，便于皮肤对护肤品的吸收。因此，人们常将皮肤清洁分为表层清洁和深层清洁。

1. 表层清洁　表层清洁是指常规的卸妆和洁面双重清洁方法，即用水、卸妆液、洁面霜、洗面奶等产品每天清除附着于皮肤表面的灰尘、油污，是最常规的清洁方法。表层清洁不能完全清除毛孔中多余的皮脂、污垢、死亡细胞等。

1）卸妆

卸妆是利用卸妆液、洁面霜等卸妆产品，去除面部彩妆的过程。卸妆是皮肤清洁的第一步，可将面部的彩妆，如粉底、眼影、睫毛膏、唇膏等彻底清除，顾客面部有彩妆时要用卸妆产品进行卸妆，而不能用洗面奶代替卸妆产品。由于眼部皮肤比较薄嫩，应选用去污力强而无刺激性的眼部卸妆液来清洗眼部的彩妆。若顾客脸部彩妆较浓，可在此基础上用洁面霜再对面部进行全面深入的清洁，从而使皮肤更加清新、洁净。卸妆的顺序是睫毛→眼线→眼影→眉→唇。准备工作：①将消毒棉片、卸妆液（油）、棉签摆放在美容车上。②美容师用酒精消毒双手及相关用具。

卸妆的具体步骤如下。

（1）清除睫毛膏及眼线。

①将两块消毒棉片对折成双层，分别横放在顾客下眼睑睫毛根处，让顾客闭上双眼，如图

4-11 所示。

②左手按住棉片，右手持棉签蘸取卸妆液（油），顺着上睫毛生长的方向由睫毛根往外清除睫毛上的睫毛膏，对双眼分别进行上睫毛的清洁，如图 4-12 所示。

③更换新棉签，蘸少许卸妆液，将上眼皮往上提，让眼线部位充分暴露，从内眼角向外眼角平拉，清洗上眼线，如图 4-12 所示。

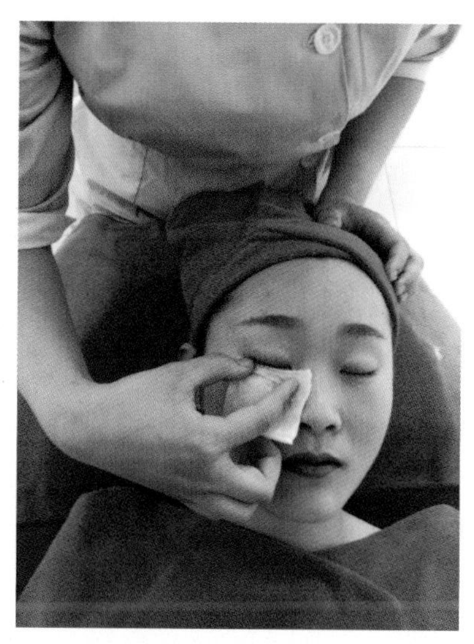

图 4-11　放消毒棉片

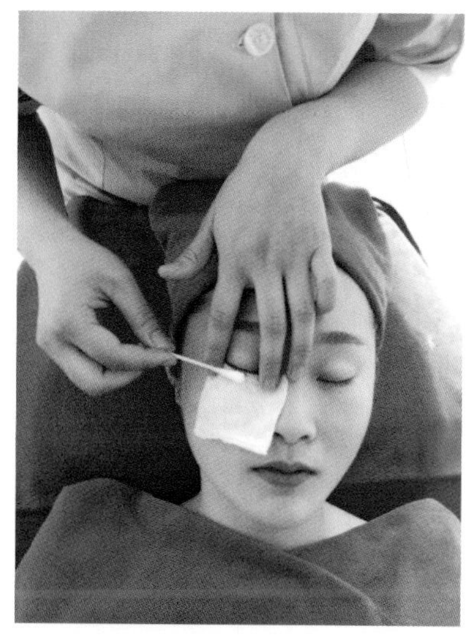

图 4-12　清除上睫毛膏、上眼线

④用大拇指和食指夹住棉片，撤离眼部下方，让顾客睁开眼睛。

⑤下眼皮略往下拉，用蘸有卸妆液的棉签，从内眼角向外眼角平拉，清洗下眼线，然后用干棉签擦去残留的卸妆液和污迹，如图 4-13 所示。

（2）清除眼睑、眉部彩妆。将两块蘸有卸妆液的棉片对折，分别盖在眼部、眉部，并向两边拉抹，清洁眼部和眉部。中指分力卸上眼皮部位，食指分力卸眉部，之后将棉片打开，再反向折叠。重复以上手法，如图 4-14 所示。

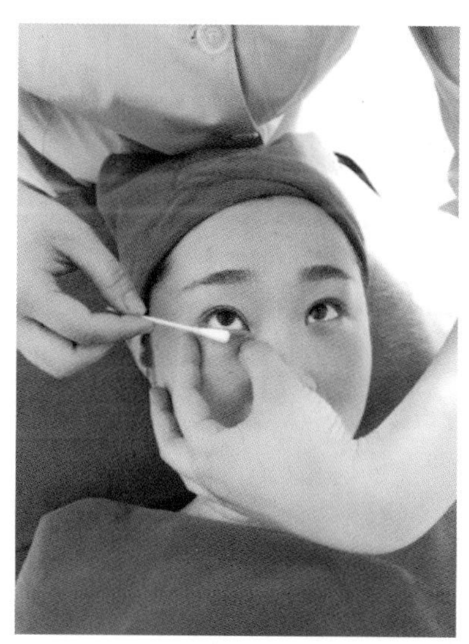

图 4-13　清洗下睫毛膏、下眼线

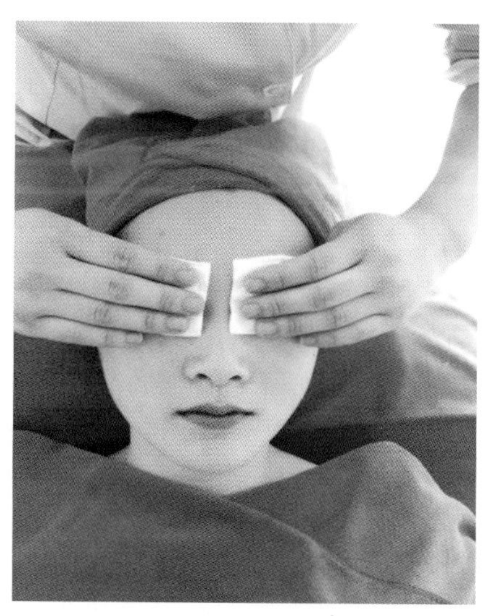

图 4-14　清除眼睑及眉部彩妆

(3) 清除口红。将蘸有卸妆液的棉片对折后放在嘴角处，左手按住左嘴角稍向左边拉紧，以展开唇部皱纹，右手持棉片从左至右拉抹两遍，如未干净则换另一面。双手交换卸掉口红，操作时注意勿将口红蹭到唇周皮肤上，如图 4-15 所示。

2) 洁面

洁面是利用洗面奶、洁面乳等清洁类产品和清水，去除皮肤表面的污垢。

(1) 准备工作。

①将洗面奶、洗面海绵、小碗、洗面盆等工具摆放在美容车上。

②美容师用酒精消毒双手及相关用具。

(2) 洁面操作程序。

①操作前先清洁双手及手腕，如图 4-16 所示。

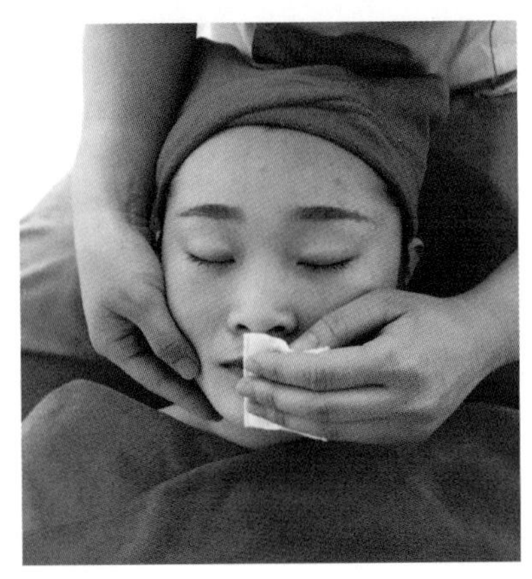

图 4-15　清除口红

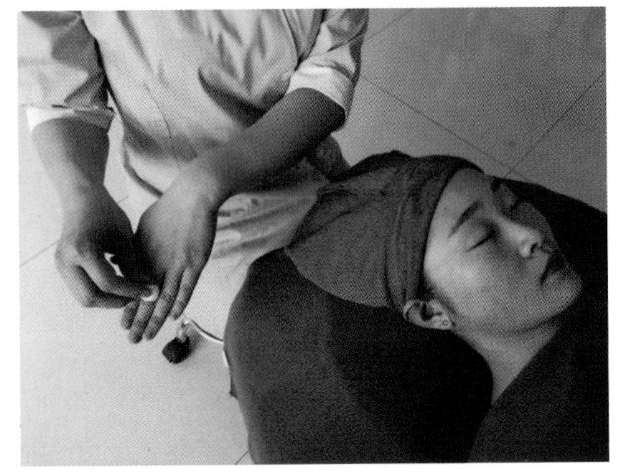

图 4-16　清洁双手

②将约一茶匙的洁面乳倒在左手手背虎口的上方或倒入消毒后的容器中，如图 4-17 所示。

③用中指、无名指将洁面乳分别放置于顾客面部六个平面点，即前额、双颊、鼻头、下颌部、颈部，如图 4-18 所示。也可将洁面乳直接置于掌心打圈抹散后，轻轻涂抹于下颌、口周、面颊、鼻翼、鼻头、额头及颈部。

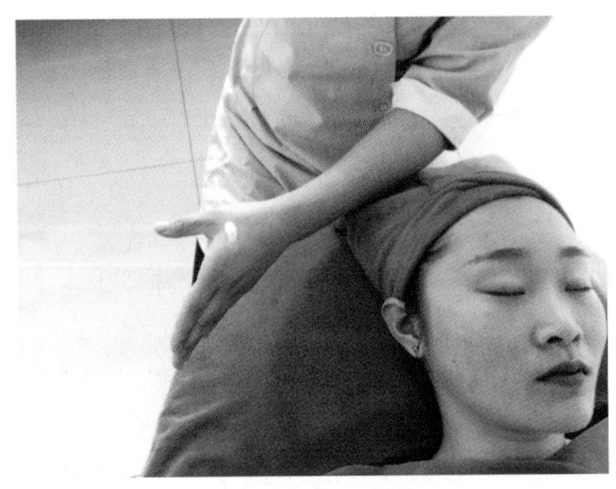

图 4-17　取洁面乳

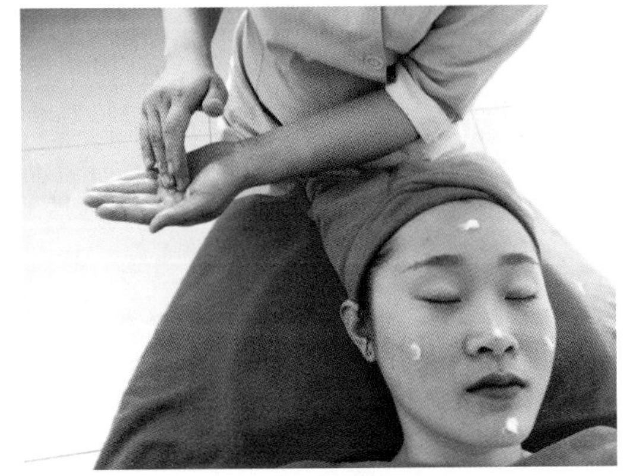

图 4-18　涂抹洁面乳

④按照洁面顺序依次进行操作。洁面顺序为由下向上、由内向外，依次为颈部、口周、鼻

周、鼻部、额部、面颊部及耳部，最后是眼周。

a. 颈部。颈部结构较为复杂，故在清洁时需双手四指关节彻底放松，轻柔地接触皮肤，切忌小面积用力，以免引起刺激和不适。

从顾客的颈根部开始，双手四指轻柔地交替向上拉抹至下颌，往返两遍即可，如图 4-19 所示。

双手四指沿下颌滑动至耳垂，再将手翻转以指背轻触皮肤，沿颌线滑回至下颌，如图 4-20 所示。

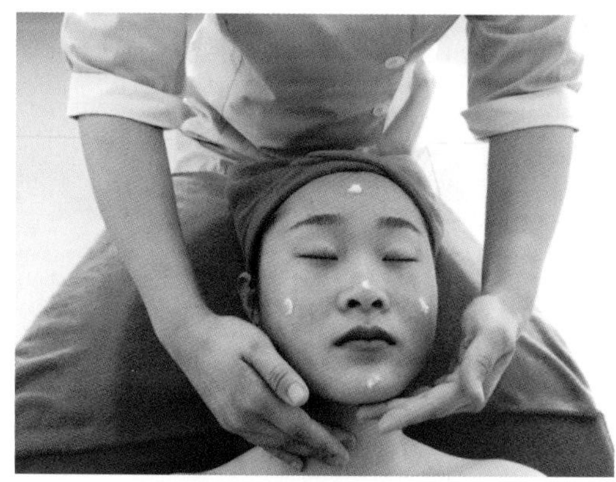

图 4-19 清洁颈部一

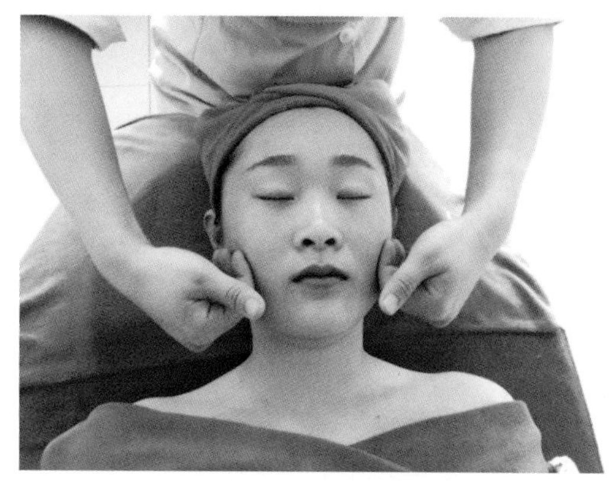

图 4-20 清洁颈部二

b. 口周、鼻周、鼻部。这些部位面积较小，洁面产品极易进入口、鼻、眼内，故主要用中指操作。

双手手指沿口周打半圈，再连至鼻翼周围打半圈，如图 4-21 所示。

用双手手指以向下打小圈的动作按摩鼻翼及鼻头，如图 4-22 所示。

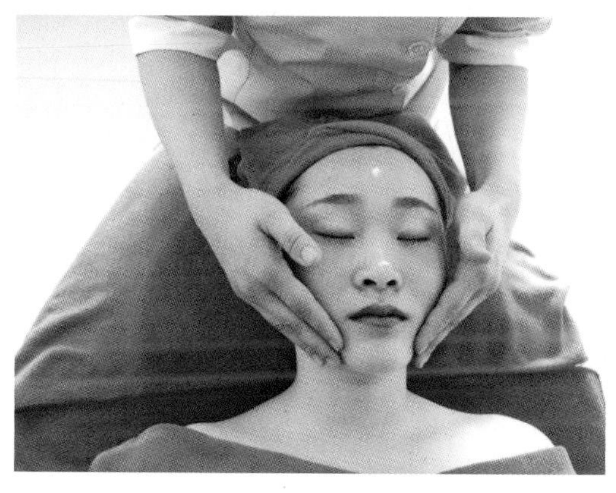

图 4-21 清洁口周

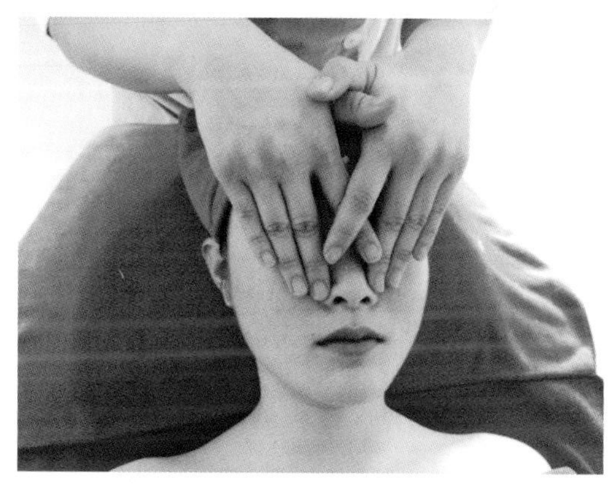

图 4-22 清洁鼻部

双手中指和无名指指腹在鼻梁及鼻侧上下交替滑抹至眉心，连接额部的清洁动作，如图 4-23 所示。

c. 额部。额部面积较大，可用双手的食指、中指、无名指、小指四指指腹进行操作。分别以眉心、额中心、发际线中线为起点，由内向外分三行打圈至太阳穴，如图 4-24 所示。

d. 面颊部及耳部。此部位面积较大，可用双手的食指、中指、无名指、小指四指指腹进行操作。分别以下颌中部、两嘴角、鼻翼为起点，大致分三行向耳根部、耳中部及耳上部进行打

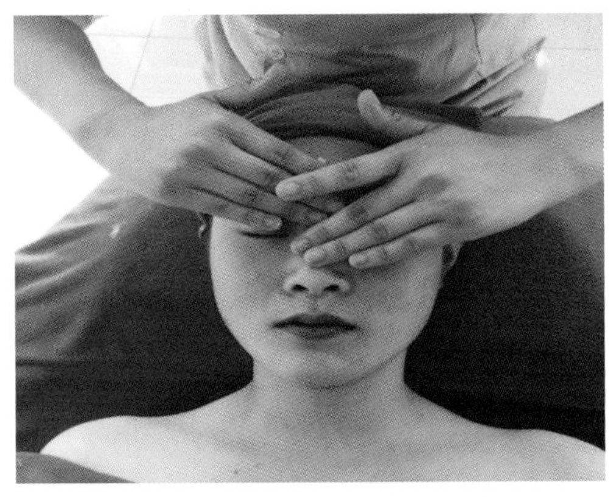

图 4-23　清洁鼻梁

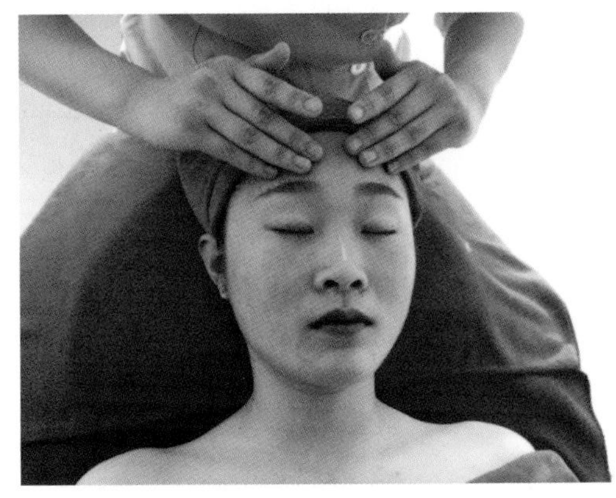

图 4-24　清洁额部

圈清洁，最后再清洁耳部，如图 4-25 所示。

e.眼周。双手中指和无名指指腹沿眼眶（眉心→眉骨→眼下）由内向外打圈按摩，如图 4-26所示。

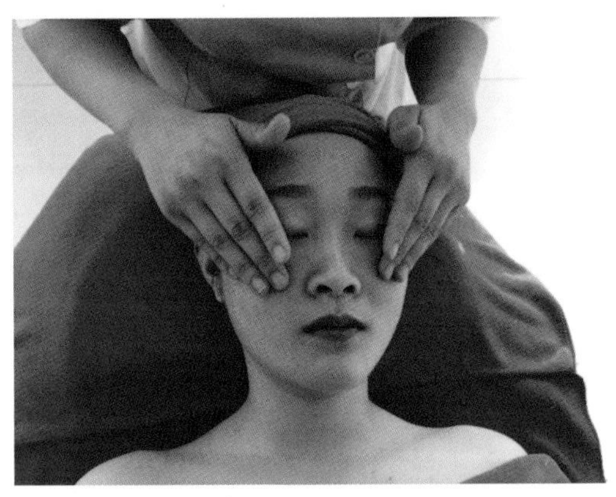

图 4-25　清洁面颊部及耳部

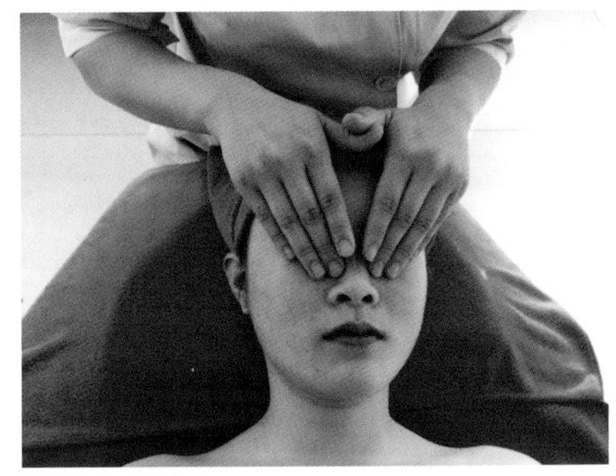

图 4-26　清洁眼周

重复上述步骤 3～5 遍，或者使洁面乳充分与面部、颈部接触。注意洁面时间一般不能超过 3 分钟。

(3) 洁面注意事项。

①根据皮肤性质选择适宜的洁面产品。

②操作时应注意动作轻柔、轻快，洁面乳在皮肤表面停留的时间不宜过长，一般以 2～3 分钟为宜。

③按摩时应按面部皮肤按摩基本方向进行操作，注意每个动作之间的衔接动作均应以轻快的按抚为主。

④避免清洁产品进入顾客的口、鼻、眼。

⑤结束时，应注意将面部洁面产品彻底清洗干净。

(4) 顾客使用泡沫洁面产品进行自我清洁的方法。

①将手上的污垢、油脂、护肤品用洗手皂或洗手液及温水彻底洗净。

②用温水湿润整个面部，这样可以减轻肌肤的负担，将毛孔打开，有利于泡沫更好地发挥功效。

③将泡沫挤在一只手的掌心，另一只手掬水，倾斜从指尖注水，轻轻揉出泡沫。

④再加水起泡，以把手翻转过来泡沫不会掉下来为度。

⑤用手指指腹从皮脂分泌物较多的 T 形区开始认真清洗，额头由内向外打圈，鼻梁和鼻翼由下向上顺着洗。

⑥清洗发际、下颌线和耳朵等容易遗漏的角落。

⑦用毛巾轻轻吸干泡沫，再用水淋到脸上清洗，一般以 15 次为宜。

⑧用干净毛巾再次吸干脸上的水分。

3）清洗

(1) 清洗用具准备。为顾客清洗面部时，准备小方巾、海绵、棉垫或洁面纸巾。顾客有痤疮时，用棉垫清洗较好。清洗用水宜选用软水，水温适中，一般以 34～37 ℃为宜。

(2) 用海绵清洗面部的程序。

①颈部

a. 双手交替，以滚动向上的动作往返 2～3 遍，如图 4-27 所示。

b. 将海绵放在下颌处，双手同时向左、向右沿颌线清洁到耳下方，重复 2～3 遍，如图 4-28 所示。

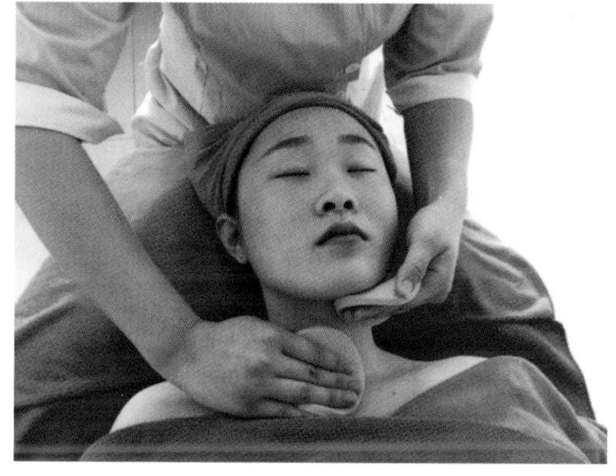

图 4-27 海绵清洗颈部

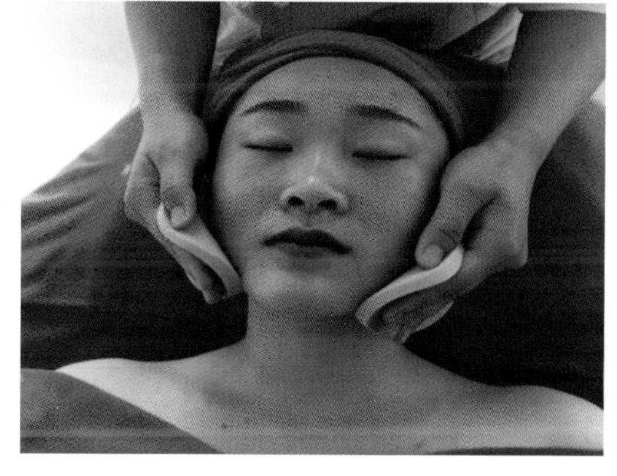

图 4-28 海绵清洗下颌

②口周、鼻周、鼻部

a. 双手拇指、中指、食指拿住海绵的一小部分，同时从人中位置向两边嘴角清洁鼻子下方，如图 4-29 所示。

b. 以同样的动作再在口周、鼻周打半圈擦拭 2～3 遍，最后由鼻梁、鼻侧拉至额部。

③额部

a. 双手交替向上滚动，从额头中央慢慢移向左边太阳穴，经过前额移向右边太阳穴，再回到额中央，如图 4-30 所示。

b. 双手同时从额中央滑至右边面颊颌线处。

④面颊及耳部

a. 双手在右颊以交替向上滚动的动作由颌线清洁至右边太阳穴，然后再逐渐移动至嘴角，如图 4-31 所示。

b. 同样的动作从右嘴角开始，经下颌移动至左侧颌线，并在左颊重复以上动作。最后清洁耳部。

⑤眼周。若有需要，应将海绵翻过来用干净的一面擦拭眼睛。

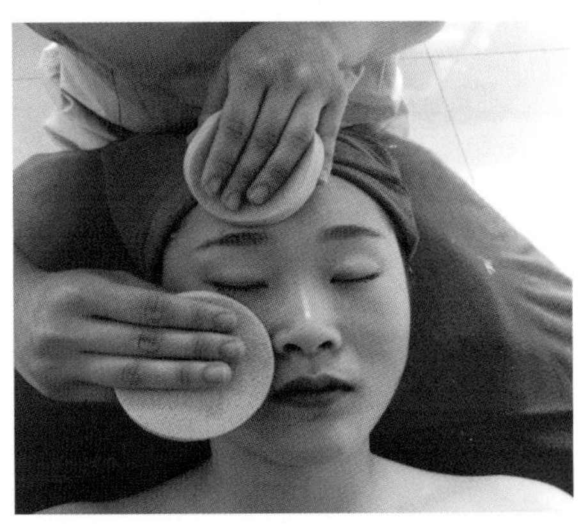

图 4-29 海绵清洗口周、鼻周、鼻部

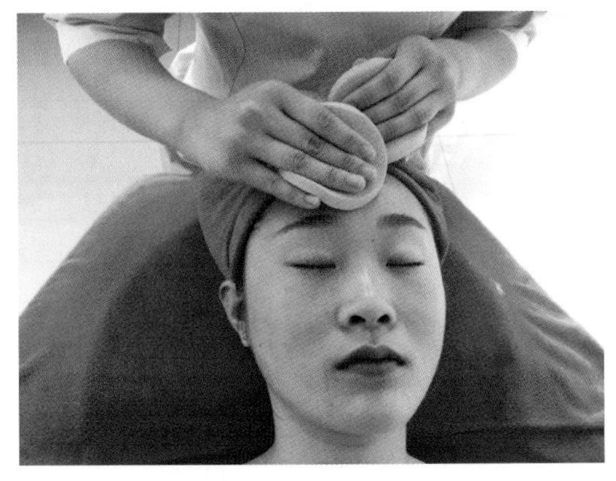

图 4-30 海绵清洗额部

a.左手持海绵轻轻向上拉起右眉处的皮肤，右手由下向外清洁眼皮及睫毛，重复 2～3 遍，如图 4-32 所示。

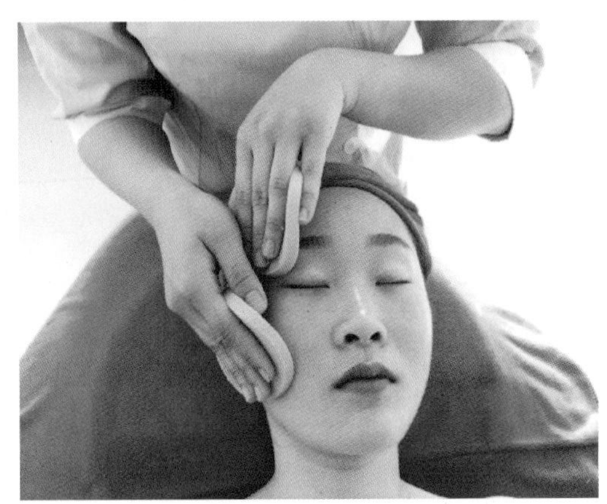

图 4-31 海绵清洗面颊部及耳部

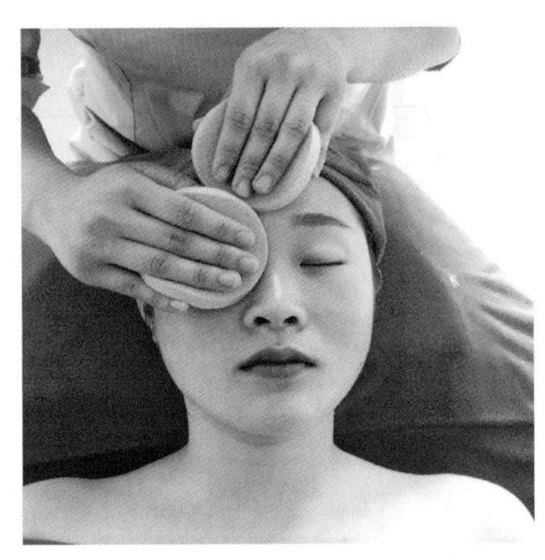

图 4-32 海绵清洗眼周

b.从内眼角平拉至外眼角。

c.在左眼部位重复以上动作。

(3) 用小方巾清洗面部的程序(同海绵清洗法)。

①由颈的底部开始向上滑抹，小方巾应尽量保持与顾客皮肤的接触，喉咙处应避免用力。

②由下颌正下方沿颌线滑向耳下。

③将小方巾拆开翻面，或将小方巾做成的清洁手套直接翻转至另一只手，在脸的另一侧重复以上动作。每侧可清洁 2～3 次。

④由颌线开始向上越过下颌至面颊后，抹向耳前。

⑤清洁鼻子正下方，由人中位置(鼻头下方凹陷处)开始向两旁至嘴角进行清洁。

⑥由鼻梁开始，运用轻微向外的动作清洁鼻子侧面部分，若鼻翼内侧浸有洁面乳则可一同清洁。

⑦以左手中指与无名指往上按住眉毛，运用向下向外的动作清洁上眼睑及睫毛。清洁眼部时，应随时转动小方巾，用干净、没有使用过的部分进行清洁，以免将污物带入眼睛，引起顾客不适。

⑧从额头中央拉抹移动至太阳穴,并微微施力。

⑨将小方巾翻面后,在另一侧脸颊重复④～⑧步的动作。

⑩清洁小方巾并将小方巾从内眼角平拉至外眼角。换手后在另一侧重复该动作,清除残留在眼角和睫毛根处的洁面乳,由于眼部皮肤非常敏感、易受刺激,清洁时动作必须轻柔。

整个清洗过程可重复 2～3 遍,至洁面乳被彻底清除。清洗时动作应一气呵成、动作轻柔、轻快。

(4) 洁面海绵的使用方法。

洁面海绵是最普通的洁面擦拭工具,其操作方法与小方巾清洁基本相同,在操作中还应该注意以下几点。

①将洁面海绵浸入水中后拿出拧干,双手还会留有一些水滴,此时应交替将一手手背叠入另一持海绵的手掌中,用手中的海绵将手背上的水擦去,切不可随意甩干。

②擦拭面部较狭窄的部位,可将海绵折叠使用。

③海绵用后应立即清洁、消毒。

2. 深层清洁 深层清洁是指用水、洁面乳、去角质产品,并配合喷雾剂、暗疮针、真空吸啜仪等仪器工具,彻底清除面部皮肤的污垢、多余的皮脂、老化的角质细胞、脂肪粒、粉刺等,从而使皮肤保持洁净、毛孔通畅,防止细菌感染,保证皮肤新陈代谢的顺利进行。深层清洁有利于皮肤对营养物质的吸收和废物的排泄,发挥皮肤的正常生理功能。深层清洁应视皮肤需求而定。深层清洁过于频繁,容易使皮肤角质层变薄,抵抗力降低,皮肤变得敏感。一般来说,中性、干性皮肤每月 1 次(或因皮肤情况而定),油性皮肤每月 1～2 次。

四、蒸面

1. 蒸面目的

(1) 促使毛孔张开,便于深入清洁毛孔里的污垢、油脂等。

(2) 软化表面坏死细胞,便于将其清除。

(3) 促进皮脂腺、汗腺的正常分泌、排泄。

(4) 促进脸部血液循环。

(5) 促进皮肤柔软、红润。

(6) 让顾客感到轻松、舒适。

2. 蒸面方法 喷雾机蒸面详见本书美容院常用仪器相关内容。

五、去角质

去角质是在面部清洁及蒸面之后,使用磨砂膏或去角质膏(液)等清洁产品,借助人工方式,帮助去除堆积在皮肤表层老化或死亡的角质细胞,也称脱屑、去死皮。

由于新陈代谢的作用,皮肤最外层的角质层老化或死亡细胞会不断脱落,由新细胞来补充,这是一个自然的生理过程。但由于受机体衰老,健康状况、环境等多种因素的影响,皮肤的新陈代谢速度会随着年龄的增长而逐渐减缓,致使老化、死亡细胞脱落的过程缓慢,这些坏死细胞在皮肤表面堆积并逐渐干燥,使皮肤变得粗糙、起皮屑。粗糙不平的皮肤表面在阳光下形成阴影,使皮肤看起来黯淡无光泽。此时,借助化学或机械的方法去除老化、死亡细胞,可促使表皮加速产生新的细胞去代替老化、死亡细胞。去角质不但可以改善肤色、肤质,还能刺激血液循环,因此,去角质是保养皮肤的重要环节。

1. 去角质目的及作用

（1）去除皮肤表面角质层的老化、死亡细胞，深入清洁毛孔，防止毛孔阻塞。

（2）预防痤疮及其他皮肤问题的产生。

（3）帮助皮肤恢复光泽、细腻、白净、柔软。

（4）促进皮肤血液循环，加速新陈代谢，增强皮肤吸收和排泄能力。

2. 去角质方式

（1）物理性去角质。物理性去角质是指使用物理方法使角质层老化或死亡细胞发生位移和脱落。例如，利用磨砂膏中细小的砂粒或电动磨面刷与皮肤摩擦，使附于皮肤表面角质层老化或死亡细胞脱落。此方法对皮肤的刺激性较大，不方便清洗，尽量不用或少用。

（2）化学性去角质。化学性去角质是将含有化学成分或植物成分（如木瓜蛋白酶、果酸等）的去角质膏（霜）、去角质液涂于皮肤表面，软化或分解皮肤表面角质层老化或死亡细胞，从而达到去角质的作用。此法适用于正常皮肤。

3. 去角质操作步骤

（1）使用去角质膏（霜）的操作步骤。

①用喷雾机蒸脸或用热毛巾敷脸，软化皮肤表面老化、死亡细胞，用棉片遮盖双眼，如图 4-33 所示。

②将去角质膏均匀涂于前额、鼻尖、双颊、下颌及颈部，露出眼、鼻孔、嘴唇，然后在整个面部和颈部薄薄地涂抹开，让其停留在脸上 5 分钟左右（或根据产品说明所规定的时间），不要让其完全干掉，否则难以清除，如图 4-34 所示。

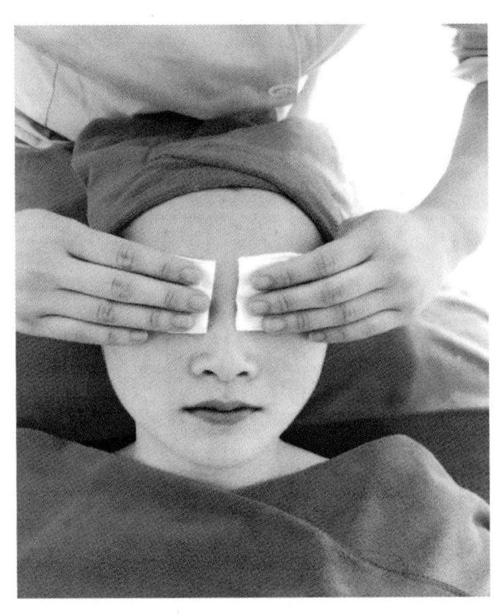

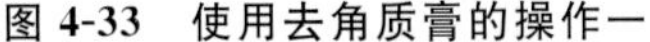
图 4-33 使用去角质膏的操作一

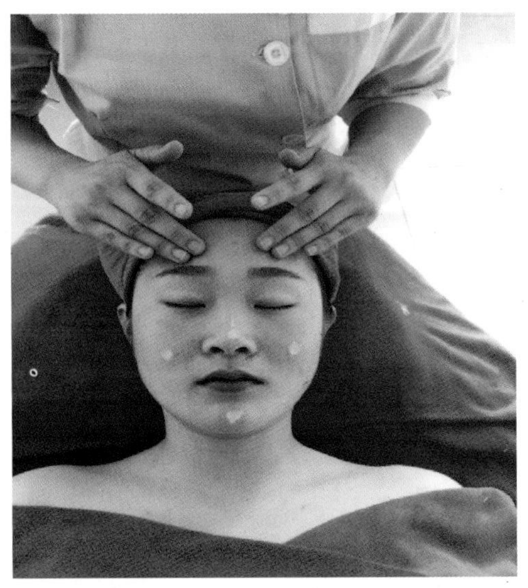

图 4-34 使用去角质膏的操作二

③将毛巾或纸巾放于顾客面部皮肤周围，用来接住剥落下来的小颗粒，如图 4-35 所示。

④左手食指、中指将面部局部皮肤轻轻绷紧，右手食指、中指指腹从颈部开始自下而上拉抹，一直向上移动至下巴、脸颊，将皮肤上的去角质膏搓净。使用去角质霜只需点涂于面部，在规定时间内打圈按摩，然后清洗即可，如图 4-36 所示。

⑤上唇、鼻子等部位，用食指、中指向外拉抹，但不要过度牵拉皮肤，如图 4-37 所示。

⑥额头部位，双手做交替滚动的动作，将去角质膏搓净，如图 4-38 所示。

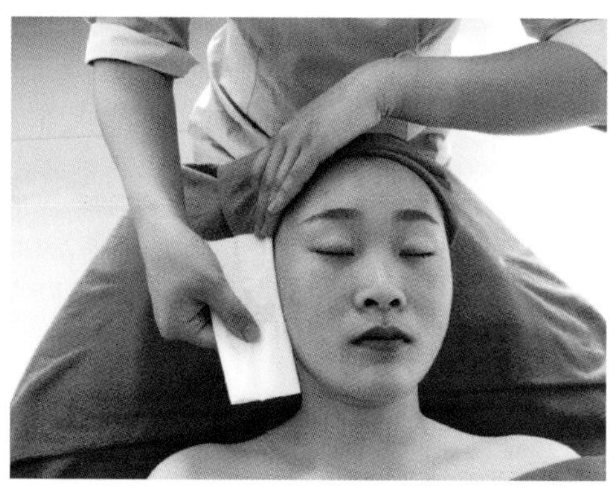

图 4-35 使用去角质膏的操作三

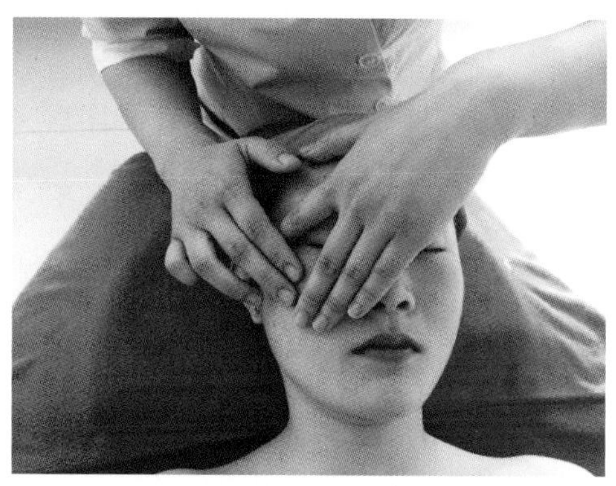

图 4-36 使用去角质膏的操作四

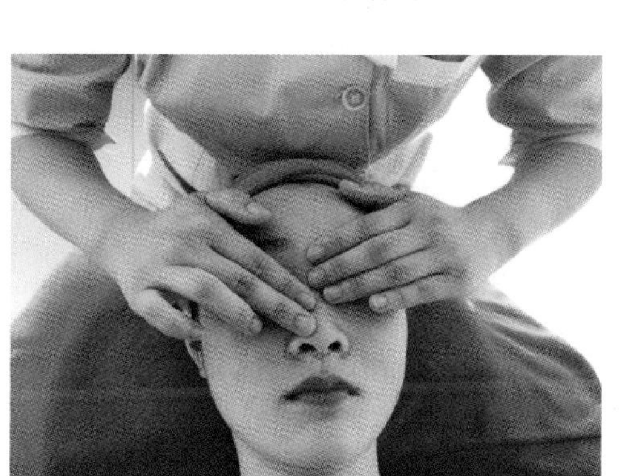

图 4-37 使用去角质膏的操作五

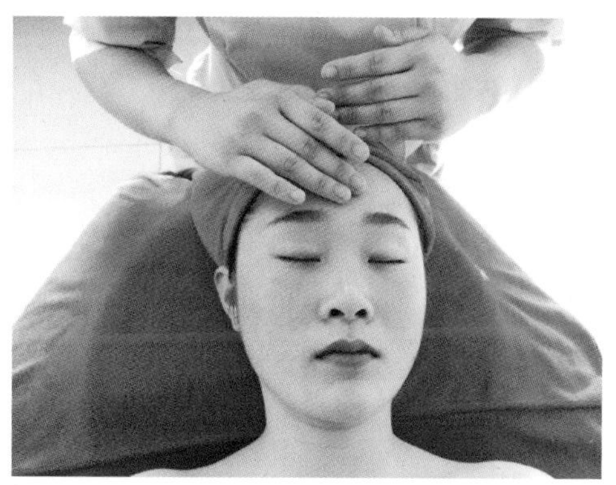

图 4-38 使用去角质膏的操作六

⑦用水清洗面部，并用棉片蘸化妆水轻拭面部，如图 4-39 所示。

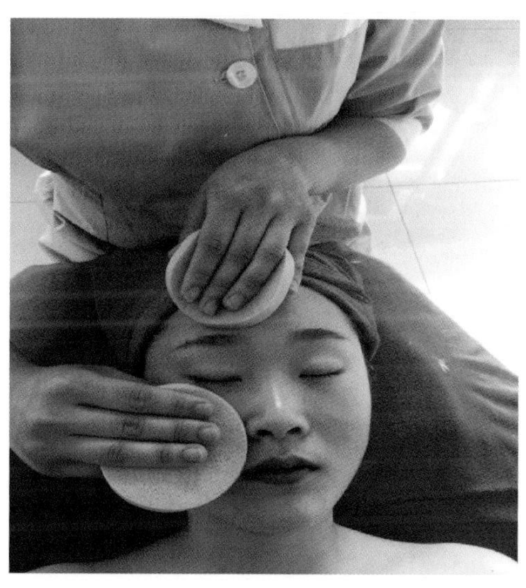

图 4-39 彻底清洗面部

（2）使用磨砂膏的操作步骤。

①用喷雾机蒸脸或用热毛巾敷脸，软化皮肤表面老化、死亡细胞。

②取适量磨砂膏置于前额、鼻尖、双颊及下颌，用中指、无名指蘸水将磨砂膏抹开。

③用中指、无名指指腹从下颌至两边脸颊向外打小圈。

④手指相对运动，沿口周绕半圈。

⑤双手拇指交叉、中指、无名指沿鼻梁上下滑抹至眉心，在鼻尖及鼻翼部位打圈。

⑥在额部以打圈的方式由中间向两边揉摩。

⑦用毛巾清洁面部，务必将砂粒清除干净，并用棉布蘸化妆水轻拭面部。

在揉摩的过程中，力度不可太大，一般 3～5 分钟，油性皮肤 T 形区揉摩时间可稍长。眼周围及唇部皮肤不做磨砂膏去角质操作，唇部需用专门的去角质产品。

(3) 使用去角质液的操作步骤。

①用洁面乳清洁面部。

②用喷雾机蒸脸或用热毛巾敷脸，软化皮肤表面老化、死亡细胞。

③用棉片蘸取去角质液，湿敷于面部皮肤，眼部、嘴唇除外。

④根据产品说明在规定的时间停留片刻。

⑤用清水将去角质液彻底洗净，并用棉花蘸取化妆水轻拭面部。

4. 去角质操作注意事项

(1) 去角质并非是将皮肤的角质层全部去掉，而是去掉皮肤表面老化或死亡的角质细胞，所以，不能过于频繁地进行去角质护理。另外，皮肤发炎、外伤、严重痤疮、敏感性等问题皮肤不可进行去角质护理。

(2) 在去角质之前，一定要将皮肤彻底清洁干净，并进行蒸面，使皮肤表面的老化、死亡细胞软化，更易清除。去角质的间隔时间可根据季节、气候、皮肤状况而定，不可过勤，以免损伤皮肤。正常皮肤每月 1 次，油性皮肤每月 1～2 次，干性及问题性皮肤一定要视皮肤需求而定，不需要就暂时不做。

(3) 手法宜轻，眼周禁止使用磨砂膏或涂抹去角质产品。

(4) 磨砂对皮肤刺激较大，使用不宜太频繁。

(5) 脸上的磨砂膏砂粒务必清洗干净，以免影响后续护理项目的进行。

六、爽肤

1. 爽肤目的 清洁皮肤之后，应及时进行爽肤，其目的一是再次清洁皮肤，二是调节皮肤的 pH 值，使顾客感到舒适。

2. 爽肤方法 用棉片蘸取温和的化妆水以面部按摩基本方式擦拭面部，再以点弹、轻拍的手法按摩，使其渗透，促进吸收，增加皮肤弹性。也可用喷雾器喷脸，对缺水性皮肤很有效。爽肤手法多采用点弹按摩手法，双手四指放松，用指前端部分均匀而有节奏地轻轻快速敲击，类似弹钢琴的动作，如图 4-40 所示。

七、观察皮肤

专业的皮肤分析应由美容院技术咨询人员或更高级别美容师负责对顾客进行操作，初级美容师仅需对顾客护理时的皮肤状况(如毛孔粗细、有无瑕疵、有何异常反应等)进行观察，如图 4-41 所示，并及时向美容院技术咨询人员报告。

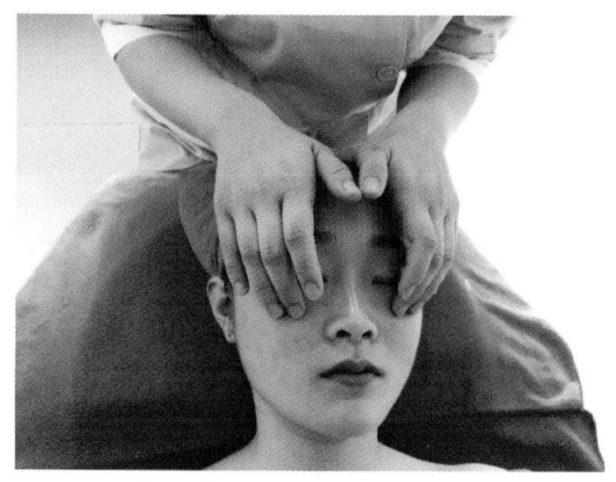

图 4-40 点弹按摩手法

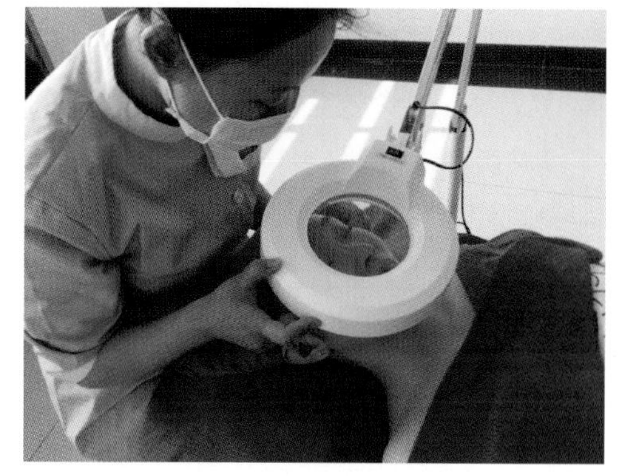

图 4-41 观察皮肤

第三节 面部按摩技术

一、面部按摩的定义及作用

面部按摩是在整个面部涂上按摩介质并施用一定的揉、捏、弹、拍、压等轻柔手法进行按摩,不仅使人面部的肌肉、神经得以放松并且消除疲劳,而且使面部轮廓更加清晰,面部皮肤更加光润。面部按摩的作用主要有以下几个方面。

1. 增加血液循环,促进新陈代谢 血液循环不仅为面部组织带来营养,而且将面部细胞产生的废物带走。面部按摩手法加速了面部血液的流动,促进了血液的循环,从而增加面部皮肤的养分供应,加快了代谢废物的排出,进而促进了皮肤的新陈代谢,使皮肤焕发光彩。

2. 提高皮肤温度,增加皮肤的保湿能力 面部按摩通过手法可以提高皮肤温度。皮肤温度升高时,皮脂腺和汗腺的分泌会增加,毛孔亦会张开,蓄积于毛囊的污垢更易排出;分泌增多的皮脂可以滋润皮肤,同时有利于保持皮肤的水分,使皮肤更加柔润,减缓衰老。

3. 放松肌肉和神经,消除疲劳 面部按摩促进血液循环,给面部肌肉神经带来营养,排除其代谢废物,可以有效地减轻肌肉紧张,安抚神经,消除疲劳,使人放松,恢复肌肤活力。

4. 去除死皮,清洁皮肤 面部按摩是美容师用双手在面部进行揉、捏、弹、拍、压等操作,皮肤最外层的角质细胞会在外力作用下松动剥离,提高皮肤的清洁度。

按摩是皮肤保养中最重要的一环,它不是简单的揉搓,而是在掌握一定技巧的基础上,顺应肌肉纹理走向来进行操作的。在中医理论中,面部皮肤与各脏腑呼应,同时也与全身经脉相连,可以体现脏腑的一定功能状态。面部按摩能使面部气血充盈,肤色红润;同时结合面部穴位的点按,给人舒适感,在改善微循环的同时,可辅助治疗头面部病痛。

二、面部按摩的介质

面部按摩中还需有按摩介质。按摩介质的主要作用是润滑皮肤、减少按摩过程中的摩擦阻力。由于按摩对于面部护理尤为重要,按摩时在按摩介质中还会添加不同物质,如具有美白、保湿、活肤抗衰、抗敏感等有效作用的成分。根据按摩介质的性状可将其分为按摩膏、按摩油、按摩啫喱,每种性状的按摩介质,可根据添加的营养因子不同分别给不同的问题皮肤应用。当然，有时可以乳液作为介质进行按摩操作。

三、面部按摩的手法原则

针对面部皮肤的特点，面部按摩的过程中，尽量减少局部肌肤的位移。要做到力达深层，而表皮基本不动。

在做面部按摩时，应注意遵循以下几个基本原则。

1. 按摩走向从下向上 当人到一定年龄以后，由于生理功能的减退，肌肤会出现松弛现象。又由于地心引力的作用，松弛的肌肉会下垂而显现出衰老的状态。因此在按摩时方向应由下向上。

2. 按摩走向从里向外，从中间向两边 在进行面部抗衰老按摩时，应尽量将面部的皱纹展开，并推向面部两侧。

3. 按摩方向与肌肉走向一致，与皮肤皱纹方向垂直 因为肌肉的走向一般与皱纹的方向是垂直的，因此，在按摩时只要注意走向与皱纹方向垂直，就能保证与肌肉走向基本一致。

4. 按摩时尽量减少肌肤的位移 当肌肉发生较大位移时，肌肉运动方向的另一侧的肌纤维紧绷，过力、持续的张力会使肌肤松弛，加速其衰老。因此，在进行按摩时，要尽量减少肌肤的位移。

面部按摩的操作手法千变万化，但不管手法如何变化，操作时遵循以上几点原则，就可达到按摩作用。

四、面部按摩的基本手法

1. 按压手法 该手法是用手指或手掌按压面部皮肤肌肉。在中式按摩中手指按压多用来刺激腧穴，可活血行气，消除疲劳。操作时注意按压力度应逐渐加深，到达一定刺激深度时，停顿 3 秒左右，再慢慢减压，等力度完全放松之后移动到下一位置。

2. 深入摩擦手法 该手法是利用手指或手掌在皮肤组织上施加压力并摩擦的动作。例如，在面部用拇指在额头划拉的动作，可以促进血液循环和腺体分泌。操作时注意手指指腹或手掌紧贴面部，挤压划拉，用力均匀渗透，动作有韵律。

3. 揉捏手法 该手法是手指揉动或提捏某一部位面部皮肤、肌肉的动作，包括揉、捏、挤等动作。如夹划眉筋，用食指与中指夹住眉筋，并慢慢划拉，可放松肌肉，消除疲劳。操作时注意力度轻、稳，指腹紧贴皮肤，用力均匀，动作连贯。

4. 按抚手法 该手法是用手指或手掌做轻柔缓慢而有节奏的连续按摩动作。面颊、额头宽大的地方用手掌操作，眼周、口周这样面积窄小的地方用手指操作，可以放松肌肉和神经，镇静皮肤。操作时多以拉抹的动作，指腹或手掌服帖，用手腕带动手指或手掌运动。

五、面部按摩的手法要求

熟练的面部按摩手法，需要动作连贯而有节奏，能满足不同需求的顾客。因此还需做到以下几点要求。

1. 持久 每步操作可重复 3～5 遍，双手力度在整个按摩操作中能持续保持。点按腧穴时手指需按而留之，切不可按一下就离开，力度要由轻到重再缓缓放松。

2. 有力 按摩手法必须具有一定力度，才能刺激到深层肌肉。力度大小还需询问顾客感受以及观察顾客皮肤状况，及时调整。

3. 均匀 操作手法应有韵律感，可配合背景音乐，调整节奏，不能时快时慢，用力平稳，不能忽轻忽重。

4. 柔和 美容师在进行面部按摩时，手掌或手指应该柔软而服帖，手法转换应流畅连贯。

5. 得气 主要是在点穴时顾客有酸、麻、胀、重等感觉。

六、面部按摩的注意事项

(1) 根据顾客皮肤特点灵活选择按摩介质、按摩方法和按摩时间；按摩动作要熟练，准确，要能够配合不同部位的结构特点变换手法。

(2) 按摩时间不可太长，以 10～15 分钟为宜。长时间的按摩容易导致皮肤疲劳甚至擦伤，影响按摩效果；长期长时间按摩反而会导致皮肤老化，使皮肤抵抗力下降。

(3) 按摩过程中双手不应离开顾客面部，如要暂时离开，动作要轻柔，重新开始也应如此。

(4) 严禁膏体进入顾客的眼、鼻、嘴。

(5) 敏感皮肤按摩时，时间要短，点穴要轻，少弹脸、摸脸。用扑尔敏水冷喷加抗敏系列产品作为按摩介质操作。

(6) 不能进行常规按摩的情况，如过敏皮肤，有红血丝的皮肤，暗疮皮肤、急性皮炎的任一种状况，有哮喘、气管炎、鼻炎的顾客。

七、面部按摩的操作范例

面部按摩手法应根据顾客皮肤特点和实际情况灵活操作。下面以放松面部肌肉按摩手法为例，供学习面部按摩时参考。整套手法完成时间 15 分钟左右，按摩过程中，注意手法连贯、力度沉稳，手感柔软服帖，全部动作以舒缓的节奏进行。顾客取仰卧位。

1. "四四三二一"(图 4-42) 依次点按地仓(四指，除去拇指)、迎香(四指，除去拇指)、颧髎(三指，除去拇指和小指)、瞳子髎(二指，中指和无名指)、太阳穴(一指，即中指)。

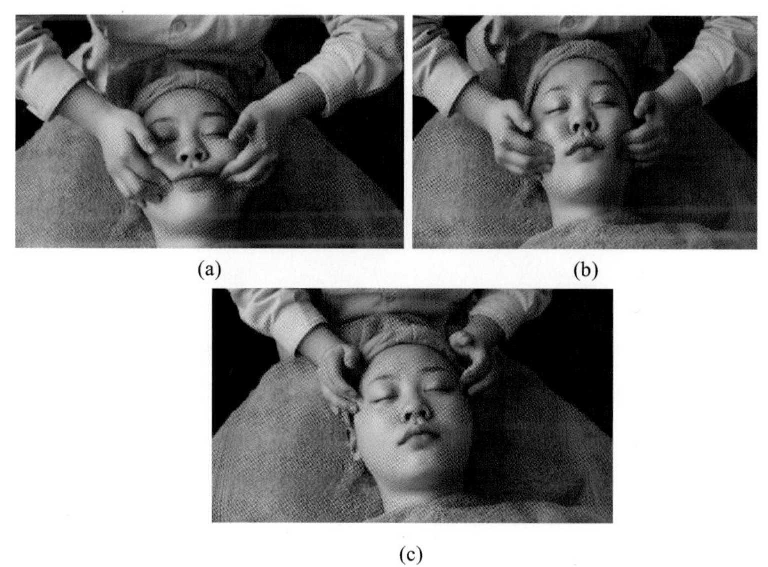

(a) (b) (c)

图 4-42 "四四三二一"操作示意

2．五个"二"（图 4-43） 以美容指点按地仓、迎香、颧髎、听宫和太阳穴。

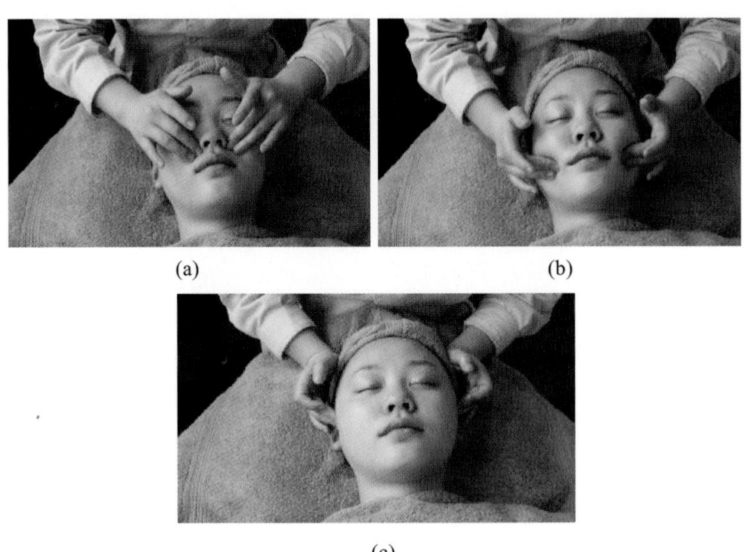

(a) (b)

(c)

图 4-43 五个"二"操作示意

3．"下二上三"（图 4-44） 双手下滑至下颌骨下重叠，手臂伸直，身体稍稍后倾用力，抬两次下巴；放松后重叠的手掌上滑至下巴，从最下缘分三点，用中指点按至承浆。

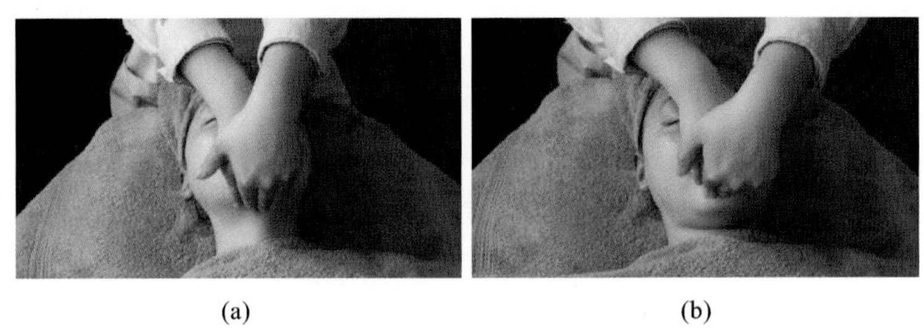

(a) (b)

图 4-44 "下二上三"操作示意

4．"美容指划口周"（图 4-45） 用美容指划口轮匝肌，力度上重下轻。

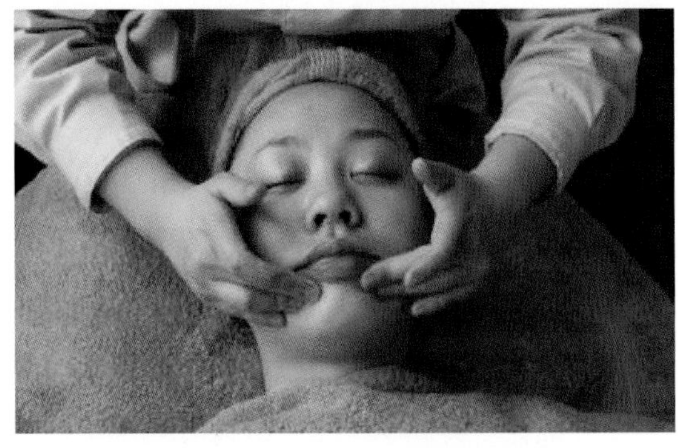

图 4-45 "美容指划口周"操作示意

5．五个"四"（图 4-46） 由迎香开始，沿颧骨下缘，至耳下，分五点以四指（除拇指）按压。

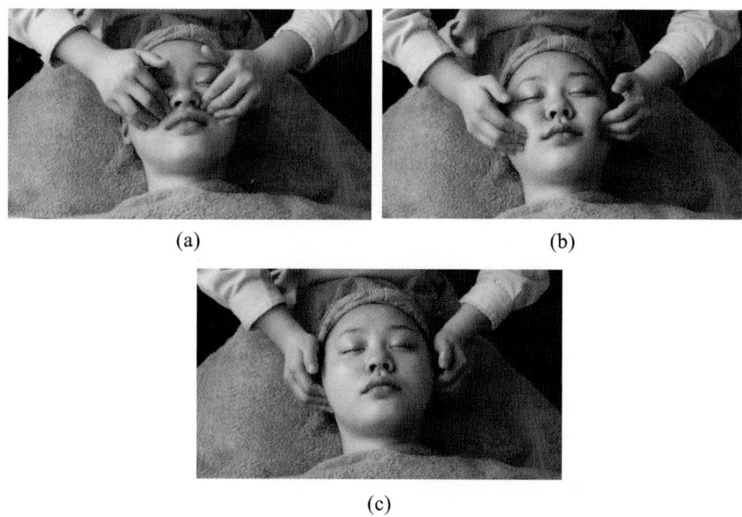

(a) (b)

(c)

图 4-46 五个“四”操作示意

6. “蝴蝶飞”(图 4-47) 以大拇指由耳下沿脸颊外缘划至下巴，反转手掌，以食指指背带回耳下，划下轻带，划上带回用力。

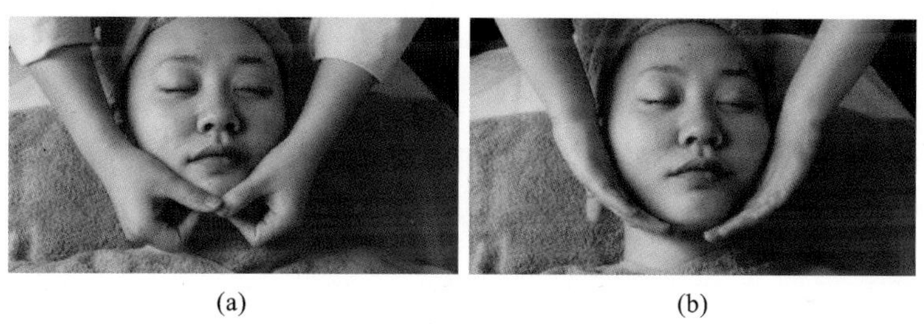

(a) (b)

图 4-47 “蝴蝶飞”操作示意

7. “边提边排”(图 4-48) 以四指(除拇指)沿下颌内缘由下巴至耳下上提下巴并划拉，促进淋巴排毒。

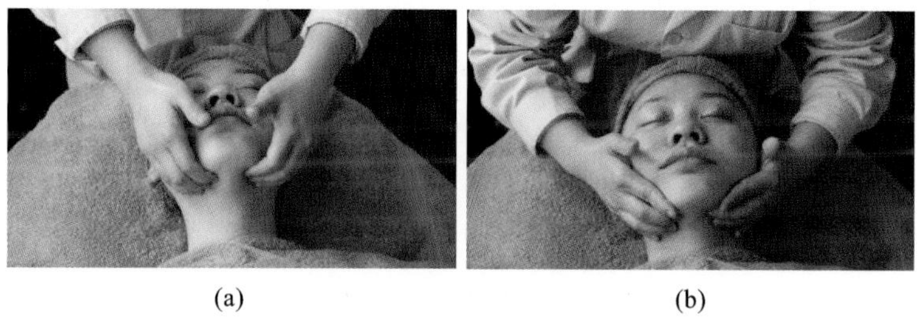

(a) (b)

图 4-48 “边提边排”操作示意

8. “拇指划口周”(图 4-49) 以大拇指滑口轮匝肌，上重下轻。

9. “塑鼻型”(图 4-50) 以大拇指滑口轮匝肌至鼻梁，再由鼻头滑出，至承浆，塑化鼻型。

10. “按印堂”(图 4-51) 以大拇指滑口轮匝肌至鼻梁、鼻头，再上滑至印堂按压，沿眉骨往两侧滑出，平抚鼻根肌。

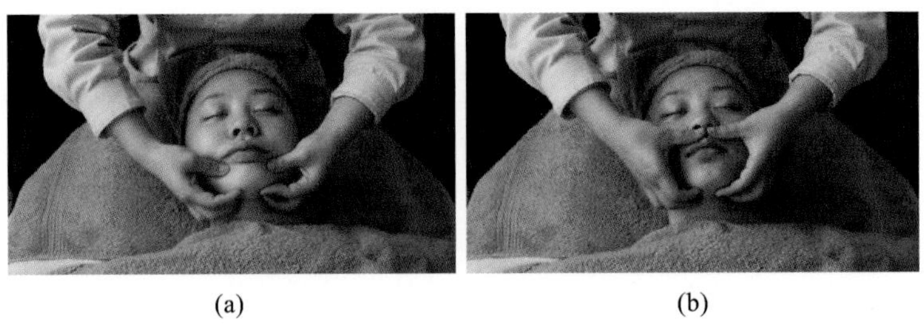

(a) (b)

图 4-49 "拇指划口周"操作示意

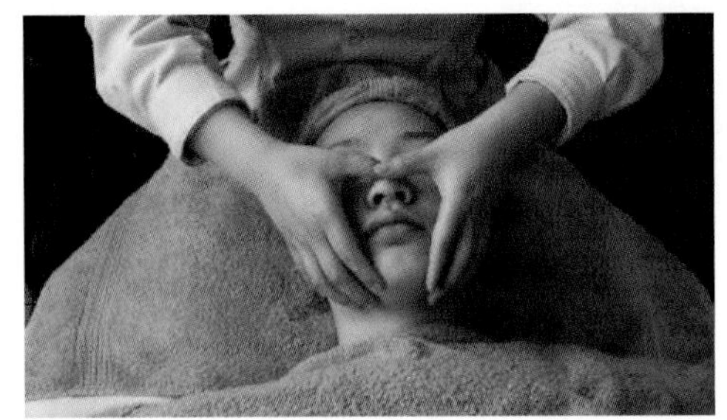

图 4-50 "塑鼻型"操作示意

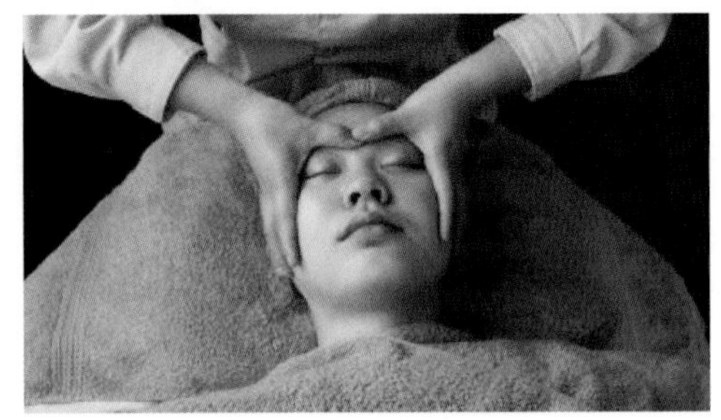

图 4-51 "按印堂"操作示意

11. "额头三条线"(图 4-52) 重复第 8、9、10 步操作,在额头中间和发际线处分别往两侧滑出,按压前发际线正中直上 0.5 寸处,即神庭。

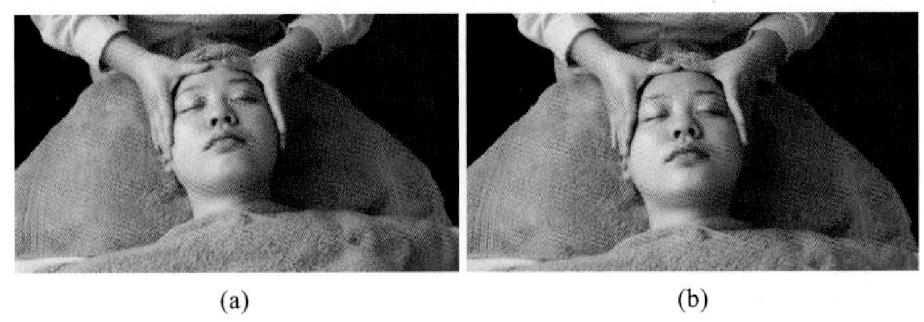

(a) (b)

图 4-52 "额头三条线"操作示意

12. "过山车"(图 4-53) 一手中指点按印堂,然后滑至对侧的睛明、迎香、地仓,然后手掌包下巴,沿同侧脸颊拉抹回太阳穴;另一手再重复该操作。

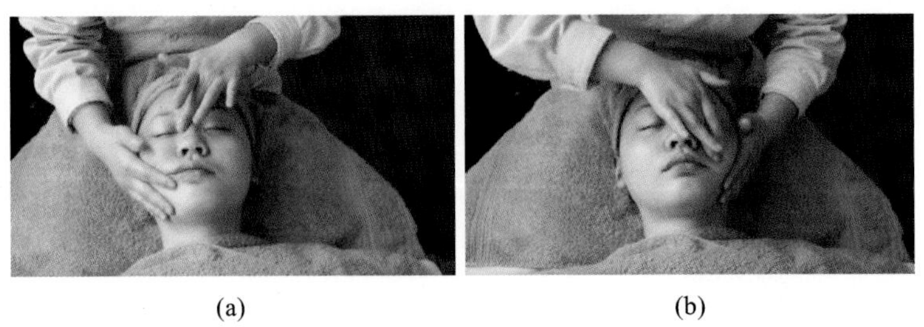

(a) (b)

图 4-53 "过山车"操作示意

13. "横抹额头" 用双手掌依次横抹额头。

14. "斜抹额头"(图 4-54) 用双手掌依次斜抹额头,即从对侧眉骨斜拉回同侧发际线处。

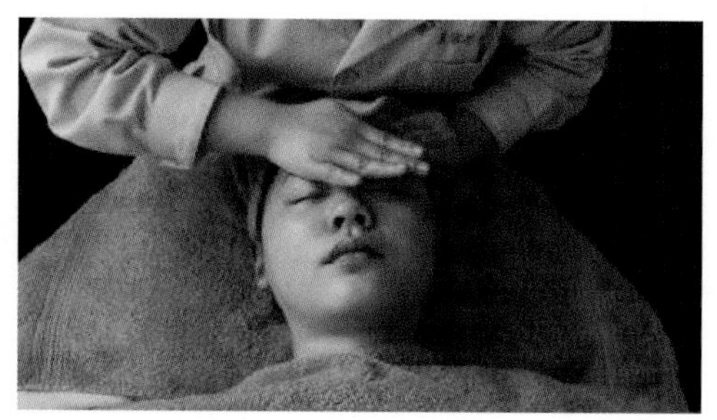

图 4-54 “斜抹额头”操作示意

15. “拉抹额头” 用双手掌依次向上拉抹额头。(第 12 步至第 15 步均为过渡动作)

16. “推眉”(图 4-55) 一掌平放额头;另一手美容指点按同侧攒竹,滑至对侧眉骨,然后手掌包额头向上划拉;另一手美容指重复操作。

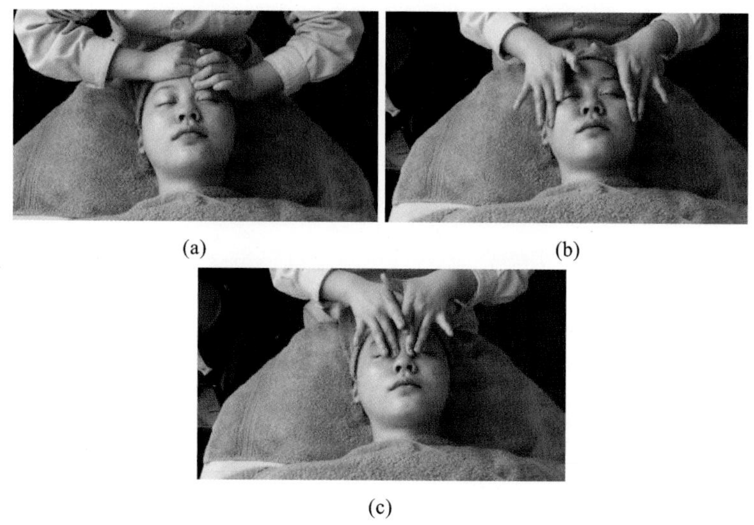

(a) (b) (c)

图 4-55 “推眉”操作示意

17. “爽眉”(图 4-56) 以食指、中指夹住眉筋往眉尾滑出至太阳穴,于太阳穴滑三圈,再由下眼圈划回眉头。

18. “点按三穴”(图 4-57) 用美容指依次点按攒竹、鱼腰、丝竹空。

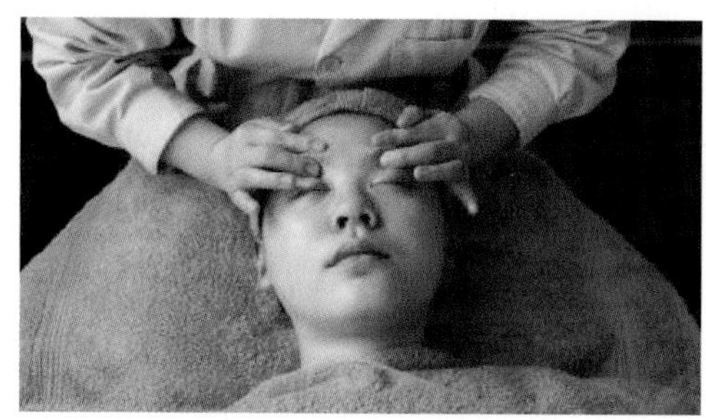

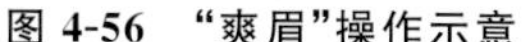

图 4-56 “爽眉”操作示意

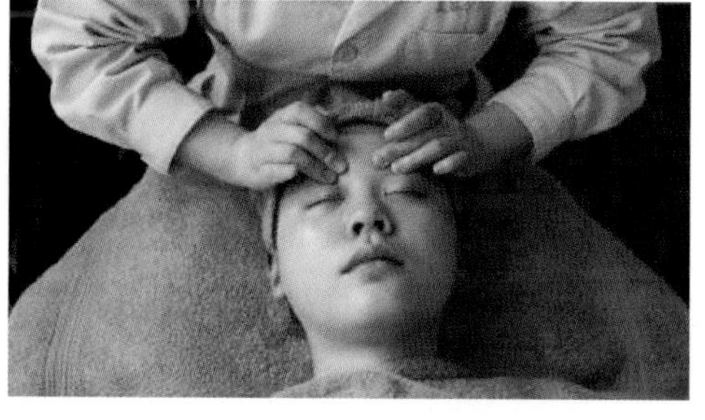

图 4-57 “点按三穴”操作示意

19. “拨眉”(图 4-58) 在眉尾处双手交替向上拨划眉筋。

20. “划 8 字”(图 4-59) 以大拇指于眉尾眼尾处划“8”字。

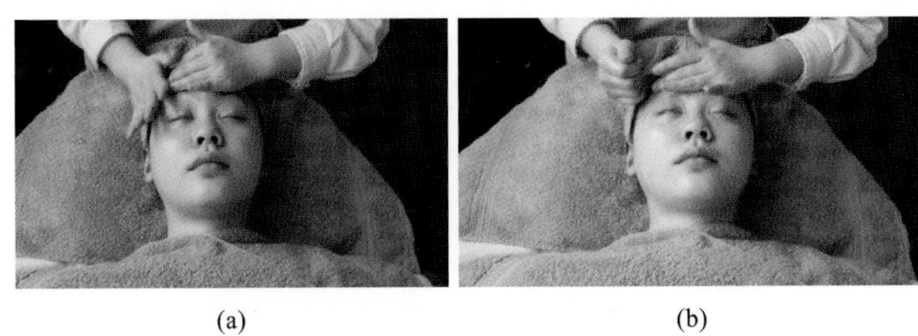

(a) (b)

图 4-58 “拨眉”操作示意

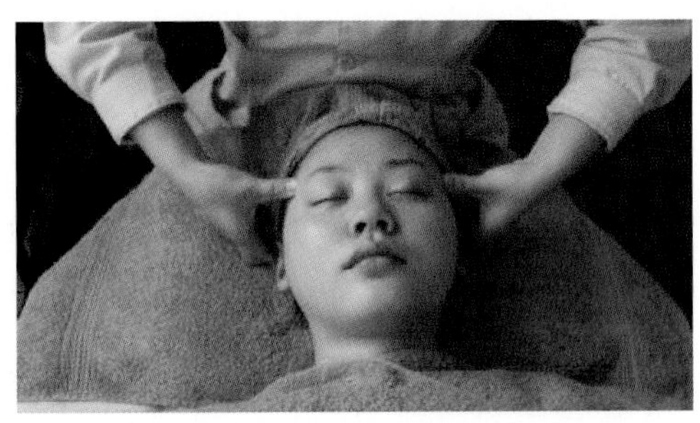

图 4-59 “划 8 字”操作示意

21. “分三步全脸按抚”(图 4-60) 双手掌安抚全脸，双手掌合十，小指从印堂出发，依次经过睛明、迎香，于地仓处打开双手，按抚口周和下巴，沿脸颊外缘划回额头；重复操作，再分别于迎香、睛明处打开双手，按抚脸颊、眼部。

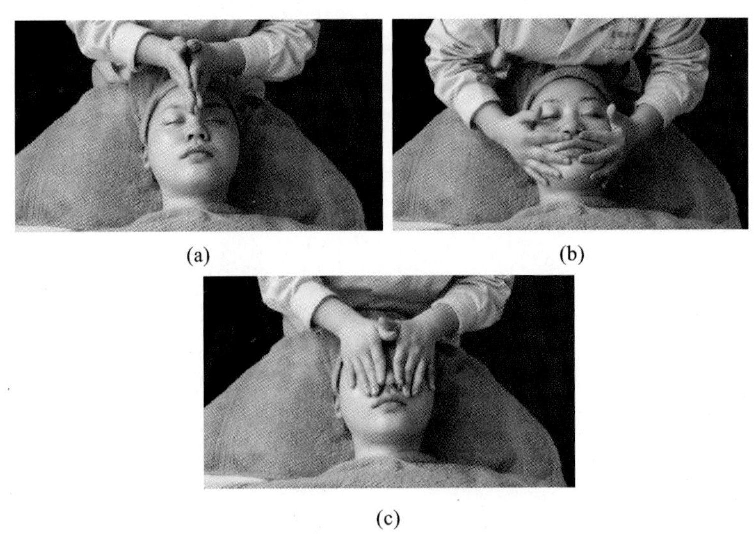

(a) (b)

(c)

图 4-60 “分三步全脸按抚”操作示意

22. “按压额头”(图 4-61) 重复第 13 步操作，然后双手掌心重叠，按压额头。

23. “划拉耳根”(图 4-62) 双手沿面部轮廓，下滑至耳下，用食指、中指同时划拉耳前耳后，放松结束。

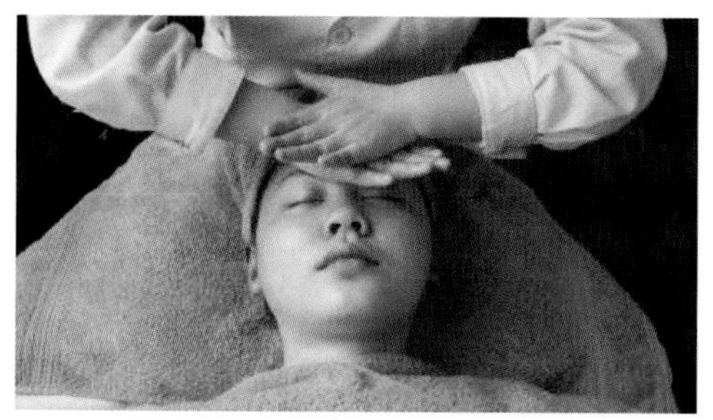

图 4-61 “按压额头”操作示意

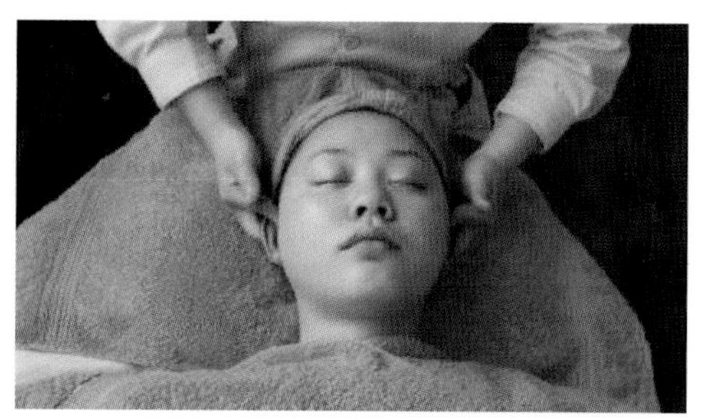

图 4-62 “划拉耳根”操作示意

八、面部按摩仪

随着面部按摩越来越受到女性群体的重视，按摩在面部护理中的作用也越来越突出，美容院的按摩护理也逐步进入面部按摩仪阶段，以加速效果的体现。按摩仪的原理有以物理作用，通过使肌肤发热达到排毒与放松的目的，也有以生物电作用，唤醒肌肤活力，使肌肤紧致。

当然，在美容院中运用仪器进行面部按摩，效果立竿见影，但持续时间不长，难以满足消费者需求，因此，市场上逐步出现了各式各样的家用按摩仪器，以供消费者家居护理使用，可以将面部护理效果延长一定时间。家用按摩仪的主要原理是依靠物理震动，对皮肤肌肉进行放松，或用金属钮对面部穴位进行按压刺激，以起到活血焕肌的作用。一般家用按摩仪都不会使用生物电原理来紧致肌肤，以防发生意外造成触电。

第四节 面膜养护技术

一、面膜的原理

面膜是一个集洁肤、护肤和美容为一体的多用途化妆品，它通过在面部敷、抹，经过一定时间与肌肤相互作用，形成一层薄膜，将膜撕掉或用清水洗掉，以达到护肤的目的。

面膜的原理是利用覆盖在面部的短暂时间，暂时隔离与外界的空气和污染的接触，通过提高肌肤温度，使皮肤的毛孔扩张，促进汗腺分泌与新陈代谢，使肌肤的含氧量上升，有利于肌肤排除表皮细胞新陈代谢的产物和累积的油脂类物质，面膜中的水分渗入表皮的角质层，使皮肤变得柔软，肌肤自然光亮有弹性。

二、面膜的作用

1. 清洁作用 由于面膜对皮肤表面物质的吸附作用，在剥离或洗去面膜时，可以将皮肤上的分泌物、皮屑、污垢等随面膜一起除去，达到较为彻底清洁肌肤的效果。

2. 营养作用 面膜覆盖在皮肤表面，将皮肤与外界空气隔离，使皮肤温度上升，减少皮肤水分丢失，从而软化角质层，扩张毛孔，促进血液循环，使皮肤更有效地吸收面膜中的活性营养成分，达到护肤效果。

3. 紧致肌肤作用 在面膜形成和(或)干燥过程中，由于表面张力的作用，可以收紧松弛的肌肤，有助于消除和减少面部细小皱纹。

4. 特殊作用 根据面膜中额外添加的不同美容成分,可用于不同问题皮肤,解决不同问题。

三、面膜的分类及各自特点

(一) 按面膜的功能分类

1. 清洁面膜 这是最常见的一种面膜,可以清除毛孔内的脏东西和多余的油脂,并去除老化角质,使肌肤清爽、干净。

2. 补水面膜 含保湿剂,将水分锁在膜内,软化角质层,并帮助肌肤吸收营养,适合各类肌肤。

3. 美白面膜 彻底清除死皮细胞,兼具清洁、美白双重功效,使肌肤重现幼嫩光滑,白皙透明。

4. 抗皱面膜 紧致肌肤,浅化皱纹,特别适用于没有时间去美容院做护理的女性。

5. 修复面膜 内含植物精华,可以软化表皮组织,促进肌肤新陈代谢,适用于干性或缺水性肌肤。

6. 滋养面膜 含有多种维生素与胶原蛋白,补充肌肤所需营养,令肌肤新生,焕发活力。

7. 舒缓面膜 迅速舒缓肌肤,消除疲劳感,恢复肌肤的光泽和弹性,适用于敏感性肌肤。

(二) 按面膜的形式分类

1. 泥膏型 常见的有海藻面膜、矿泥面膜等。

2. 撕拉型 最常见的是黑头粉刺专用鼻贴。

3. 冻胶型 以睡眠面膜最为出名。

4. 湿纸巾型 一般是单片包装的浸润着美容液的面膜纸。

(三) 常用的以及在行业中出现的几款面膜的介绍

1. 面膜粉 一般分软膜和硬膜,硬膜较少使用,软膜家用和美容院用均可。

(1) 软膜粉,是现在美容院中比较常使用的面膜。使用时与液体(一般为纯净水,也可用纯露、爽肤水、牛奶等)混合调至糊状,涂敷在面部(图 4-63),15～20 分钟后形成质地细软的薄膜。具有温和补水,吸附皮肤分泌物的功能,薄膜能全膜揭起。根据软膜粉中添加的成分不同而具有不同作用,因此适合不同的皮肤。常见的有:维生素 E 软膜,能够抗衰老;当归软膜,能够改善肤色、去皱抗老化;芦荟软膜、洋甘菊软膜、薰衣草软膜,能够温和补水,尤其适用敏感性肌肤。

(a) (b) (c)

图 4-63 软膜粉

(2) 硬膜粉,主要成分是熟石膏,能形成很坚硬的膜。由于熟石膏遇水会放热,可以使膜体温度持续渗透,燃烧皮下脂肪组织,常用于减肥。当硬膜粉中添加冰片、薄荷等具有收敛、消炎作用的成分时,则是一种冷膜,可以通过对皮肤的冷渗透发挥抑制皮脂分泌、清热消炎、镇静肌肤的作用。使用硬膜时，虽然它最后能形成坚硬的膜，但是其硬度过高导致不易整张膜取下，容易形成碎末，故在涂敷硬膜时，先在面部覆盖一层与脸部大小一致的纱布，留出眼周嘴周，再将硬膜迅速涂抹在纱布上。由于石膏吸水性和收敛作用比较强，且有一定压迫性，一般1个月使用1次。

(3) 注意事项：对于面膜粉的使用，需注意以下几项。

①调膜时，加水量的控制。加水过多，会使膜太稀，不易成型，在上膜过程中会因重力往下流；加水太少，会使膜迅速凝固成型而来不及涂抹全脸。

②涂膜时，按照先U区再T区的顺序上膜，控制好膜的厚度，敷膜太薄，效果欠佳，在揭膜时，也难以完整揭下；敷膜太厚，成型时间太久，也会造成面膜粉的浪费。

③注意把握成膜时间，面膜形成之后约15分钟，便可揭膜，根据不同面膜粉的作用，时间可以适当调整；在冬季，空调房内敷膜，时间不宜太久，面膜会受环境影响而迅速干燥，倒吸面部皮肤水分。

④揭膜之后，要注意下巴、耳后、发际等位置是否残留膜渣，可用面巾纸沾湿，慢慢擦拭干净。

2. 膏状面膜 膏状面膜比片状面膜多加了油，具有更滋润的效果，能调整厚度，也能局部使用，不用担心脸型限制，绝对服帖。根据添加的有效成分不同，也可分为美白面膜、舒缓面膜、控油面膜、营养面膜等。根据膏状面膜使用之后的形状不同，分为可干型面膜和保湿型面膜。

(1) 可干型面膜：面膜涂于皮肤之后，逐渐凝固干燥，可整体揭除。膜体与皮肤的亲和力较强，涂膜之后，随着膜体干燥，皮肤越来越有紧绷感，收敛性较强。揭膜时可将毛孔深层污垢及老化角质一起带下，具有较好的清洁作用，适用于油性皮肤，但敏感性皮肤禁用。

(2) 保湿型面膜：面膜敷于皮肤上，不会变干，面膜中的有效成分是在潮湿环境中发挥作用的，常用于眼部或干燥皮肤的护理，有加强滋润皮肤的作用。

(3) 注意事项：膏状面膜使用过程中，要注意以下几项。

①涂擦顺序，与软膜涂擦顺序相似，由皮温最低的地方开始，脸颊→唇周→鼻翼→额头。由于温度低需要花较长时间渗透，依照这个顺序，就能确保渗透率相同。

②要用化妆水滋润打底，若肌肤没有充分滋润，面膜中的油脂容易阻塞毛孔。

③面膜应稍微涂擦厚一些，薄薄的一层无法形成一个封闭渗透的“护肤场”。

3. 海藻面膜 海藻面膜的有效成分是从海藻中提炼的具有凝胶作用的海藻胶。能增加肌肤的保水性；增加肌肤的紧缩性及弹性，达到去除皱纹的目的；有平衡油脂分泌，消炎杀菌的功效，特别是对暗疮有特别好的治疗效果。

海藻面膜本身是干燥的深褐色颗粒状物质(图4-64)，需加水调制。加入海藻面膜中的水最好是温水，搅动两下，一分钟内就会洗出很多的海藻胶(图4-65)。轻轻拉扯面膜然后敷于面部，待面膜干了，就可慢慢揭下。如果是很好的海藻面膜，等海藻胶吸收完，海藻干成一团的时候，取下再加水，还能不停地出海藻胶，因此可以继续用在手部或颈部等处的皮肤。

4. 骨胶原面膜 骨胶原面膜属于抗衰老面膜的一种。在国外，对骨胶原在美容方面的作用已进行了深入的研究。根据文献记载，骨胶原含有多种细胞因子，可以令细胞再生；一次可以修复上万个肌肤细胞，补充大量透明酸和胶原蛋白，能提供皮肤所需要的全面水分，并且能形成很好的保护层，修复红血丝皮肤，能够淡化皱纹、分解色斑、祛除色素印、提升面部轮廓。骨胶原面膜使用时，需注意以下几项。

图 4-64 海藻面膜

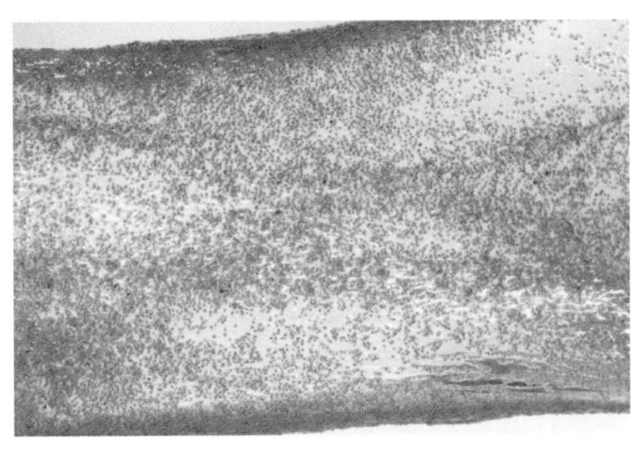

图 4-65 洗出的海藻胶

①使用足够量的水：骨胶原面膜 100％水溶性，市面上出售的面膜，是经冷冻干燥法加工，使活性成分处于休眠状态，只有遇到足够的水分后，活性成分才能完全地释放出来。骨胶原面膜具有超强的吸水能力，吸水量是自身重量的 30 倍，即 1 张面膜 2 克，注入 60 毫升水才可以发挥出更好的效果。

②面膜停留在皮肤上需要足够的时间：面膜遇水后释放活性成分需要一定的时间，皮肤对 100％水溶性的骨胶原面膜吸收也需要一定的时间，面膜在皮肤上停留的最佳时间为 30～45 分钟。

③使用纯度较高的水：普通水中的杂质和某些成分容易破坏骨胶原的成分，影响效果。建议使用纯净水，最佳选择为玫瑰纯露、橙花纯露、薰衣草纯露。

④上面膜之前：必须将水溶性产品清洁干净，不要使用带油分的产品按摩，油分物质与骨胶原一同使用会影响骨胶原的吸收，同时容易引起皮肤过敏。

⑤卸膜后：不要用清水清洁，用化妆棉蘸取爽肤水擦拭即可。因为骨胶原面膜遇水后，酸碱度为 3.0～3.4，处于弱酸性，对肌肤有保护作用。水的 pH 值为 7，属于中性，与皮肤不符。

5. 片状面膜 片状面膜是现在常用的一款家居护理面膜之一，它使用方便，操作简单。片状面膜中的片状物质是作为一种载体，真正有效物质是混合其中的高浓度精华液。作为载体的片状物质，有蚕丝、全棉、涤纶、混纺、天丝、生物纤维等，其中生物纤维面膜纸最好，混纺面膜纸最次。

无纺布面膜（如图 4-66），尤其是纯棉的，敷感柔润舒服，密封性好，但是透气性一般，精华液少时会翘起不服帖，更多时候需要躺着敷面膜才能达到完美效果，市面上大部分片状面膜是无纺布制成的。

蚕丝面膜（如图 4-67），轻薄，服帖性好，透气性好，但是承载精华液的量一般，因为薄，所以承载精华液有限，很多都留在面膜袋中，或者在敷的过程中精华液容易流到颈部。

生物纤维面膜，服帖性好，同时透气不滴水，低敏性，面膜中蕴含着类似于人体表皮细胞核状中空的生物活性体。生物纤维面膜的材质与人体肌肤细胞亲和性极高，所含营养物质易通过张开的毛孔吸收，到达肌肤深层，发挥护肤的作用。

根据片状载体的状态不同，又分为了压缩膜和非压缩膜。

(1) 压缩面膜纸，大小像五毛钱硬币，厚度为 3 毫米左右。使用时，只要放一粒在液体里，则自然膨胀，打开后即是一片适合大众脸型的面膜纸。适合旅游的时候携带，方便美观。浸泡的液体可根据即时需求选择相应功能的精华液。

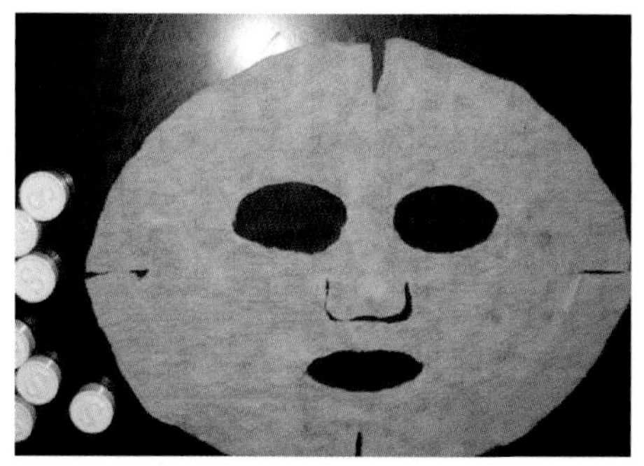

图 4-66　无纺布面膜

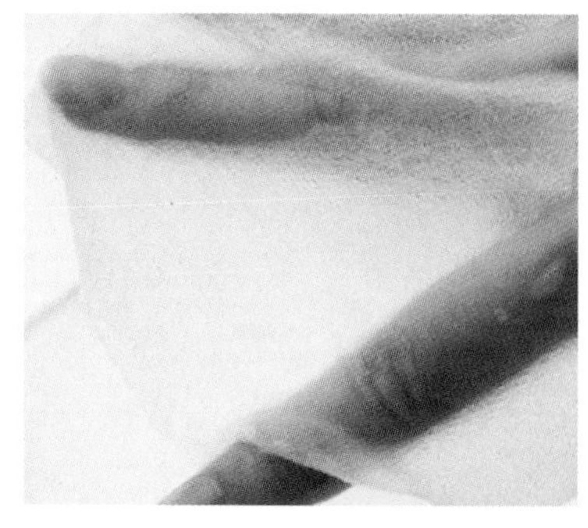

图 4-67　蚕丝面膜

(2) 非压缩膜所含的精华液已经与面膜纸混合均匀，是现在使用最方便的一种面膜。非压缩膜的面膜载体也较为大众化，但有些品牌的这种面膜会生产较大脸型的面膜或者可覆盖颈部的面膜，来满足不同消费者的需求。

片状面膜的功能多以保湿补水、美白肌肤和滋养修复为主。对皮肤深层清洁的效果没有膏状面膜和面膜粉那么明显。

6. 睡眠面膜　在 21 世纪，面膜的功效与使用也随着社会的变化而产生变化，尤其是睡眠面膜的出现。睡眠面膜指的是在晚上做完基础护肤之后，将睡眠面膜敷在脸上直接睡觉的一种面膜。一般在第二天早晨清洗，正常洁面即可。一般睡眠面膜是啫喱或乳霜质地，涂上之后就像涂了一层护肤品，不会像普通面膜一样感觉糊了一层东西。

睡眠面膜的出现虽然不是面膜的进化，但是可以理解为按摩霜的升级版本，在睡眠面膜没问世之前，多用按摩霜补水，因为按摩霜使用较麻烦和浪费时间，大部分女性都不爱使用。为了配合现代女性的喜好，按摩霜就演变成为今日的睡眠面膜。

睡眠面膜的特点是免洗，可以擦着过夜，弥补了按摩霜不能频繁使用的缺陷，能够有效舒缓身心疲劳并提升睡眠质量，从而更好地促进肌肤在夜间的新陈代谢，因此大受女性欢迎。睡眠面膜并非不用清洗，一般在 6～8 小时后就需要用水洗掉，甚至还需要用洗面奶再次清洁。需要注意，天天使用睡眠面膜会对肌肤造成一定的负担，甚至影响皮肤的自我修复能力，建议一周做 2～3 次。

7. 超导面膜　PET 超导面膜是一款创新型面膜，它由 PET 薄膜与丝质纤维膜经高科技热融合技术复合而成，因其具有极佳的吸收度、保湿度、亲肤性及超强的导入性等特征，故被称为超导面膜。面膜外层为打上许多细小气孔的 PET 薄膜，厚度只有 2 μm，约等于 0.002 mm，面膜内层为超轻的 Rayon 纤维膜巾。

超导面膜的特点是它的外层 PET 薄膜的特殊材质及上面的许多细小气孔让面膜具有透气不透水的特性。可以起到有效隔阻空气反吸、防止精华液蒸发的作用，并能利用大气负压原理增加面膜附着力和传导作用，让精华液加倍渗透和吸收。使用超导面膜时注意，取出面膜，不要撕开 PET 薄膜，将丝质膜巾朝里面敷在脸上，10～15 分钟后即可取下面膜，无需冲洗。

8. 自制面膜　可选用天然材料，在家自己动手制作面膜。新鲜的水果、蔬菜、鸡蛋、蜂蜜、中草药和维生素等天然材料含有皮肤所需营养，用其制作的面膜副作用少，物美价廉，是现在女性群体的一大美容佳品。下面介绍几种简单的自制面膜的制作方法。

(1) 苹果面膜。将苹果磨成泥，加入柠檬汁和少许盐后搅拌，涂于脸上。有清洁、去角质的作用。

(2) 黄瓜、胡萝卜、蛋清面膜。黄瓜和胡萝卜搅碎，与蛋清混合敷于面部。能够滋养、改善肌肤粗糙，使肌肤细腻。黄瓜、胡萝卜打成汁加入蜂蜜饮用，能配合面膜发挥更好的作用。

(3) 蜂蜜、蛋黄、橄榄油面膜。混匀三者涂于面部即可。能够补充肌肤养分。

(4) 陈醋、蛋清面膜。将鸡蛋浸入醋内，72 小时后捞出，取蛋清备用。每晚睡觉前以蛋清涂面，一周两次。可以控制痤疮，杀菌消炎。

四、面膜使用的注意事项

(1) 在使用面膜前，最好先洗净面部，或在按摩后以热毛巾敷面 2 分钟后再开始敷面膜。用温热的水让毛孔打开，排出皮脂和污垢，面膜的营养成分更容易被皮肤吸收。

(2) 干性皮肤或气候干燥时，可以先拍柔肤水。清洁面膜用后需要清洗，应敷在爽肤水、柔肤水前面；滋润面膜则应用在爽肤水、柔肤水后；棉布型面膜用在爽肤后、润肤前，用后通常无需清洗。

(3) 涂敷面膜时，用手指将面膜均匀涂于面部和颈部，但要注意面膜必须距离眼睛和口周 0.5 厘米左右，以防眼睛和嘴唇涂上面膜而受到刺激，引起不良反应，与发髻也应保持一定的距离。

(4) 敷面后面部最好不要做大表情或扯动，以免面膜与皮肤接触不紧密而影响吸收与效果。

(5) 面膜具体涂敷多久，根据说明书来判定。除了遵照说明书，可以根据不同的面膜做一个大概的估算，水分含量适中的，大约 15 分钟就卸掉，以免面膜干后反从肌肤吸收水分；水分含量高的，最多 30 分钟就要卸掉。敷面膜的时间并不是越长越好。时间“超支”，会导致肌肤失水、失氧。

(6) 除去面膜应由下往上轻轻撕下。

(7) 除去面膜之后，面部清洗与否，首先根据使用要求判断，如说明书中有注释要清洗的那一定要清洗。清洁类的面膜一般要清洗，保养类的面膜可以不清洗。一般滋润面膜或补水面膜(如片状面膜之类的)揭去纸膜后建议用手按摩 2～3 分钟，这样可以使刚刚从面膜中得到的营养充分吸收。

(8) 敷面膜的频率依年龄而定，年轻的一周一次即可。若皮肤过于粗糙、松弛，则改为一周两次，但最好不要超过此数。面膜不能天天使用，如果使用太频繁，容易引起角质层增厚，改变皮肤的正常代谢，容易导致红肿、敏感等。如果滋养类的面膜频繁使用，容易导致暗疮的产生。但是可以每天使用水质的补水类的纸膜滋润皮肤。

(9) 使用面膜时轻微的、一次性的刺痛感是正常的。含有补水成分的面膜在脸极度缺水的状态下使用会有刺痛感。简易测试方法：可先在手肘内侧的皮肤上涂抹少量面膜，20 分钟后若无过敏反应，则可敷在脸上。

(10) 面膜是周期性的护理品，目的多是为皮肤补充深层营养。但若没有表面的锁水和滋养，从面膜中得到的营养成分很容易流失掉，因此敷完面膜后一定要照常涂抹护肤品。

第五节　不同类型皮肤的养护方案

一、中性皮肤的养护方案

（一）中性皮肤特点分析

中性皮肤是最理想健康的皮肤类型，皮脂腺、汗腺的分泌量适中，水油保持平衡状态，皮肤既不干燥也不油腻，红润细腻富有弹性，皮肤厚薄适中，毛孔较小，对外界刺激不敏感，pH值为5～5.6，皮肤含水量约为25%。中性皮肤多见于青春期前的儿童。

目测观察：皮肤紧绷感在洗脸后约30分钟消失，皮肤既不干也不油，面色红润，光滑细腻，有弹性。

美容放大镜观察：皮肤纹理不粗不细，毛孔较小。

纸巾擦拭法：纸巾擦脸后油污面积不大，呈微透明状。

皮肤测试仪观察：大面积为青白色，小面积为青黄色。

（二）中性皮肤护理步骤

1. 中性皮肤护理目的

（1）促进皮肤血液循环，为组织补充营养。

（2）增加皮肤氧气的运送，促进细胞新陈代谢的正常进行。

（3）帮助皮肤排泄二氧化碳和其他废物，减少油脂的堆积。

（4）使皮肤组织密实并富有弹性。

（5）清除堆积于皮下过多的水分，消除皮肤水肿及松弛现象，有效地延缓皮肤衰老。

（6）松弛皮下神经，使神经得到充分休息，消除疲劳，减轻肌肉的疼痛及紧张感，帮助精神焕发。

（7）通过定期皮肤养护，防止面部出现痤疮、色斑等各类皮肤问题。

（8）通过对皮肤的按摩、使用各类型护肤品以及各种养护手段、方法，强健肌肤，增加皮肤活力，以延缓衰老。

（9）通过皮肤护理，增强肌肤弹性、光泽，使人精神焕发，增加自信心。

2. 中性皮肤护理程序

（1）准备工作、消毒。

（2）清洁皮肤，分析皮肤，判定类型，选择适合的护肤品。

（3）蒸面：使用奥桑机蒸面3～5分钟，距离面部25～30 cm。

（4）脱屑：使用磨砂膏、去死皮膏脱屑。

（5）仪器护理：使用美容电疗仪器进行护理。

（6）按摩：使用按摩膏进行面部按摩约15分钟。

（7）导入精华素：使用超声波导入仪或阴阳电离子仪导入面部精华素。

（8）敷面膜：选用营养性面膜进行面膜护理，15～20分钟。

（9）爽肤、护肤：喷涂爽肤水，涂抹营养水。

（10）结束整理工作：主要包括以下步骤。

①替顾客除去包头毛巾。

②替顾客除去胸巾：提起左侧毛巾的一角至右侧，再提起另一角，同时将两端两角的毛巾提起，并将胸巾上的污物倒至污物桶内。

③除去顾客身上覆盖的毛巾毯或被子。

④辅助顾客起身，并帮助其整理好衣物、头发。

⑤如若顾客有需要，帮助顾客完成妆容修饰工作。

⑥征询顾客意见，并登记签字。

⑦送顾客出门后，整理内务：整理操作物品，将器皿、工具收拾干净，并进行彻底消毒。切断仪器工作电源，进行简要养护。最后整理工作环境，收拾美容床以及美容推车等。并换上干净巾被，做好迎接下一位顾客的准备。

3. 中性皮肤护肤品的选择 中性皮肤对护肤品的选择相对较多，重点在于保湿。

(1) 洁肤类，以选择滋润营养型洗面奶为多。

(2) 脱屑类，可选择细颗粒性磨砂膏。

(3) 按摩膏，按摩乳或按摩膏均可。

(4) 面膜，可以选择补充水分又较为温和的软膜。

(5) 爽肤水，可以选择营养性化妆水。

(6) 护肤类，可以选择保湿功能较强又不油腻的润肤霜。

4. 中性皮肤美容仪器的选择 中性皮肤护理中主要需要注意的是奥桑机蒸面，蒸面操作时应注意仪器与面部的距离，中性皮肤应控制在 25～30 cm，喷雾机的气体应从顾客的头部上方向下喷射，时间把握在 3～5 分钟。

5. 中性皮肤护理注意事项及禁忌

(1) 按摩前必须做好面部清洁工作，且应注意彻底清洁。

(2) 按摩前应充分蒸面，以便于打开毛孔，利于营养成分的吸收。

(3) 按摩过程中要注意给予足够的按摩膏。

(4) 有如下情况者，属于操作禁忌：①严重过敏的皮肤。②特殊情况的脉管类型，如毛细血管扩张、毛细血管破裂等现象。③皮肤有急性炎症、外伤或严重痤疮等情况。④皮肤传染病，如扁平疣等。⑤一些疾病的发作期，如严重哮喘的发作期。⑥骨节肿胀、腺体肿胀者。

(三) 中性皮肤日常养护建议

(1) 加强身体锻炼，保证身体健康，保持良好的新陈代谢状态。

(2) 合理的饮食结构，养成不挑食、不偏食的饮食习惯，保证摄入足量、均衡的营养成分。

(3) 养成良好的生活习惯，保证充足、合理的睡眠，保持良好乐观的心态，保持生活环境的空气清新。

(4) 劳逸结合，不长期或长时间在昏暗光线下工作、学习。

(5) 防止不合理的快速减肥现象。

(6) 合理正确地使用化妆品。

(7) 注意皮肤的日常养护，特别是保湿，使肌肤保持滋润及肌肤的弹性。

(8) 注意特殊环境下皮肤的保护，如在恶劣气候环境中注意肌肤的保暖、防风沙、防晒等工作。

(9) 杜绝不良生活习惯，不吸烟，不饮酒、浓茶、浓咖啡等，少食刺激性食物。

二、干性皮肤的养护方案

（一）干性皮肤特点分析

干性皮肤通常肤质较为细腻、较薄，毛孔细小，皮脂腺分泌较少，同时皮肤角质层含水量低于10%。干性皮肤容易干燥，易产生细纹、皱纹，易发生脱屑现象，皮肤缺少光泽。干性皮肤对外界刺激较敏感，对日晒敏感，容易产生色斑，皮肤弹性较差，pH值为4.5～5。

目测观察：皮肤无光泽，有细纹、皱纹及脱屑现象，皮肤毛孔细小，皮肤缺乏弹性，易衰老。

美容放大镜观察：纹理细腻，毛孔细小，有细纹或皱纹现象，缺水较严重者可观测到皮屑。

皮肤测试仪观察：皮肤呈青紫色，严重者呈深紫色。

（二）干性皮肤护理步骤

1. 准备工作 用酒精对用品及操作者双手进行消毒，用温和的卸妆液对眼部、唇部、眉部进行卸妆，并使用湿棉片擦拭干净。

2. 清洁 选用保湿洁面乳液，操作中动作应轻柔，T区部位清洁时间可稍长。

3. 爽肤 可选用保湿柔肤水，用棉片蘸取柔肤水擦拭，以进一步清洁皮肤，并平衡pH值。

4. 蒸面 用棉片盖住双眼，喷口距离皮肤35 cm以上，时间掌握在3分钟左右。由于干性皮肤较为敏感，距离过近会产生刺激感，不宜进行奥桑机喷雾。

5. 脱屑 必要时，可选择柔和的去死皮膏进行去角质处理，注意动作轻柔，时间应控制在3分钟之内，并避开眼部，以间隔四周一次为宜。

6. 按摩 选用滋润保湿按摩膏，可在按摩膏中加入精华素，以按抚法及腧穴揉按法为主，通过刺激血液循环及腺体分泌，达到营养滋润的功效。按摩时间视情况控制在20分钟之内。

7. 仪器护理 选用营养精华素或保湿精华素，使用超声波导入，全面部护理时间不超过8分钟。

8. 敷面膜 面膜的选择以补充水分的、保湿性强的高效滋润型面膜为主，可以使用营养型软膜，也可以使用高级滋润面膜作底霜，再敷以热膜10～15分钟，以增强产品的渗透效果。

9. 爽肤、护肤 选用营养保湿柔肤水，保湿日霜，夏季可以选择清爽型乳液，秋冬季节可以选择滋润型乳霜，并加强防晒。同时为了延缓皱纹的出现，应加强眼部的护理和对紫外线的防护。

（三）干性皮肤日常养护建议

干性皮肤的护理原则是滋润保湿，避免外界因素刺激，保持皮肤健康，尤其是要经常补充水分和油分。干性皮肤每天洗脸的次数应当适当减少，使用温水洗脸，并选择温和、无刺激的洗面奶。同时注意不能滥用美容化妆品，注意日常防晒养护。坚持使用富含保湿因子的护肤品，特别是秋冬季节更要注重干性皮肤的保养。使用护肤品前要用营养水，以保持皮肤的润泽度。日常饮食中应注意多喝水、多食用新鲜蔬菜和水果，少喝酒、浓茶、咖啡，忌烟。养成合理的饮食习惯，摄入足量、均衡的营养，保证良好充足的睡眠，杜绝不合理迅速地减肥。同时应告知顾客在空调房中注意随时增加室内湿润度，冬季尽量不使用或少使用电热毯。

三、油性皮肤的养护方案

（一）油性皮肤特点分析

油性皮肤的皮脂腺分泌旺盛，毛孔粗大，肤质油腻光亮，纹理粗糙，肤色较深，对外界刺激不敏感，不易产生皱纹、色斑，但容易出现黑头、白头粉刺。pH 值为 5.6～6.6。油性皮肤多见于青春期至 25 岁的年轻人。

油性皮肤也具有部分特征性缺点。

1. 易长粉刺 油性皮肤由于皮脂分泌过多，使毛孔堵塞，导致皮脂淤积于毛囊形成粉刺。粉刺周围由于炎性反应，毛囊虫或微生物的作用，可以演变为丘疹、脓肿、囊肿、瘢痕。粉刺又可分为两种：①白头粉刺（也称为闭合性粉刺）：堵塞时间短，出现灰白色小丘疹，不容易见到毛囊口，表面无黑点，挤压出来的为白色或微黄色的脂肪颗粒。②黑色粉刺（也称为开放性粉刺）：主要是由角蛋白及类脂质形成的毛囊性脂栓，表面的脂肪酸经过空气氧化及外界灰尘混杂而呈黑色，挤压后可见有黑头的黄白色脂栓排出。

2. 易长痤疮 痤疮是青春期常见的一种毛囊皮脂腺慢性炎性皮肤问题。痤疮的发生主要与皮脂分泌过多、毛囊皮脂腺导管堵塞、炎症反应、细菌感染等因素密切相关。好发于面部、背部、前胸部等含皮脂腺较多的部位，称为脂溢区。主要表现为粉刺、丘疹、脓包、结节、囊肿、瘢痕等多种皮损特征。

3. 易长脂肪粒（也称为粟丘疹） 脂肪粒是指针尖至粟粒大小的颗粒状白色或黄色硬化脂肪，表面光滑，呈小片状，孤立存在互不融合，容易发生在较为干燥、容易阻塞或代谢不良的部位，如眼睑、面颊及额部。

（二）油性皮肤护理步骤

1. 油性皮肤护理的目的

（1）及时清除污垢、老化角质细胞、多余的皮脂，保持毛孔通畅，减少痤疮的生长机会。

（2）调节皮脂的分泌，抑制皮脂过分溢出。

（3）定期对皮肤进行消炎杀菌，避免细菌的繁衍生长。

（4）油性皮肤也会出现缺水现象，应注意及时补水、保湿。

2. 油性皮肤护理步骤

（1）准备工作：用酒精对用品及操作者双手进行消毒，用温和的卸妆液对眼部、唇部、眉部进行卸妆，并使用湿棉片擦拭干净。由于油性皮肤皮脂分泌旺盛，因此卸妆是护肤过程中非常重要的一步。因为人体汗腺、皮脂腺的分泌物以及组织细胞的代谢产物经过毛孔、皮脂腺开口排于皮肤表面，涂抹化妆品后开口被堵塞，使得上述物质排泄不畅，影响皮肤的呼吸与体温调节。化妆品中的营养物质与皮脂腺、汗腺中的蛋白类、脂类物质及尘埃、污垢等容易构成适宜微生物生长的环境，这种环境持续的时间越长，对肌肤的危害就越大，更容易造成痤疮粉刺的生长。卸妆时应对皮肤脆弱部位单独卸妆，最好使用较亲肤的卸妆油。

（2）清洁：油性皮肤的保养重点是清洁，只有保证毛孔通畅，皮肤洁净，才能预防痤疮的产生。水无法清除油性皮肤毛孔中多余的皮脂、污垢、老化及死亡的细胞，只有清洁类产品才能溶解污垢并使其能够被水冲洗干净。如果清洁能力过强，则会破坏皮脂膜，但如若清洁不彻底，皮肤又会黯淡无光、容易发炎。因此，应选择适宜的清洁类产品，必要时可借助磨砂膏进行清洁。

由于油性皮肤的油腻程度有所区别，因此在选择清洁产品时可根据实际情况选择泡沫、凝胶或清洁霜类的产品，最重要的是在使用清洁产品后皮肤不紧绷、清爽、舒适，适合自己的皮肤状况。以冬季早晚共2次，夏季早中晚共3次为宜。平时，皮肤如若出油较多，可以使用吸油纸去除多余油脂，但不可过勤，否则会水油失衡导致皮脂分泌更加旺盛。

（3）爽肤并观察皮肤状态：用棉片蘸取柔肤水擦拭2～3遍，进一步清洁皮肤，平衡pH值，并看清皮肤问题。

（4）蒸面：使用奥桑机蒸面，用棉片盖住双眼，喷口距离皮肤25 cm，时间约为5分钟。

（5）去角质：使用磨砂膏或去角质膏，操作时避开眼部，动作轻柔。

（6）仪器护理：可以使用真空吸啜管或高频电治疗仪吸取黑头及毛孔中的污物，3～5分钟，高频电治疗仪可以对皮肤进行消炎杀菌，平衡过多油脂。或者使用暗疮针清理黑头、白头、脂肪粒。清除时应先用酒精消毒局部皮肤，再采用手清或针清方式清除，最后再次进行局部消毒。

（7）按摩：使用水分按摩膏或青瓜按摩膏，以点穴按摩为主，时间不超过10分钟。

（8）精华素：油性肌肤最好选用能够控制油脂分泌、收缩毛孔的精华液。其中含有高度营养但不含油脂的精华素，是油性皮肤夜间保养最好的选择，因为精华素内的营养成分，可以在不增加皮肤油脂负担的情况之下，给予皮肤良好的修复和滋养。

（9）敷面膜：敷油脂平衡面膜10～15分钟，如需加冷膜一定要使用纱布隔离。

（10）爽肤、护肤：使用收缩水，平衡油脂分泌。日霜可选用清爽无油的，以补充水分或控油产品为主，但还应根据季节情况而定。夏季及特别油腻的皮肤只使用柔肤水或无油防晒霜即可。如果油性皮肤因角质层功能失调而导致皮肤缺水、脱皮，应及时补充能锁住水分的保湿产品。晚间护理只需使用柔肤水和具有控油成分的精华素，如维生素C。

3. 清除痤疮、黑头、白头及脂肪粒的方法与操作

1）清除黑头的常用方法

（1）使用去黑头贴：去黑头贴表面一般都附着有水溶性胶，使用时应将去黑头贴贴在黑头部位，借助粘力作用将黑头去除。此法操作简单方便，但对于深层黑头的作用较小。

（2）使用真空吸啜仪：使用真空吸啜仪去除黑头，特点是吸力强大，清除比较彻底，但反复使用或使用方法不正确，容易导致毛孔扩大，对肌肉组织弹性有一定的影响。

（3）手清：手清法是最传统的去黑头方法，它比暗疮针更能减少对囊壁的破坏，从而减轻粉刺色素沉着及瘢痕的形成，比针清得更加彻底。但同时也有专家认为该法容易造成粉刺向炎症损害转化，不宜使用。

（4）针清：此法是目前运用最多的方法，清除较为彻底，但容易造成囊壁破裂及出现感染现象。

（5）使用黑头导出液：此法是一种较新的方法，操作时将黑头导出液浸湿棉片敷于黑头部位10～15分钟，乳化黑头，使其自然浮出于皮肤表面，再使用暗疮针的小圆环一头轻轻刮去即可。

2）手清痤疮、黑头

工具：消毒棉片或纸巾、70%的酒精或其他有效消毒杀菌剂、收敛水。

方法：

（1）清洁，包括卸妆和洁面。

（2）蒸面。

（3）去角质。

（4）观察痤疮成熟度。

（5）使用酒精对局部皮肤进行清洁。

（6）用手挤压：①将浸透收敛水的棉片拧干水分后包绕在双手食指上，其中指甲部位务必包好，也可以使用消毒后的洁面纸巾，对折后将其包住食指。②双手指尖对称地放在痤疮四周，从底部向上轻轻挤压，直至看见堵塞的脂肪颗粒或脂栓被挤出为止，如果挤压不出，则证明痤疮未成熟，可等其成熟后再做清除。③注意不要用指甲施力，以免因受刺激过大而留下色素沉着或瘢痕。④处理完一个部位之后必须将棉片移动到干净的一面或者更换棉片后才能继续操作。⑤注意不可在鼻梁的软骨上以水平方向挤压，而应以垂直方向挤压出鼻部黑头。⑥面部危险三角区的痤疮不可挤压。

（7）清洗：新鲜的创面不宜使用酒精消毒，因为酒精对皮肤的刺激较大。可以先使用收敛水局部收敛皮肤，并用干的消毒棉球吸干水分后，再使用高频电治疗仪进行消毒，最后敷上具有消毒杀菌作用的面膜或用消毒棉签在创面上涂抹痤疮膏之类的产品。使用过的棉签应及时丢弃至废物桶。

3）手清白头、脂肪粒

其操作程序与手清痤疮、黑头一致，但由于白头及脂肪粒表面被皮肤覆盖，无法直接挤压出，故在挤压前先用消毒后的暗疮针或医用一次性针头从白头侧面轻轻挑开毛囊口或表皮，再用挤压痤疮的方法将内容物挤压出。这样可以减少挤压对皮肤的损害，并减轻顾客的疼痛感。但是也有一些白头长得比较深，暗疮针难以刺破，建议顾客去医院用医疗方法帮助清除。

4）针清痤疮、黑头、白头

工具：暗疮针、70％的酒精、收敛水、消毒棉球。

方法：

（1）清洁，包括卸妆和洁面。

（2）蒸面。

（3）去角质。

（4）观察痤疮成熟度。

（5）使用蘸有70％的酒精的棉球擦拭暗疮针，并用适量酒精对粉刺处皮肤进行清洁消毒。

（6）刺破：白头粉刺或者脂肪粒必须先刺破，而黑头粉刺则不必。用接近平行于皮肤的角度顺着毛孔方向，用暗疮针尖端从粉刺的顶端最薄最白的部位将其轻轻刺破，并迅速拔出。忌以垂直皮肤的角度进针，此角度进针无法将毛囊内堵塞的脂肪颗粒或脂栓彻底清除。

（7）挤压：用暗疮针有小圆环的一端轻轻压住粉刺附近的皮肤或进针部位的对侧皮肤，向针眼处平移暗疮针并施力，使堵塞的脂肪颗粒或脂栓顺着针眼挤压出来。操作时应小心从各个角度用力，才能使脂肪颗粒或脂栓被挤压出来，同时可以缓解疼痛。

（8）清洗：用消毒棉球将挤压出的脂肪颗粒或脂栓擦拭干净，可以使用收敛水局部收敛皮肤，并用消毒棉球吸干水分后，再使用高频电治疗仪进行消毒，最后敷上具有消毒杀菌功效的面膜或用消毒棉签在创面上涂抹痤疮膏之类的产品，使用过的棉签应及时丢弃至废物桶，并将暗疮针进行彻底清洗、消毒。

5）清除痤疮、黑头、白头及脂肪粒的注意事项

（1）无论是白头粉刺还是黑头粉刺，都不应过分挤压，否则容易导致粉刺情况恶化。

(2) 当粉刺向丘疹转化时,会出现发红现象,表示粉刺已产生炎性反应,此时,绝对不能再按照常规办法进行清理。

(3) 针清操作前,必须做好器械及皮肤的清洁和消毒工作。暗疮针每挑一个部位,必须使用酒精进行消毒,以免引起交叉感染。

(4) 生长在面部危险三角区的粉刺不能用手挤压,以免炎症扩散进入脑组织。医学上将从口两侧角到眼睛内眦连接形成的三角形区域称为危险三角区,这是因为面静脉没有静脉瓣,当在危险三角区内发生痤疮、疖痈肿时,如果挤压不当或处理不当,细菌或病毒可以顺着血流扩散到颅内海绵窦,从而引起严重并发症。因此,在处理痤疮时应做到严格的无菌操作。

(5) 注意刺破粉刺时千万不可刺破深部的囊壁,使皮脂及细菌侵入真皮,导致粉刺情况的恶化。

(三) 油性皮肤日常养护建议

油性皮肤应特别注意饮食结构,要减少油脂摄入量,不吃油腻、有刺激性的食物,如油炸食品、烧烤、巧克力、奶油、咖啡、海鲜等应尽量避免,建议多吃新鲜蔬菜、水果、粗纤维食物,多喝水,保持肠胃功能正常,防止便秘。在日常皮肤护理时,日间护理以油性洁面凝胶配合植物收敛水,眼霜加水分日霜及无油防晒霜为主。夜间护理应彻底卸妆后再使用油性洁面凝胶配合植物收敛水,使用精华液后配合眼霜及水分日霜即可,无需使用晚霜。

四、混合性皮肤的养护方案

(一) 混合性皮肤特点分析

混合性皮肤是由两种或两种以上的皮肤类型组成,是一种最常见的皮肤类型,其中 T 区为油性,两颊为中性或干性的类型最为多见。

混合性皮肤的分析可以根据干性、中性、油性皮肤的分析判断养护方法,分区域进行皮肤的分析判断。

(二) 混合性皮肤护理步骤

混合性皮肤的护理重点是根据皮肤情况分区域进行护理,选择合适的护理产品、护理仪器和护理方法。

1. 清洁 可以选用清洁霜或洁面啫喱对油脂分泌旺盛的部位(T 区)进行清洁,用洗面奶对两面颊干性或中性部位进行清洁。

2. 蒸面 可以将两面颊用棉片湿贴后进行热喷,这样做可以均衡皮肤受热程度,热喷时间控制在 5～8 分钟,喷头距离皮肤 30 cm 左右。

3. 去角质 选择磨砂膏在油脂分泌旺盛部位进行(如 T 区),选用去角质霜或去角质啫喱在两面颊进行,也可以根据情况只针对 T 区进行去角质处理。

4. 按摩 如果整个 T 区非常油腻,则应选择油性皮肤使用的按摩膏,如果只是鼻部区域较为油腻,其他部位偏干,则应选择干性皮肤使用的按摩膏。按摩时间可以根据情况控制在 20 分钟左右。

5. 敷面膜 面膜的选择应按不同的部位进行不同的选择,如 T 区油脂旺盛,有黑头,可选择平衡油脂分泌、溶解黑头污垢的面膜,两面颊可选用干性皮肤使用的面膜。

6. 爽肤 T 区应选择平衡油脂分泌的收敛性化妆水,两面颊区域应选择保湿滋润的柔肤水。

7. 润肤 T区可以选择水包油型的清爽乳液，而两面颊区可以选择营养霜或滋润霜。

（三）混合性皮肤日常养护建议

混合性皮肤应注意不同部位不同性质类型的皮肤选用不同类型的护肤品，同时注意减少或延缓T区的油脂分泌，做好两面颊区域的保湿滋润工作。

五、敏感性皮肤的养护方案

（一）敏感性皮肤特点分析

面部敏感性皮肤是指皮肤较薄，面颊及上眼睑处可见微细的毛细血管，皮肤对外界刺激（如花粉、粉尘、化妆品中某些成分）容易出现过强的反应，产生不同程度的瘙痒、灼热、疼痛、红斑、丘疹、水疱、水肿、甚至糜烂、渗出等症状。

1. 敏感性皮肤产生的原因 由于皮肤细胞受损使皮肤的免疫力下降，角质层变薄，导致皮肤的滋润度不够，皮肤的屏障保护功能过于薄弱，无法抵御外界刺激。皮肤的神经纤维由于受到外界刺激而处于亢奋状态，皮肤出现泛红、发热、瘙痒、刺痛、红疹等现象。敏感性皮肤产生包括以下几种因素。

（1）环境因素：皮肤长期暴露在被污染的空气中或阳光照射下，导致皮肤的皮脂层保护作用被破坏，影响皮肤的健康。

（2）年龄因素：健康年轻的皮肤表面有一层呈弱酸性的皮脂膜，可以保持皮肤水分充足，从而保护皮肤不受外界侵害。但随着年龄的增长，皮肤分泌功能减退，皮脂膜功能逐渐衰退，使一些敏感性物质容易侵入皮肤。

（3）遗传因素。

（4）生理因素：如内分泌失调。

此外，季节变换、气温冷热变化、换肤术后，使用劣质护肤品、使用碱性较强的洗涤用品、长期使用激素类软膏、搔抓摩擦皮肤等都是敏感性皮肤产生的原因。

2. 敏感性皮肤的特征

（1）皮肤较薄，面部毛细血管扩张明显，呈现较明显的红血丝现象。

（2）随着气温的变化，或过冷或过热空气的刺激，皮肤容易出现发红、发热现象。

（3）皮肤容易受环境因素、季节变化、面部化妆品的刺激，通常属于遗传因素，但更多的是由于长时间使用了激素类化妆品而导致的敏感性皮肤，并可能伴随有全身的皮肤敏感现象。

（二）敏感性皮肤护理步骤

1. 洁面 选用温水清洁面部或使用防敏型洗面奶清洁。

2. 离子喷雾 使用冷喷，时间掌握在10～15分钟。

3. 爽肤 使用柔和爽肤水或防敏型爽肤水。

4. 按摩 使用防敏型按摩膏进行按摩，注意操作手法的轻柔，时间为15分钟左右。

5. 精华素 使用天然植物型防敏性精华素。

6. 面膜 使用防敏型冰膜或者骨胶原面膜。

7. 爽肤、护肤 使用防敏型收缩水，涂抹防敏型面霜。

（三）敏感性皮肤日常养护建议

1. 补水保湿抗过敏 面部敏感性肌肤最重要的保养措施是补水保湿，在补水的同时配合使用增加皮肤抵抗力的护肤品，可以增加皮肤含水量，加强皮肤的屏障保护作用，减少外界物质对皮肤的刺激，同时可以让皮肤随时处于最佳状态，高效阻挡外界刺激。另外，高纯度的白藜芦醇，可以起到强大的抗炎杀菌作用，可以使炎症皮肤得到最为充分的舒缓镇静。

2. 换季护理 季节变化期，敏感性肌肤容易受到气候及气温改变的影响而出现敏感反应，因此做好换季期间肌肤的护理很重要。

(1) 避免各类刺激因素：远离各种刺激因素，如过冷过热的水、碱性较强的洗涤用品、致敏的食物或药物、空气中的粉尘、异味等。

(2) 尽量选择不含酒精、香料、防腐剂的护肤品。

(3) 选择弱酸性的洁面用品：敏感性肌肤以温和且偏弱酸性的洁面产品为主，尤其是以低泡的洁面产品为最佳。如果长期被皮肤敏感现象困扰，可以不使用洁面产品，直接以清水洁面。此外，洁面时不应使用洁面刷、洁面海绵等物品，以免因摩擦而增加皮肤敏感度。

3. 夏季护肤 夏季由于光照较强，空气湿度较低，气温炎热等因素，常常导致肌肤敏感现象加重，因此夏季护肤显得格外重要。

(1) 做好保湿工作，并停止使用卸妆油。

(2) 防晒避高温：敏感肌肤夏季应特别注意防晒，以免诱发或加重敏感现象。如携带太阳伞、墨镜、遮阳帽等防晒设施。

(3) 过敏后的皮肤一定要经常降温镇静，定时使用温水轻轻拍打皮肤令皮肤镇静。

(4) 护肤品应尽可能选择带有舒缓功能的，这样可以辅助皮肤皮脂膜的重建。

(5) 每次外出归来都应做全面彻底的清洁工作，减少刺激物在皮肤表面停留的时间。

(6) 提高皮肤自身抗敏能力。

第六节　特殊皮肤的养护技术

一、眼部护理

眼睛是人体重要的器官之一，重视对眼部皮肤的养护，可以预防或缓解眼周皱纹、黑眼圈、眼袋等眼睑部皮肤问题，增加眼部的神韵。眼部护理是美容的重要环节。

（一）眼部的生理结构和特点

如图 4-68 所示，眼睑分为上、下两部分，上睑缘与下睑缘之间的空隙称为睑裂。眼睑的游离缘称睑缘，睑缘也称灰线。上、下睑交界处为眦，靠近鼻侧的为内眦，靠近颞侧的为外眦。眼睑从前向后共分为六层：皮肤、皮下组织、肌层、肌下组织、睑板、睑结膜。

眼睑皮肤是人体最薄的皮肤，容易形成皱褶，由于眼睑皮肤薄、细嫩，所以对外界刺激较为敏感。皮下结缔组织薄而疏松，弹性差，水分多，易引起水肿。眼部肌层薄且娇嫩，脂肪组织少，加之每天开合次数多以及紧张、压力、紫外线灯等的影响，极易引起肌肉紧张、弹性下降，出现眼袋、松弛、皱纹等现象。眼周皮肤皮脂腺和汗腺很少，功能微弱，水分容易蒸发，皮肤容易出现干燥、衰老的现象。

（二）眼部护理的基本程序

1. 准备工作 毛巾、清洁海绵、棉片、纸巾、棉棒、面膜刷、卸妆水（油）、洁面乳、润肤水、眼部按摩膏、眼部护理精华液、眼膜、眼霜、润肤霜。

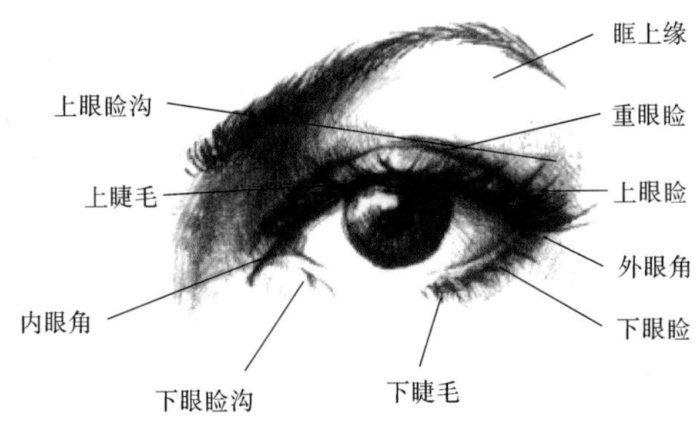

图 4-68 眼部结构

2. 消毒 用酒精对操作者双手进行消毒。

3. 面部清洁 用眼部清洁剂清洁眼周皮肤。

4. 使用润肤水 使用润肤水滋润眼周皮肤。

5. 蒸面 眼部盖棉片,喷雾,约 10 分钟。

6. 按摩 选择眼部按摩膏或护理精华液按摩。按摩分为以下几个步骤。

(1) 摩小圈,点三穴:从两侧太阳穴沿下眼眶摩小圈,至眉头时依次点按攒竹、鱼腰、丝竹空(图 4-69)。

(2) 摩反圈,点太阳:双手中指、无名指指腹从鼻梁两侧沿下眼眶向外侧,至"鱼尾纹"处摩反圈,点按太阳穴(图 4-70)。

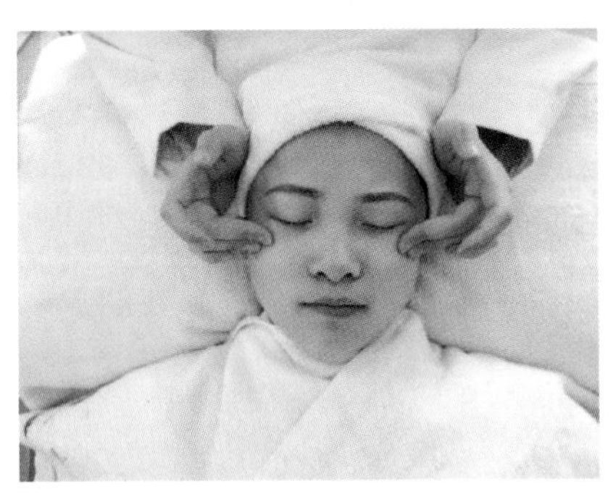

图 4-69 摩小圈,点三穴

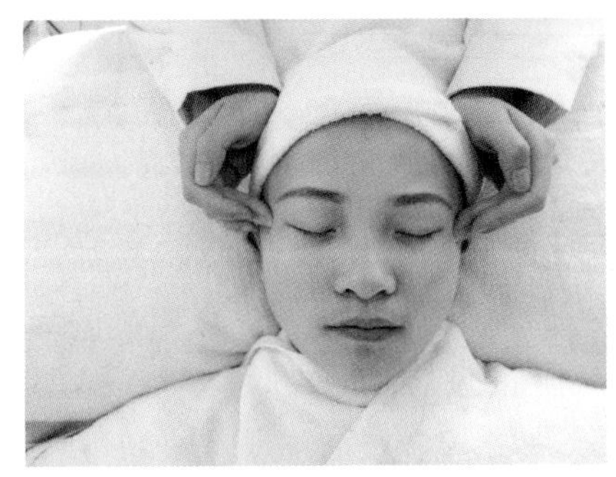

图 4-70 摩反圈,点太阳

(3) 摩小圈,点太阳:双手中指、无名指指腹在眼角外侧"鱼尾纹"处摩小圈,并以中指指腹点按太阳穴(图 4-71)。

(4) 摩大圈,点太阳:双手中指、无名指指腹从内眼角沿下眼眶向太阳穴方向摩反圈,摩至太阳穴时,以中指指腹点按太阳穴(图 4-72)。

(5) 眼部交剪手,点太阳:双手食指、中指沿上、下眼眶做交剪手,中指点按太阳穴(图 4-73)。

(6) 沿眼部打"∞"字:双手中指、无名指指腹沿眼周做横向"8"字(图 4-74)。

(7) 点按八穴:双手中指指腹分别点按瞳子髎、球后、承泣、四白、睛明、印堂、攒竹、鱼腰(图 4-75)。

(8) 上下点弹:双手食指、无名指从外眼角沿下眼眶交替点弹内眼角,再沿眉头拉抹至眉梢,反复数次后,从外眼角沿眉梢点弹至内眼角,再沿下眼眶拉抹至眉梢处(图 4-76)。

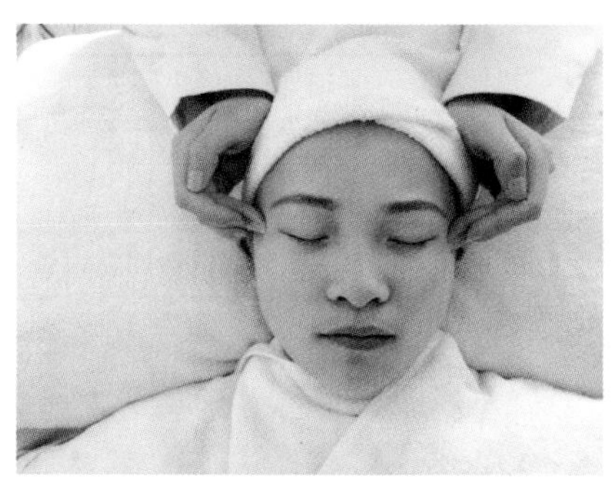

图 4-71 摩小圈，点太阳

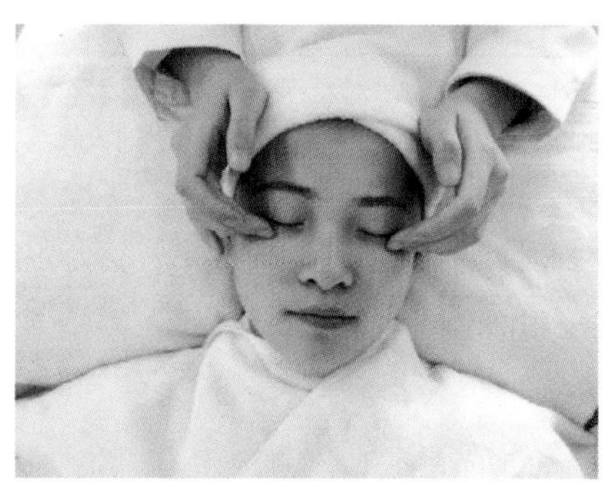

图 4-72 摩大圈，点太阳

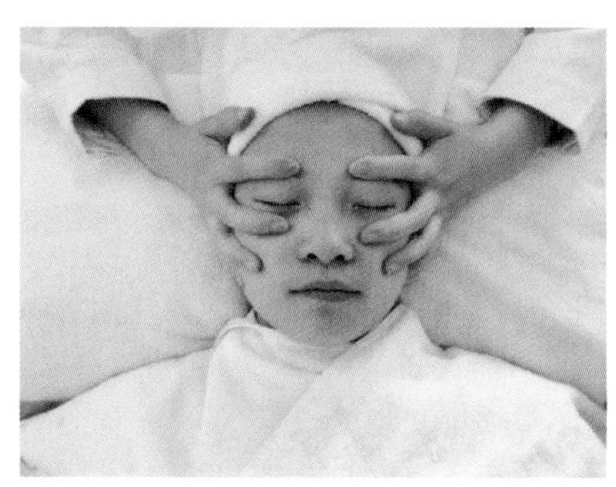

图 4-73 眼部交剪手，点太阳

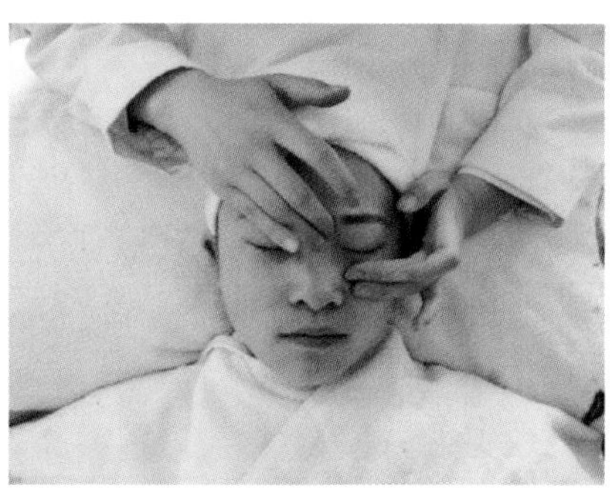

图 4-74 眼部打“∞”字

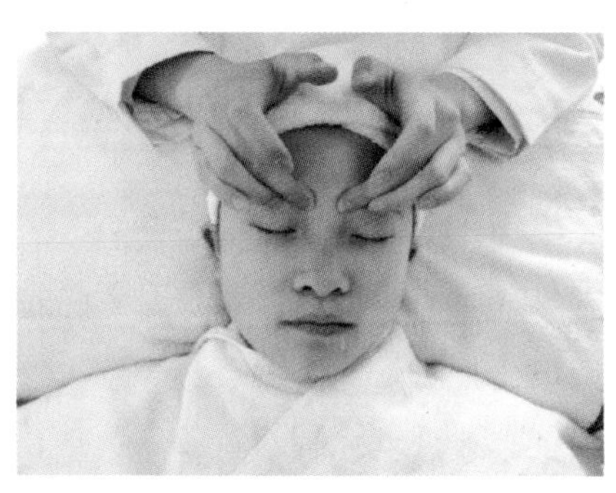

图 4-75 点按八穴

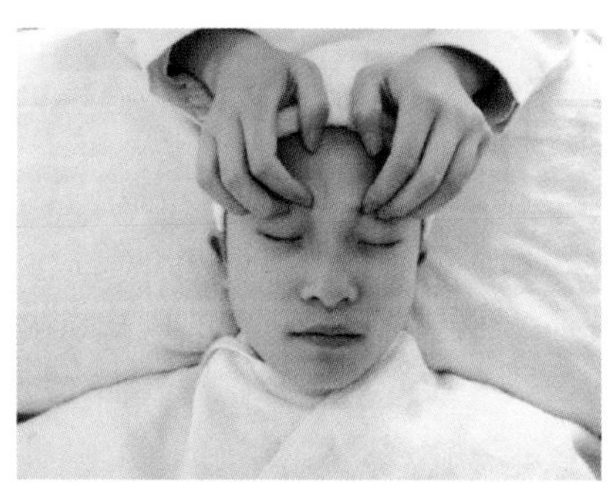

图 4-76 上下点弹

（9）拉抹“鱼尾纹”轻拍瞳子髎：双手中指、无名指交替向上轻轻拉抹“鱼尾纹”，并轻拍瞳子髎。先拉抹一侧眼部，再拉抹另一侧（图 4-77）。

（10）轻抚眼球：手竖位，全掌平行从发际向下轻推至眼球，轻抚眼球，向两侧轻抹开（图 4-78）。

7. 仪器护理 使用仪器进行眼部皮肤护理。

8. 敷眼膜 根据眼部皮肤不同症状，按照眼部肌肉走行用面膜刷在眼周做环形涂抹，注意涂抹均匀，厚薄适中，没有压迫感，揭膜时注意动作轻柔。

9. 清洁、护理 揭膜后用清水洗净皮肤，取适量眼霜涂于眼部皮肤。

（三）常见眼部损美问题及护理方案

由于眼部的生理结构特殊，致使眼部较易出现鱼尾纹、眼袋、黑眼圈、浮肿、脂肪粒等损美现象。

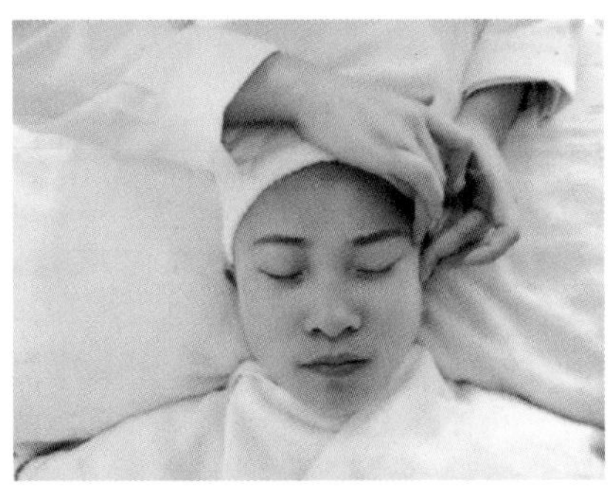

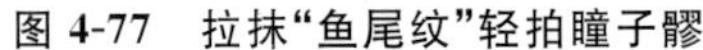
图 4-77 拉抹“鱼尾纹”轻拍瞳子髎

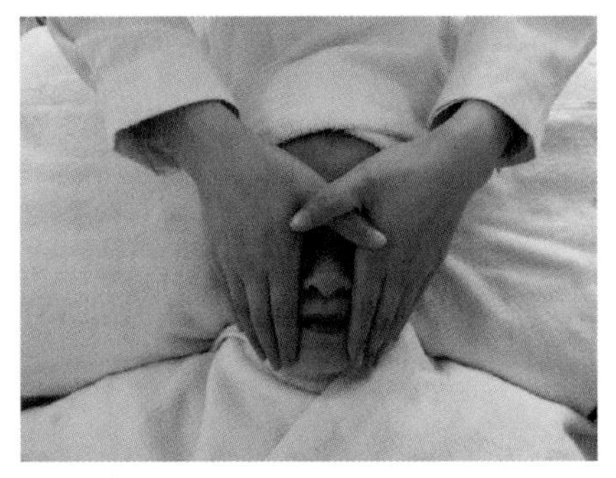

图 4-78 轻抚眼球

1. 鱼尾纹 眼角外侧的皱褶线条由于形态类似鱼尾翼的纹线，故称鱼尾纹。

1）鱼尾纹的成因

（1）年龄因素：由于皮肤的衰老、松弛以及胶原纤维、弹性纤维断裂而形成，是面部皮肤衰老的最早表征，也是皮肤衰老的主要标志。

（2）表情因素：长期夸张的面部表情，如大笑，会加深鱼尾纹。

（3）环境因素：阳光的照射、环境的污染或者温度过高、过低，会使眼部的弹性纤维断裂，从而形成鱼尾纹。

（4）生活习惯：洗面的水温过高，或吸烟过多等因素。

2）鱼尾纹护理方案

鱼尾纹的护理同衰老皮肤的护理。

2. 眼袋 下眼睑皮肤松弛，眶脂肪疝出，于睑下缘上方形成袋状膨大。

1）眼袋的类型及成因

（1）暂时性眼袋：是指由于睡眠不足、用眼过度、怀孕、肾病、月经不调等原因导致循环功能减退，造成的暂时性的体液堆积。暂时性眼袋可以通过一定的护理手段得以改善，如若不及时治疗，日积月累就会形成永久性眼袋。

（2）永久性眼袋：根据眼袋形成的病因不同可分为三型：①下睑皮肤松弛型，此型以下睑皮肤的松弛下垂为突出表现，皮肤变薄，且皱纹明显，严重者可出现下睑外翻，睑球分离。②眶脂肪疝出型，此型是由于眼轮匝肌、眶隔退变松弛，导致眶内脂肪向外疝出，出现下睑臃肿膨隆。此型也见于有家族遗传史的年轻人，由眶内脂肪过多所致。③混合型，具有上述两类型的特点，是最常见的类型。此外，还有一些年轻人下睑缘下方眼轮匝肌肥厚，使下睑显得臃肿，但没有皮肤松弛和眶脂肪疝出，多数学者认为这并不算真正的眼袋。

一旦形成永久性眼袋，只能通过手术去除，因此，美容师绝不能盲目承诺治疗效果，以免招致不必要的纠纷。

2）眼袋的预防

（1）保持乐观的心态，保证充足优质的睡眠，生活规律，增强锻炼，促进血液循环，增进新陈代谢。

（2）多吃新鲜的蔬菜、水果，多摄入花生、芝麻、黄豆等富含维生素 A 和维生素 B_2 的食物。

（3）坚持眼部按摩，促进血液循环，减少对眼部的刺激，定期做眼袋专业护理，消除多余的体液以减轻眼袋。

3）暂时性眼袋护理方案

通过按摩，使用眼袋冲击机等仪器，敷眼膜等方式对眼部皮肤进行护理，以达到促进血液循环，排除多余体液，增加皮肤弹性，减少脂肪堆积，消除淡化眼袋的目的。

（1）清洁：用眼部清洁剂清洁眼周皮肤。

（2）使用润肤水。

（3）蒸面：眼部盖棉片，喷雾，约 10 分钟。

（4）按摩：用眼部专用护理霜按摩，配合叩抚法、排毒手法、按压手法，消除多余的体液，紧实皮肤。

（5）导入精华素：用超声波或者离子导入仪将去眼袋精华导入两侧眼周皮肤各约 5 分钟，每日一次，10 次一疗程。

（6）仪器治疗。

（7）敷眼膜。

（8）清洁、护理：揭膜后用清水洗净皮肤，取适量眼霜涂于眼部皮肤。

3. 黑眼圈 由于眼周皮肤皮下静脉中的血液循环不良造成的眼周淤血或眼周皮肤出现色素沉着，都会导致上下睑肤色加重，从而出现褐色、蓝褐色或红褐色甚至黑色阴影，这些阴影称为黑眼圈。

1）黑眼圈的成因

黑眼圈目前没有明确的成因，可能是常染色体显性遗传，也可能是由于长期睡眠不足、劳累过度、内分泌紊乱、疾病、外伤或化妆等因素造成。

（1）睡眠不足、劳累过度：当人体劳累过度，特别是在夜间工作时，眼睑会长时间处于紧张状态，使眼睑区域的血流量长时间增加，导致眼睑皮肤组织血管充盈，出现眼圈区域淤血，而出现阴影。

（2）肝肾阴虚或脾虚：依据中医理论，黑眼圈是肝肾虚或脾虚的一种表象。中医认为肝失调和、脾失健运、肾精不足均会造成眼圈发黑，肾气耗损则肾之黑色浮于上，出现黑眼圈，同时伴有失眠、心悸、食欲不振等症状。

（3）内分泌紊乱：特别见于月经失调者，多出现在未婚女青年。如若患有功能性子宫出血、月经紊乱、原发性痛经等病症，均会出现眼圈发黑现象。这些情况大部分兼有贫血或轻度贫血。在苍白的面色之下，黑眼圈会显得尤其明显。

（4）遗传因素。

（5）生活习惯：过度吸烟或摄入盐分过量等因素也会造成眼圈发黑。

2）黑眼圈的护理方案

（1）眼部清洁。

（2）离子喷雾。

（3）导入眼部精华素。

（4）用眼部精华或啫喱按摩眼部肌肉及眼周腧穴，并辅助推拿下肢部足阳明胃经，点按足三里、三阴交。

（5）敷眼膜。

（6）清洁面部，涂抹眼霜。

4. 其他

1）脂肪粒

脂肪粒在医学上又被称为粟丘疹，是针尖至粟粒大小的白色或黄色颗粒状硬化的脂肪，表面光滑，单独存在，呈小片状，互不融合，位于皮内，常见于较干燥、易阻塞或代谢不良的部位，如眼睑、额部和面颊。

（1）成因

①新陈代谢缓慢，毛孔堵塞：皮肤长期缺乏彻底清洁保养，或者使用油性过大的眼霜、日霜等化妆品，导致毛孔堵塞，油脂排泄不畅，出现皮脂硬化从而形成脂肪粒。

②饮食不当：由于维生素 A、维生素 B_2、维生素 B_3 等重要营养素的摄入不足或吸收不当，使血液及淋巴系统无法正常供应皮肤营养，从而引起皮肤干燥、代谢不良，油脂积聚排泄不畅。

③皮肤干燥缺乏保养：皮肤由于长时间缺乏滋润保养，导致表皮干燥，油脂不易排出。

④皮肤的微小伤口。

（2）护理方案

①准备工作：用酒精对用品及操作者双手进行消毒，用温和的卸妆液对眼部、唇部、眉部进行卸妆，并使用湿棉片擦拭干净。

②清洁、爽肤：用适合肤质特性的洁面乳进行全面清洁。

③去角质。

④奥桑机喷雾。

⑤按摩：根据皮肤的性质做适应性按摩。

⑥仪器护理：首先针清，用酒精消毒皮肤后，使用已消毒过的暗疮针挑出白色颗粒，然后使用高频电治疗仪处理创面，防止感染，最后在伤口处使用消炎软膏。操作过程中应注意不要将酒精溅入顾客眼睛。也可使用阴阳离子电疗仪导出毛孔内的污垢，帮助毛孔通畅。

⑦面膜：根据皮肤性质选择适合肤质的面膜，可使用天然植物软膜，补充皮肤营养。

2）眼疲劳

眼睛水晶体周围的肌肉负责对焦，当肌肉太过疲劳，就会使眼睛疲劳、视力减弱、眼睛干涩，出现红血丝、眼花、流泪等现象，这些都是眼疲劳的症状。特别是长期伏案工作或使用计算机工作的人群更容易出现眼疲劳，严重者还会合并肩颈不适、头痛等症状。

（1）成因

①用眼过度，导致眼周围肌肉疲劳。

②眼液分泌减少，导致眼睛干涩。

③外来刺激及污染，导致眼部肌肉和神经紧张。

（2）护理方案：重点进行头、肩、颈以及眼部穴位按摩。

3）眼部浮肿

过多的体液积聚于皮下组织而引发的眼部皮肤肿胀称为眼部浮肿。长时间浮肿容易使眼部细胞缺乏营养，毛细血管间的间隙增大，充斥体液，从而导致养分流失，细胞受损。浮肿消失后，皮肤会出现发黄、发青现象，并出现皱纹。

（1）成因

①用眼过度。

②睡眠时间改变，过长或过短。

③睡前大量饮水，体液排泄不畅而聚于皮下。

④较长时间哭泣。

（2）护理方案：重点进行穴位按摩及眼部淋巴引流按摩。此外，冰敷可以减小组织间隙，减轻肿胀。可以使用毛巾包裹冰块进行冰敷，使用浸泡过的冰红茶袋冷敷在眼部，可使眼部肿胀于 10 分钟左右快速缓解。

二、唇部护理

唇部护理是指美容师通过一定的美容护理操作对顾客唇部皮肤进行护理，使唇部保持健康红润的良好状态。

（一）唇部的生理结构和特点

唇部结构如图 4-79 所示。

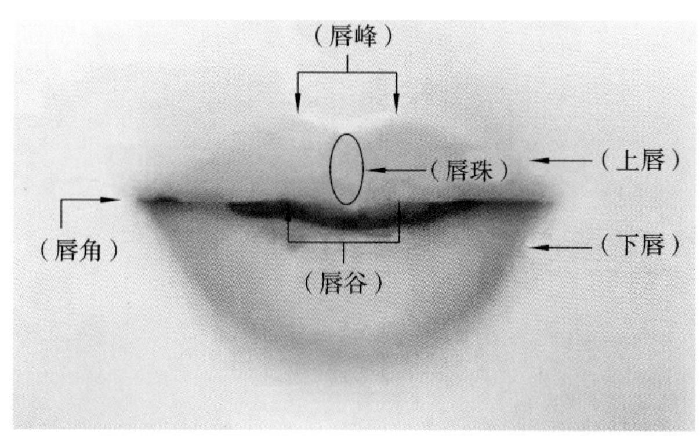

图 4-79 唇部结构

唇是面部活动范围最大的软组织结构，可以分为以下部分。

皮肤：内有丰富的皮脂腺、汗腺和毛囊，是疖痈的好发部位。

肌肉：位于唇部皮肤和黏膜之间，主要为口轮匝肌。口轮匝肌为环状肌肉，分为内层纤维和外层纤维。内层纤维较厚实，位于口唇的边缘，不与颌骨附着，收缩时可使口唇缩小。外层纤维较薄，与颌骨相附着，并与面部肌肉（如上、下唇方肌、颧肌、颊肌、三角肌等）相连。其主要功能是使口唇附着在上下颌骨上，并使口唇与面部肌肉紧密相连。

黏膜：位于唇内侧，下有许多黏膜腺。

唇红：上下唇黏膜向外延伸形成唇红。唇红部上皮有轻度角化，结缔组织乳头伸入上皮中，乳头内有丰富的毛细血管，并使血液的颜色透出而呈现红色。唇红部上皮较薄，容易受损，有皮脂腺，但无汗腺和毛囊。唇红部表面为纵行排列的细密纹路。

唇弓：唇红与皮肤交界处为唇红缘，因为形态如弓状，故也称为唇弓，被西方画家誉为“爱神之弓”。

神经、血管：唇部的血液供应来自颈外动脉与颈内动脉的分支，与外鼻血供相同。血管走形距红唇缘深面大约 6 mm 处。唇部的感觉由眶下神经及颏神经共同支配，肌肉由面神经支配。

（二）唇部护理的基本程序

1. 准备工作 做好各项物品准备，并使用酒精对用品及操作者双手进行消毒。

2. 清洁 先进行全脸清洁，再使用唇部专用卸妆品清洁唇部，特别是对唇部褶纹较深的人，卸妆时应将褶纹里残留的唇膏充分清理干净。先将充分沾湿卸妆液的棉片轻压在唇上 5 分钟，再将双唇分为四个区，从唇角往中间轻轻擦拭，褶纹里的残妆可以使用棉棒蘸取卸妆液仔细清理（图 4-80、图 4-81）。

3. 去角质 只有彻底清除干燥的唇部皮肤，双唇才会恢复光滑细腻的感觉（图 4-82）。

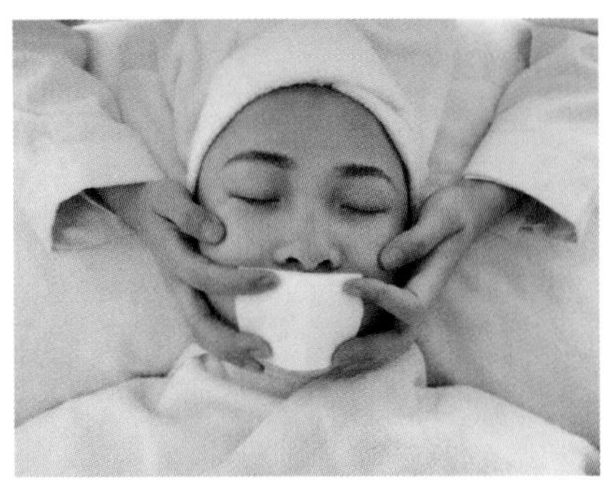

图 4-80 清洁方法一

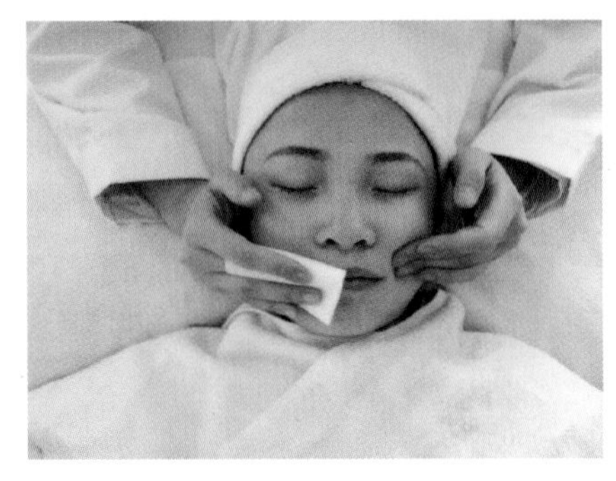

图 4-81 清洁方法二

4. 敷唇 使用热毛巾敷在唇部 3～5 分钟。

5. 按摩 使用唇部按摩膏或保养液进行按摩，用双手四指托住下颏，大拇指以摩圈方式按摩上、下唇，以减少或消除唇部横向皱纹，反复数次，最后轻拍嘴角部位，以减少嘴角皱纹。操作时应注意动作要轻柔（图 4-83、图 4-84）。

6. 敷唇膜 在敷面膜的同时，敷唇膜或者在唇部涂上唇部修复精华、维生素 E 进行护理，并使用热毛巾敷 10 分钟，每周可以做 1～2 次。

7. 清洗 将唇膜擦干净后用温水彻底清洗。

8. 基本保养 涂上唇部保湿精华素或营养油，供给唇部营养，使唇部更健康、柔润（图 4-85）。

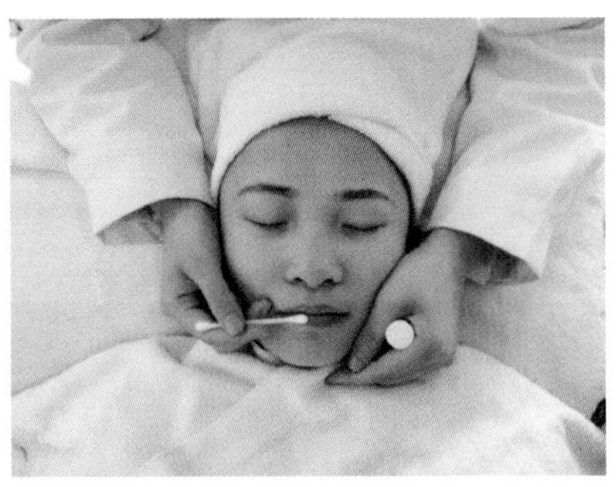

图 4-82 去角质

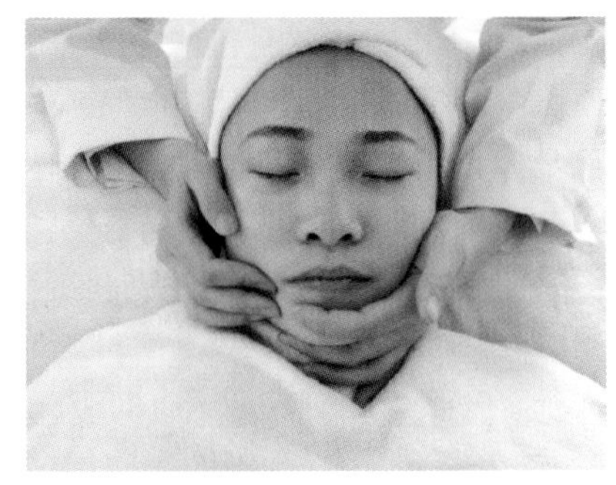

图 4-83 按摩方法一

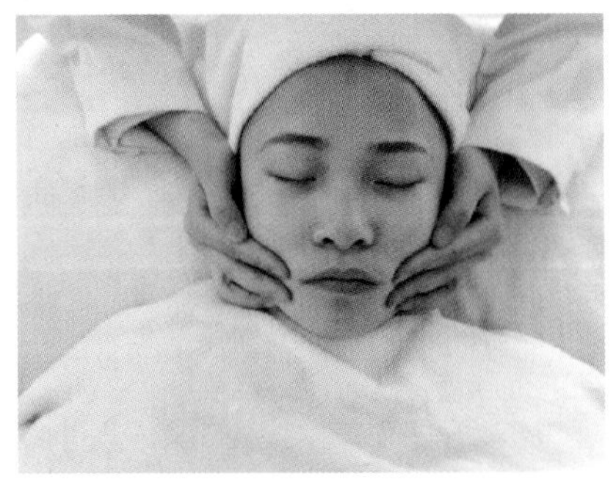

图 4-84 按摩方法二

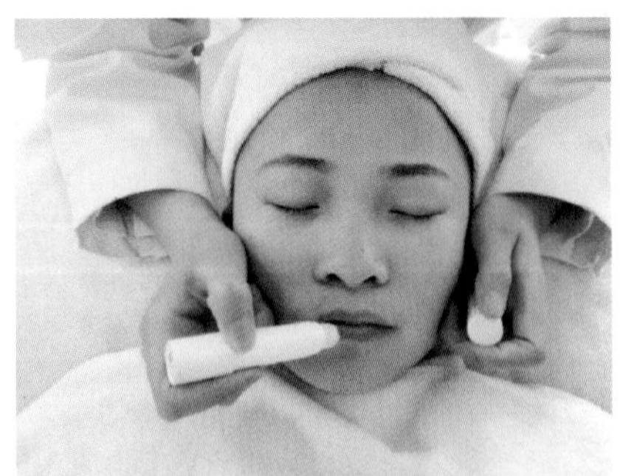

图 4-85 基本保养

（三）唇部的家庭保养

1. 保持滋润度 保持唇部滋润度，可根据需要涂抹护唇膏，但不应长期依赖于此，长期涂抹护唇膏容易导致唇部自我滋润能力的丧失。对于唇部长期干燥的情况,可以涂抹凡士林滋润,夜间也可涂抹维生素 E 或唇部修复精华。

2. 减少刺激 减少对唇部的刺激,夏天注意唇部防晒,使用具有防晒成分的护唇膏。持久型的唇膏尽量少用,长期使用容易使唇部更加干燥,或者在使用唇膏之前使用滋润型的护唇膏。

3. 运动操 做唇部运动操,在唇部涂上精华素后,依次做"啊""哎""哦""一""呜",反复持续 5 分钟,以保持唇部皮肤弹性。

三、男士皮肤护理

(一)男士皮肤特点

随着生活水平的日益提高,目前越来越多的男性开始关注自己的仪容仪表,对皮肤健康与否的关注度也越来越高,男性开始注重皮肤护理。男性的皮肤结构与女性相同,但性质不同。男性皮脂腺通常较女性更大,腺体的分泌期也较长,因此男性分泌的皮脂比女性多,也导致大多数男性肤质为油性皮肤。如果面部清洁不彻底,则很容易导致毛孔阻塞,面部出现斑疹、痤疮等肌肤问题。此外,男性暴露在阳光之下的机会较女性多,因此受紫外线的影响男性皮肤更容易出现老化现象。女性在更年期后皮脂分泌呈现明显减缓趋势,而男性的皮脂分泌不会因为年龄的增加而减少,因此,上了年纪后的男性的皮肤较女性更油腻。同时,男性皮肤的质地较女性更粗糙,角质层较厚,面部及身体毛发也较为浓密粗大。

(二)男士皮肤护理的基本程序

(1)准备工作。

(2)消毒。

(3)清洁、爽肤:包括基础清洁及剃须。

(4)去角质。

(5)仪器清洁:包括处理黑头、白头、痤疮等问题。

(6)皮肤按摩。

(7)敷面膜。

(8)涂抹面霜。

(三)男士问题皮肤的处理

(1)由于男性皮脂分泌旺盛,虽然香皂的去污能力较强,但经常使用香皂会改变皮肤酸碱性,造成皮肤干燥紧绷现象,皮脂腺会因保护性而分泌大量的油脂,从而使面部油腻现象更加严重。因此,男性在面部皮肤清洁时应使用洗面奶,可以使用去脂性较强的洗面奶。面部清洁后应选择富含保湿因子的护肤品,保证皮肤含水量,维持皮肤水油平衡。同时可以通过美容院的专业皮肤护理,保证皮肤毛孔干净通透,并加快皮肤角质层的新陈代谢,使皮肤弹性增加,以减少或减缓皱纹的出现。

(2)剃须常常会造成皮肤的损伤,男性在剃须时容易损伤皮肤,导致皮肤出现发红的小丘疹或小肿块,因此在剃须前应使用专用的剃须泡沫,在剃须后使用具有收缩效用的须后水,以收缩毛孔,并起杀菌消炎、防止感染及保湿作用。

(四)男性皮肤家庭护理方案

1. 皮肤清洁 男性皮脂分泌旺盛,毛孔较为粗大,容易藏污纳垢,因此要特别注意皮肤的清洁工作，选择男性专用洗面奶，清除面部衰老、死亡的细胞及面部细菌，以保持皮肤的清洁干爽。在皮肤清洁后使用护肤水滋润皮肤、收缩毛孔。

2. 皮肤养护 依据皮肤类型选择不同类型的护肤品，如干性皮肤可选择滋润性较强的润肤霜，油性皮肤可选择水质类护肤品，中性皮肤可选择乳液类护肤品。

3. 正确剃须 剃须前使用专用剃须泡沫，将剃须泡沫涂抹在胡须处，蘸取温水在面部涂抹起泡后再开始剃须，既能方便剃须又能舒缓面部皮肤，剃须后使用须后水或须后乳，以收缩毛孔、杀菌消炎、舒缓皮肤。

第七节 损容性皮肤养护技术

一、敏感性皮肤

敏感性皮肤是一种高度不耐受的皮肤状态，一方面容易对内、外某些不利因素的刺激产生过强反应，如受到灰尘、花粉、宠物毛发、化妆品中的某些成分等的刺激会出现刺痛、烧灼、紧绷、瘙痒、丘疹、水疱或糜烂等主观症状，另一方面是所产生的皮损不是由于局部刺激，而是局部甚至整体出现病理性免疫反应，是由过敏反应所致。敏感性皮肤外观正常或伴有轻度的脱屑、红斑和干燥。

（一）敏感性皮肤的成因

皮肤的脆弱敏感是由于角质层表面的皮脂膜遭到破坏，即天然的防御系统受到损害，使皮肤对外来刺激失去了防御能力。一旦皮脂膜遭到破坏，不仅保水功能降低，使皮肤干燥、发痒，甚至脱皮，而且加剧了刺激物渗透皮肤表面的速度，对冷、热、触、压的防御力也随之减弱，极易引起红肿、局部泛红等症状的出现。具体原因有以下几点。

1. 外因

（1）长期暴露在阳光下或被污染的空气中，导致皮脂膜受到破坏。

（2）使用劣质化妆品或碱性肥皂而受到刺激。

（3）护理不当：过度摩擦，过度清洁、去角质，按摩动作太刺激、时间太长等。

2. 内因

（1）年龄增长使皮肤分泌功能减退。

（2）生理因素：内分泌失调等。

（3）遗传因素。

（4）精神因素。

（5）营养因素：长期营养不均衡、过度偏食会导致免疫力下降，皮肤吸收能力下降。

（6）过敏体质，特别是极度缺水性皮肤常有敏感现象。

除以上因素外，季节变换、气温骤变、换肤术后、长期使用激素类药膏等都是敏感皮肤产生的原因。

（二）敏感性皮肤的特征

在美容放大镜下观察，皮肤呈粉红色，很薄，看起来光滑而清新，仔细观察感觉像羊皮纸。对热和日光十分敏感，受到刺激后通常表现为起皮疹、发红、发肿，顾客自觉症状为发痒、灼烧或刺痛。眼周、唇边、关节、颈部等部位容易干燥及发痒，多有过敏史，如曾有化妆品过敏现象，曾有穿内衣、裤袜等引起皮肤发痒现象等。（其他仪器分析见第三章皮肤分析案例）

（三）敏感性皮肤的护理方案

1. 案例分析 对于存在皮肤敏感问题的顾客，美容师应先为其进行皮肤分析，将分析结果记录在美容院顾客资料登记表上（表 4-1），并按照检测结果制订合理的护理方案。护理结束后，应填写护理记录及相关备注，并对顾客提出家庭保养建议。从以下方案中，可以了解到对于存在敏感问题皮肤的护理程序及方法。

表 4-1 美容院顾客资料登记表

鉴定编号:____________ 建卡日期:____________

顾客姓名____×××____ 性别____女____ 年龄____25 岁____

生育情况____未生育____ 体重____60 kg____ 血型____A 型____

住址________________ 电话__________ 职业__________ 文化程度__________

<table>
<tr><td rowspan="2">皮肤状况分析</td><td>1. 皮肤类型
□中性皮肤 □油性皮肤 □混合性皮肤
干性皮肤 {□缺乏水分的干性皮肤 / □缺乏油脂的干性皮肤}
2. 皮肤吸收状况
冬天 □差 ■良好 □相当好
夏天 □差 ■良好 □相当好</td><td>备注:____________</td></tr>
<tr><td colspan="2">3. 皮肤状况
①皮肤湿润度 ■不足 □平均 □良好
部位______ 部位______ 部位______
②皮脂分泌 ■不足 □适当 □过盛
部位______ 部位______ 部位______
③皮肤厚度 ■薄 □较厚 □厚
④皮肤质地 ■光滑 □较粗糙 □粗糙 □极粗糙
■与实际年龄成正比 □比实际年龄显老 □比实际年龄显小
⑤毛孔大小 ■很细 □细 □比较明显 □很明显
⑥皮肤弹性 ■差 □一般 □良好
⑦肤色 □红润 □有光泽 □一般
□偏黑 □偏黄 ■苍白，无血色 □较晦暗
⑧颈部肌肉 ■结实 □有皱纹 □松弛
⑨眼部 ■结实紧绷 □略松弛 □松弛
□轻度鱼尾纹 □深度鱼尾纹
□轻度黑眼圈 □重度黑眼圈
□暂时性眼袋 □永久性眼袋
□浮肿 □脂肪粒 □眼疲劳
⑩唇部 □干燥，脱皮 ■无血色 □肿胀 □皲裂
□唇纹较明显 □唇纹很明显</td></tr>
</table>

续表

皮肤状况分析	4. 皮肤问题 □色斑 □痤疮 □老化 ■敏感 □过敏 ■毛细血管扩张 □日晒伤 □瘢痕 □风团 □红斑 □瘀斑 □水疱 □抓痕 □萎缩 其他________ ①色斑分布区域 □额头 □两颊 □鼻翼 ②色斑类型 □黄褐斑 □雀斑 □晒伤斑 □瑞尔黑变病 □炎症后色素沉着 其他________ ③皱纹分布区域 □无 □眼角 □唇角 □额头 □全脸 ④皱纹深浅 □浅 □较浅 □深 □较深 ⑤皮肤敏感反应症状□发痒 ■发红 □灼烧 ■起疹子 ⑥痤疮类型 □白头粉刺 □黑头粉刺 □丘疹 □脓包 □结节 □囊肿 □瘢痕 ⑦痤疮分布区域 □额头 □鼻翼 □唇周 □下颌 □两颊 □全脸 5. 皮肤疾病 ■无 □太田痣 □疖 □癣 □扁平疣 □寻常疣 □单纯疱疹 □带状疱疹 □毛囊炎 □接触性皮炎 □化妆品皮肤病 其他________
护肤习惯	1. 常用护肤品 □化妆水 ■乳液 □营养霜 □眼霜 □精华素 □美白霜 ■防晒霜 □颈霜 其他________ 2. 常用洁肤品 □卸妆液 ■洗面奶 □深层清洁霜 □香皂 其他________ 3. 洁肤次数/天 ■2 次 □3 次 □4 次 其他________ 4. 常用化妆品 ■唇膏 □粉底液 ■粉饼 □腮红 □眼影 □睫毛膏 其他________
饮食习惯	1. 饮食爱好 □肉类 ■蔬菜 ■水果 □茶 □咖啡 □油炸食物 □辛辣食物 其他________ 2. 易过敏食物________
健康状况	1. 是否怀孕 □是 ■否 2. 是否生育 □是 ■否 3. 是否服用避孕药 ■是 □否 4. 是否戴隐形眼镜 □是 □否 5. 是否进行过手术治疗 □是 □否 手术内容________ 6. 易对哪些药物过敏____硫胺类____

续表

<table>
<tr><td>健康状况</td><td colspan="6">7. 生理周期　■正常　□不正常
8. 有无以下病史　□心脏病　□高血压　□妇科疾病　□哮喘
□肝炎　□骨头上钢板　□湿疹　□癫痫
□免疫系统疾病　□皮肤疾病　□肾疾病
其他________</td></tr>
<tr><td>护理方案</td><td colspan="6"></td></tr>
<tr><td rowspan="3">护理记录</td><td>日期</td><td>护理前皮肤主要状况</td><td>主要护理程序及方法</td><td>主要产品</td><td>护肤后状况</td><td>顾客签字/美容师签字</td></tr>
<tr><td></td><td></td><td>（是否对原方案进行调整，调整理由等）</td><td>（是否对原有产品进行调整，调整理由等）</td><td></td><td>______/______</td></tr>
<tr><td></td><td></td><td></td><td></td><td></td><td>______/______</td></tr>
<tr><td>备注</td><td colspan="6">（记录顾客的要求、评价及每次所购买的产品名称等相关事宜）</td></tr>
</table>

根据上表顾客皮肤的资料分析，制订敏感性皮肤的护理方案（表 4-2）。

表 4-2　敏感性皮肤的护理方案

<table>
<tr><td colspan="4">护理目的：(1) 总体原则是避免刺激，安抚、镇定肌肤。
(2) 控制皮肤过敏症状，修复受损皮肤。
(3) 消除肌肤敏感状态，对容易过敏的敏感皮肤通过护理增强皮肤的抵抗力。</td></tr>
<tr><td>步骤</td><td>产品</td><td>工具、仪器</td><td>操作说明</td></tr>
<tr><td>消毒</td><td>70%的酒精</td><td>棉片</td><td>取酒精时远离顾客头部，避免溅到顾客的皮肤和眼睛里</td></tr>
<tr><td>卸妆</td><td>卸妆液</td><td>小碗一个，棉片，棉棒</td><td>动作一定要轻柔，勿将产品弄进顾客的眼睛，使用一次性棉片、棉棒</td></tr>
<tr><td>清洁</td><td>防敏洁面乳或温水</td><td>棉片、小毛巾、洗面盆</td><td>敏感部位需用棉片轻轻擦拭，避免过热过冷的水，并清洁干净</td></tr>
<tr><td>爽肤</td><td>防敏保湿水</td><td>棉片</td><td>用棉片再次清洁 2～3 次，主要目的是平衡 pH 值</td></tr>
<tr><td>皮肤分析</td><td></td><td>肉眼观察或皮肤检测仪器</td><td>仔细观察皮肤问题所在</td></tr>
<tr><td>蒸面</td><td></td><td>喷雾仪或冷喷仪</td><td>已过敏的皮肤禁用热喷雾，可用冷喷镇定冷敷。时间不超过 5 分钟，冷喷距离不可近于 35 cm</td></tr>
</table>

续表

步骤	产品	工具、仪器	操作说明
按摩	防敏按摩膏	徒手按摩，侧重穴位点压或淋巴引流手法	时间8～10分钟，皮肤过敏严重者不做按摩；易过敏皮肤按摩时动作要轻柔，不可用力，避免大面积按揉；毛细血管扩张部分不做，可采用点弹手法按摩，即以手指指端部分，沿眼、颊、鼻周，唇周做轻敲动作
面膜	防敏面膜	调棒、调勺、面膜碗、纱布	轻者可厚涂防敏底霜＋纱布＋冷膜（对冷膜成分不敏感者才可使用），也可将冰纱布盖在脸上，将防敏面膜涂于纱布上，20分钟后取下，起防敏、镇静、收缩血管的作用
润肤	防敏霜		没有过敏症状时也可以用保湿霜和防晒霜
家庭护理计划	日间护理：温水＋过敏时用的防敏水或正常使用保湿水→防敏膏（或保湿霜、防晒霜）		
	晚间护理：卸妆液＋防敏洗面奶→过敏时用防敏膏，正常时用晚霜		
	每周护理：可用防敏精华素，增加皮肤抵抗力		

2. 注意事项

（1）护理手段及使用的产品的刺激性保持在最低限度，所用产品的附加成分尽可能少。避免使用果酸类或含异丙醇、酒精的产品。不要采取渗透性很强的护理方式，如去角质、刺激性按摩、某些芳香疗法、蜡面膜、红外线照射等。

（2）尽量使用通过敏感测试的产品。但应记住：没有100%不过敏的产品。

（3）敏感皮肤护理的一般原则为尽量小心且简单。产品和技法用得越多，刺激导致的敏感现象越容易发生。

（4）喷雾时间太长，距离太近或采用离子喷雾都会刺激皮肤，应尽量避免。

（5）美容师的手太粗糙，按摩时间过长、力度太大、对皮肤的牵扯过大都可能导致皮肤过敏，护理时应加以注意。

（6）敷面膜时，冷膜中的薄荷、冰片、樟脑等成分，热膜的温度过高，硬膜的机械刺激都可能导致皮肤过敏、护理时应特别注意。

（7）在护理过程中如发生过敏症状，应立即用偏凉的温水反复冲洗，之后立即做脱敏处理。对于情况严重的顾客，建议其去医院就诊。

3. 家庭保养建议 补水是敏感皮肤最重要的保养措施。补水的同时配合使用增强皮肤抵抗力的护肤品。用于敏感性皮肤的护肤品应不含或少含香精、酒精、防腐剂、磨面剂等成分，以减少对皮肤的刺激。一些具有安抚、镇定功效的成分可预防和缓解皮肤敏感现象。例如，从天然植物甘草中提取的有效成分与防腐剂的复配产品，是提高现代化妆品使用安全性不可缺少的添加剂，有阻止体内组织胺释放的功能，可减少使用化妆品后致敏的可能性，具有抗炎功效。另外，蓝甘菊对舒缓皮肤过敏具有特殊功效，并能治疗皮肤发炎。芦荟叶含有特殊胶质，是较好的天然滋润剂，不但对敏感性增高的皮肤有安抚，镇定的作用，还能促进伤口愈合，令皮肤柔嫩光滑。

二、痤疮性皮肤

痤疮是青春期常见的一种毛囊皮脂腺的慢性炎症性疾病。多发于面部、背部、胸部等含皮脂腺较多的部位。主要以粉刺、丘疹、脓包、结节、囊肿及瘢痕等多种皮损为特征。

（一）痤疮的成因

目前，对痤疮的形成原因还没有一个明确的论断，一般认为，痤疮的发生是多种原因共同作用的结果。

1. 遗传 研究表明有73%的痤疮患者与遗传因素有关，有的家族中好几代人患有痤疮。遗传是决定皮脂腺大小及其活跃程度的一个重要因素。

2. 皮脂腺增大、皮脂分泌增多 在痤疮发展过程中皮脂是关键因素。皮脂腺不停地分泌皮脂，通过毛囊漏斗排到表皮层。雄激素、黄体酮、肾上腺皮质激素、下丘脑垂体激素等可以促进皮脂腺分泌皮脂，尤其是青春期，雄激素分泌增加，刺激皮脂腺细胞脂类合成，引起皮脂增多，皮脂淤积于毛囊口会形成脂栓。皮脂含有脂肪酸等成分，适合痤疮丙酸杆菌（简称P菌）的生长与繁殖，促使痤疮丙酸杆菌排泄大量炎性副产物，加速痤疮的发展。此外，女性在月经前期，由于体内黄体酮的增加也会刺激皮脂腺分泌皮脂，导致粉刺增多。

3. 毛囊漏斗部角质细胞粘连性增加，堵塞开口 毛囊漏斗部比较狭窄，受激素的影响，容易诱发该处角质细胞粘连性增加（角化），使管口变得更狭窄，甚至闭塞，导致过度合成的皮脂不能顺利排出，淤积于毛囊口形成脂栓，即白头粉刺。

4. 痤疮丙酸杆菌大量繁殖，分解皮脂 痤疮丙酸杆菌、表皮葡萄球菌、糠秕马拉色菌是皮肤及毛囊内的常住菌，毛囊皮脂腺深部还有蠕形螨的寄生。这些微生物在痤疮的形成过程中，可因皮脂腺管口角化或毛囊漏斗部被堵塞形成一个相对缺氧的环境，使厌氧的痤疮丙酸杆菌被困在毛囊里，大量繁殖，并分解皮脂，排泄具有毒素的副产物。这些副产物在痤疮发炎过程中起着关键作用。

5. 毛囊皮脂腺结构内炎症剧烈破坏毛囊 当毛囊口闭塞时，大量皮脂堆积排不出去，痤疮丙酸杆菌将皮脂转化为游离脂肪酸，游离脂肪酸作用于毛囊上皮，产生各种破坏毛囊壁的酶，引起毛囊周围结缔组织的炎症反应。

（二）痤疮性皮肤的特征

1. 粉刺 由于毛囊口过度角化或皮脂腺分泌过盛，排泄不良，老化角质细胞堆积过厚，导致毛囊堵塞而局部隆起。粉刺周围由于炎症反应及微生物或毛囊虫的作用，可演变为丘疹、脓包、囊肿及瘢痕。粉刺分为两种。

（1）白头粉刺（闭合性粉刺）：堵塞时间短，为灰白色小丘疹，不易见到毛囊口，表面无黑点，可挤压出白色或微黄色的脂肪颗粒。

（2）黑头粉刺（开放性粉刺）：为角蛋白和类脂质形成的毛囊性脂栓，表面呈黑色，挤压后见有黑头的黄白色脂栓排出。

2. 丘疹 以红色丘疹为主，丘疹中央有变黑的脂栓，即黑头粉刺，属于有炎性痤疮。肉眼观察，可以看到丘疹一般位于毛囊的顶部，是在表皮下产生的一个小而硬的红肿块。

3. 脓包 以红色丘疹为主，丘疹中央可见白色或淡黄色脓包，破溃后可流出黏稠的脓液，常为继发感染所致。由于脓包的囊壁破裂处较接近皮肤表面，如果处理得当，治愈后一般不会留下瘢痕。

4. 结节 炎症向深部发展，皮损处呈硬节状，初期触摸时较痛，与丘疹及脓包不同的是结节的囊壁破裂在皮肤较深处，炎症较重，牵涉更多组织。结节化脓破溃后，通常会将炎症扩散到邻近的毛囊，并留下瘢痕。

5. 囊肿 多为黄豆大小或花生米大小的皮损，暗红色，按之有波动感，呈圆形或椭圆形囊肿。肉眼观察，囊肿像一个覆了膜的凹洞。通常，囊肿会随着时间的延长而慢慢扩大，膨胀后的囊壁变得更薄，非常容易因外伤而破裂。当囊肿破裂时会出现严重的炎症反应，而且此炎症反应很强，散布很广。如果囊肿在组织下破裂，愈后皮肤会留有明显瘢痕。

6. 瘢痕 炎症丘疹受到损害，使真皮组织遭到破坏，形成瘢痕。本来不会留下瘢痕的痤疮损害，因采取错误的处理方式可能会留下瘢痕。痤疮瘢痕可分为以下三种。

（1）浅表性瘢痕

浅表性瘢痕是指皮肤上一种浅表的瘢痕。这类瘢痕外观较正常皮肤粗糙，多以小环状或线状出现，与其他类似瘢痕不同，浅表性瘢痕组织较柔软、平整，当用手捏起瘢痕周围的皮肤时，瘢痕可以被捏起，随着时间延长瘢痕会逐渐变平。

（2）萎缩性瘢痕

在炎性丘疹、脓包损害吸收后或处理方式不当而留下的瘢痕，为不规则、较浅的凹疤，也称冰锥样瘢痕，这种瘢痕将伴随终生。

（3）肥大性瘢痕

在炎性丘疹、结节、囊肿等皮损愈后，或属于瘢痕体质的患者，在发生过痤疮的部位上均形成高出皮肤表面，既坚实又硬的肥大性、增生性瘢痕。它们表面发光且没有毛囊开口，常发生于下颌、颈部、肩部、背部、胸部，也发生于面部。

（三）痤疮性皮肤的护理方案

1. 白头、黑头粉刺型 用手清或针清等方法及时彻底清除即可。

2. 丘疹、脓包型

（1）彻底清除脓性分泌物，创面消炎杀菌。

（2）需到美容院做相关治疗。

（3）需配合内服药物治疗。

3. 囊肿型

（1）需在医院用电针做囊肿穿刺、注药或引流。

（2）配合美容院定期护理，以加快愈合。

（3）需加服口服药物，内部调理。

4. 结节型

（1）对柔软可移动的结节，可在医院做电针穿刺。

（2）配合美容院定期护理。

（3）需配合内服药物治疗。

5. 护理方案 对于存在痤疮问题的顾客，美容师应先为其进行皮肤分析，将分析结果记录在美容院顾客资料登记表上（表 4-3），并按照检测结果制订合理的护理方案。护理结束后，应填写护理记录及相关备注，并向顾客提出家庭保养建议。从以下案例中，可以了解到对于存在痤疮问题皮肤的护理程序及方法。

表 4-3 美容院顾客资料登记表

鉴定编号：__________ 建卡日期：__________

顾客姓名 ××× 性别 女 年龄 17 岁

生育情况 未生育 体重 60 kg 血型 B 型

住址__________ 电话________ 职业 学生 文化程度 高中

皮肤状况分析

1. 皮肤类型

□中性皮肤 ■油性皮肤 □混合性皮肤

干性皮肤 { □缺乏水分的干性皮肤 / □缺乏油脂的干性皮肤 }

2. 皮肤吸收状况

冬天 □差 ■良好 □相当好

夏天 □差 ■良好 □相当好

备注：__________

3. 皮肤状况

①皮肤湿润度 □不足 □平均 ■良好

部位______ 部位______ 部位______

②皮脂分泌 □不足 □适当 ■过盛

部位______ 部位______ 部位______

③皮肤厚度 □薄 ■较厚 □厚

④皮肤质地 □光滑 ■较粗糙 □粗糙 □极粗糙

□与实际年龄成正比 □比实际年龄显老 ■比实际年龄显小

⑤毛孔大小 □很细 □细 □比较明显 ■很明显

⑥皮肤弹性 □差 □一般 ■良好

⑦肤色 □红润 □有光泽 □一般

■偏黑 □偏黄 □苍白，无血色 □较晦暗

⑧颈部肌肉 ■结实 □有皱纹 □松弛

⑨眼部 ■结实紧绷 □略松弛 □松弛

□轻度鱼尾纹 □深度鱼尾纹

□轻度黑眼圈 □重度黑眼圈

□暂时性眼袋 □永久性眼袋

□浮肿 □脂肪粒 □眼疲劳

⑩唇部 □干燥，脱皮 □无血色 □肿胀 □皲裂

□唇纹较明显 □唇纹很明显

4. 皮肤问题

□色斑 ■痤疮 □老化 □敏感 □过敏 □毛细血管扩张 □日晒伤

□瘢痕 □风团 □红斑 □瘀斑 □水疱 □抓痕 □萎缩

其他__________

续表

皮肤状况分析	①色斑分布区域 □额头 □两颊 □鼻翼 ②色斑类型 □黄褐斑 □雀斑 □晒伤斑 □瑞尔黑变病 □炎症后色素沉着 其他________ ③皱纹分布区域 □无 □眼角 □唇角 □额头 □全脸 ④皱纹深浅 □浅 □较浅 □深 □较深 ⑤皮肤敏感反应症状 □发痒 □发红 □灼热 □起疹子 ⑥痤疮类型 □白头粉刺 ■黑头粉刺 □丘疹 □脓包 □结节 □囊肿 □瘢痕 ⑦痤疮分布区域 ■额头 □鼻翼 ■唇周 □下颌 □两颊 □全脸 5. 皮肤疾病 ■无 □太田痣 □疖 □癣 □扁平疣 □寻常疣 □单纯疱疹 □带状疱疹 □毛囊炎 □接触性皮炎 □化妆品皮肤病 其他________
护肤习惯	1. 常用护肤品 □化妆水 ■乳液 □营养霜 □眼霜 □精华素 □美白霜 ■防晒霜 □颈霜 其他________ 2. 常用洁肤品 □卸妆液 □洗面奶 □深层清洁霜 □香皂 其他________ 3. 洁肤次数/天 □2 次 ■3 次 □4 次 其他________ 4. 常用化妆品 □唇膏 □粉底液 □粉饼 □腮红 ■眼影 ■睫毛膏 其他________
饮食习惯	1. 饮食爱好 □肉类 □蔬菜 □水果 □茶 ■咖啡 □油炸食物 ■辛辣食物 其他________ 2. 易过敏食物__无__
健康状况	1. 是否怀孕 □是 ■否 2. 是否生育 □是 ■否 3. 是否服用避孕药 □是 ■否 4. 是否戴隐形眼镜 □是 ■否 5. 是否进行过手术 □是 ■否 手术内容________ 6. 易对哪些药物过敏__无__ 7. 生理周期 □正常 ■不正常 8. 有无以下病史 □心脏病 □高血压 □妇科疾病 □哮喘 □肝炎 □骨头上钢板 □湿疹 □癫痫 □免疫系统疾病 □皮肤疾病 □肾疾病 其他__无__

续表

<table>
<tr><td>护理方案</td><td colspan="6"></td></tr>
<tr><td rowspan="3">护理记录</td><td>日期</td><td>护理前皮肤主要状况</td><td>主要护理程序及方法</td><td>主要产品</td><td>护理后状况</td><td>顾客签字/美容师签字</td></tr>
<tr><td></td><td></td><td>(是否对原方案进行调整,调整理由等)</td><td>(是否对原用产品进行调整,调整理由等)</td><td></td><td>______/______</td></tr>
<tr><td></td><td></td><td></td><td></td><td></td><td>______/______</td></tr>
<tr><td>备注</td><td colspan="6">(记录顾客的要求、评价及每次所购买的产品名称等相关事宜)</td></tr>
</table>

根据上表顾客皮肤的资料分析,制订痤疮性皮肤的护理方案(表 4-4)。

表 4-4 痤疮皮肤的护理方案

<table>
<tr><td colspan="4">护理目的:(1) 清洁皮肤,去除表面的坏死细胞,减少油脂分泌,保持毛孔通畅。
(2) 及时清除黑头、白头粉刺。
(3) 对已经发炎的皮肤进行消炎杀菌。</td></tr>
<tr><td>步骤</td><td>产品</td><td>工具、仪器</td><td>操作说明</td></tr>
<tr><td>消毒</td><td>70%的酒精</td><td>棉片</td><td>对使用的工具、器皿及产品封口处消毒,暗疮针最好提前浸泡半小时消毒</td></tr>
<tr><td>卸妆</td><td>卸妆液</td><td>小碗一个,棉片,棉棒</td><td>动作小而轻,勿将产品弄进顾客眼睛,使用一次性棉片、棉棒</td></tr>
<tr><td>清洁</td><td>油性洗面凝胶</td><td>小碗一个,清洁棉片、小毛巾、洗面盆</td><td>注意对发炎部位动作应轻柔,不能过多摩擦;用过的清洁棉片应丢弃,以免传染</td></tr>
<tr><td>爽肤</td><td>双重保湿水</td><td>棉片</td><td>轻柔擦拭</td></tr>
<tr><td>观察皮肤</td><td></td><td>肉眼观察或皮肤检测仪器</td><td>仔细观察皮肤问题所在</td></tr>
<tr><td>蒸面</td><td></td><td>喷雾仪或冷喷仪</td><td>用棉片盖住眼睛,蒸面 8 分钟或冷喷 20 分钟,距离保持 25 cm,皮肤有严重问题者不能蒸面</td></tr>
<tr><td>去角质</td><td>去角质霜</td><td>纸巾若干张</td><td>痤疮部位不做,严重者不做</td></tr>
<tr><td>清白头粉刺和黑头粉刺</td><td>酒精,消炎膏</td><td>暗疮针,棉片等</td><td>先用酒精对局部皮肤消毒,然后选择采用手清或针清方式清除,再进行局部消毒并涂抹消炎膏</td></tr>
<tr><td>按摩</td><td>暗疮膏</td><td>徒手按摩</td><td>时间 5~10 分钟,一般应避免在痤疮创面上按摩,痤疮较多者不做按摩</td></tr>
</table>

续表

步骤	产品	工具、仪器	操作说明
仪器		高频电疗仪、纱布	清除痤疮后，用火花式高频电疗仪对创面进行消炎杀菌，以防感染，每个创面 10 秒
面膜	消粉刺软膜或痤疮面膜、冷膜	调棒、面膜碗、纱布	痤疮部位也可以用甲硝唑涂敷打底后涂冷膜，或痤疮面膜打底后涂冷膜
爽肤	痤疮消炎水	棉片	可暂时收敛毛孔，平衡油脂
润肤	痤疮膏，水分日霜，眼霜	棉片	痤疮部位涂痤疮膏，其他部位涂乳液
家庭护理计划	日间护理：油性洁面凝胶→爽肤水→防晒乳液，有痤疮部位涂痤疮膏→眼霜		
	晚间护理：卸妆液＋油性洁面凝胶→爽肤水→眼霜→暗疮部位涂暗疮膏		
	每周护理：消炎面膜或油脂平衡面膜每周两次，可加眼膜		

6. 注意事项

(1) 在护理初期，痤疮会有加重现象，这是由于感染向皮肤表层转移，过一段时间后，情况就会稳定下来。有痤疮问题的顾客应每周做两次专业美容护理，并在家里严格执行自我保养措施，直到皮肤彻底痊愈。

(2) 一般情况下，按摩或挤压发炎部位皮肤，会使炎症扩散。清除痤疮后用显微镜观察皮肤，可见肿胀部位有肉眼看不到的炎症反应，有时还会把脓包挤到旁边的细胞组织，产生明显的发炎现象。但是对于不太严重的痤疮皮肤，采用温和的按摩手法可以软化皮脂腺的角质硬块，使发炎部位的脓更容易挤出来。同时，采用淋巴引流按摩手法，还可以促进血液循环，帮助淋巴排出发炎产物，促进痤疮痊愈。

7. 家庭保养建议

(1) 每天早晚应使用洁肤产品认真清洁面部，涂抹不含酒精的化妆水，但应注意每天清洁次数不要超过 3 次，次数太多会刺激皮肤皮脂腺的分泌。

(2) 早上涂抹痤疮专用的护肤液及药品，晚上用适合痤疮皮肤的晚霜。尽量避免使用油分偏高的化妆品，如固体粉底霜等，以免造成毛孔阻塞。

(3) 如果发现有白头或者黑头粉刺，应及时到美容院清除，减少痤疮恶化的机会。一旦形成丘疹、脓包或者囊肿，绝不能在家清除，必须到美容院或医院专门治疗，否则容易引起感染，甚至留下瘢痕。

三、色斑性皮肤

色斑是指由于多种内外因素影响所致皮肤黏膜色素代谢异常（主要是指色素沉着），是最常见的损美性皮肤问题。

（一）皮肤色素分类

1. 内在色素 由人体皮肤自身产生的，如黑素、脂色素、含铁血黄素（如紫癜）、胆色素等。

2. 外来色素 由外界物质带来的，如食物中的胡萝卜素、药物和重金属等。

（二）色斑的成因

1. 色素代谢的生理过程

（1）黑素细胞是合成与分泌黑素颗粒的树枝状细胞，起源于神经外胚层，在胚胎期约50天后转移至表皮基底层，约占基底层细胞的10%，几乎遍布所有的组织，黑素细胞的分布无性别种族差异，随着年龄的增大，其数量也逐渐减少。

（2）黑素小体是黑素细胞进行合成的场所。

（3）黑素合成、转移与降解。皮肤黑素分为两大类，优黑素（黑褐色）和褐黑素（黄色），两者均在黑素细胞中形成。黑素生成的过程为氧化过程，即酪氨酸在含铜及蛋白的酪氨酸酶的作用下被逐渐氧化成多巴，进而氧化为多巴醌，最终形成黑素。黑素细胞的树枝状突起通过表皮黑素单位不断向上转移，最终脱落于表面，排出体外，而表皮下的黑素被重新吸收或被细胞吞噬后进入血液循环。

2. 影响黑素生成的因素 皮肤颜色由四种色素组成，即黑素（黑褐色）、氧化血红蛋白（红色）、还原血红蛋白（蓝色）及胡萝卜素（黄色），其中黑素最为重要，黑素的生成与酪氨酸、酪氨酸酶形成的速度和数量有关。

（1）硫氢基理论。

正常情况下表皮中硫氢基能与酪氨酸酶中的铜离子结合而产生抑制作用，使表皮色素生成受到抑制，但皮肤炎症、紫外线照射使体内氧自由基增多，维生素A缺乏，重金属等均可导致硫氢基含量减少，色素生成增加。

（2）氨基酸及维生素。

复合维生素B、泛酸、叶酸参与黑素的形成，其含量增多，可引起色素增加。维生素C为还原剂，维生素E具有抗氧化作用，两者均可抑制色素合成。氨基酸中酪氨酸、色氨酸、赖氨酸参与黑素的形成，使色素增加。谷胱甘肽、半胱氨酸为酪氨酸酶中铜离子的络合剂，其含量增多，可减少色素形成。

（3）细胞因子。

角质形成细胞所表达的干细胞因子、内皮素均能直接作用于黑素细胞，促进其增殖并合成黑素；白细胞介素-6、肿瘤坏死因子能控制黑素细胞产生黑素。

（4）内分泌、神经因素。

内分泌、神经因素较为复杂，目前有许多环节尚未弄清楚，比较肯定的因素有以下几个。

①促黑细胞激素（MSH）。垂体MSH与膜受体结合可激活腺苷的活性，使黑素生成增加。

②肾上腺皮质激素。在正常情况下，可抑制垂体MSH的分泌，但肾上腺皮质激素含量增多，反过来又可以刺激垂体MSH的分泌。

③性激素。雌激素可以增强酪氨酸的氧化作用，使色素增加。

④甲状腺素。可促进酪氨酸及黑素的氧化过程。

⑤神经因素。副交感神经兴奋也可能通过激活垂体MSH分泌，使色素增多，交感神经兴奋可使色素减少。

（三）色斑性皮肤的主要特征

1. 黄褐斑 黄褐斑俗称肝斑、蝴蝶斑、妊娠斑，是一种长于中青年女性面部，基本对称的黄褐色或深褐色斑片。形状不规则，大小不定，边界清楚，表面无鳞屑，常分布于颧部、颈部、鼻部或口周，但不涉及眼睑，夏季颜色加深，无任何自觉症状。

病因尚未完全清楚，可能与下列因素有关。

(1) 生理性因素。

常见于怀孕 3～5 个月的妇女，因其内分泌有较大的变化，雌激素、孕激素和垂体促黑细胞激素(MSH)分泌增多。雌激素能刺激黑素细胞分泌黑素体，孕激素可促使黑素体转运和扩散，MSH 可使黑素细胞的功能活跃、黑素形成增多。妊娠性黄褐斑一般可在分娩后自行消退，但有一部分人终生不消退。

(2) 病理性因素。

患有妇科疾病如痛经、月经不调、子宫及卵巢的慢性炎症等和内分泌腺体疾病如肾上腺皮质肥厚、脑垂体机能低下、甲状腺功能低下等的患者，可出现黄褐斑。

(3) 化妆品因素。

发病与化妆品质量及使用方法不当有关。化妆品中的香料、脱色剂、防腐剂、止汗剂及部分重金属等，都不同程度地对皮肤有直接刺激作用或致敏作用(含光敏反应)，使皮肤出现红斑和色素沉着，如化妆品中的铜、锌、汞含量超标，经皮肤吸收后可减少体内硫氢基含量，增强酪氨酸活性，加速色素合成。

(4) 日光因素。

波长 290～400 nm 的紫外线可提高黑素细胞活性，引起色素沉着。色斑出现的部位多在日光照射的前额、颊部及口唇，多在春、夏季发生或加重，冬季减轻或消退。需注意的是日光照射为色素沉着的促发因素。

(5) 营养因素。

食物中缺少维生素 A、维生素 C、维生素 E、烟酸或氨基酸时，常可诱发本病。

(6) 遗传因素。

遗传因素与黄褐斑的发生有较密切的关系，研究资料表明，30%黄褐斑的患者有家族史。

2. 雀斑 雀斑是极为常见的、发生在日光暴露区域的褐色、棕色点状色素沉着斑，多为圆形或卵圆形，表面光滑，不高出皮肤，互不融合，左右分布基本对称，无自觉症状，有随年龄增长逐渐减轻的倾向。雀斑可在 3 岁时出现，多在 5 岁时发病，青春期前后皮疹加重，女性居多。

雀斑系常染色体显性遗传性色素沉着病，与日光照射有明显的关系，其斑点大小、数量和色素沉着的程度，随日晒时间的增加而增加或加重。此外，X 线、紫外线的照射皆可引发本病并使其加重。雀斑处表皮基底层单位面积中黑素细胞数量增加，黑素增加主要位于表皮内。

3. 瑞尔黑变病 瑞尔黑变病是多发生于中年女性，以面部为主的淡黑色色素沉着性皮肤病。疾病初期，局部皮肤潮红，有痒感或灼热感，后逐渐变为弥漫性褐色或深灰褐色的斑片，有的斑片呈暗红色，有的斑片呈致密的网眼状，边缘不清，其周边可见点状的毛孔性的小色素斑点，主要发生在面部、前额、颞部、颧部，两颧部位较明显。

病因尚未完全明确。通常认为与下述因素有关。

(1) 日光过敏，如长期使用含有某些光敏物质的化妆品，暴露于日光下，可导致皮肤过敏性炎症而发病。

(2) 性腺、垂体、肾上腺等内分泌障碍。

(3) 营养不良或 B 族维生素缺乏等。

4. 炎症后色素沉着 炎症后色素沉着是皮肤急性或慢性炎症后出现的色素沉着，颜色为浅褐色至深褐色不等，呈散状或片状分布，表面光滑，若局部皮肤长期暴露于日光中，色素斑可呈网状,并有毛细血管扩张现象。

成因:皮肤炎症后出现色素沉着是十分常见的现象,引起色素沉着的原因是多方面的,但其发生机理目前尚未明确。一些研究发现,在炎症和外伤后皮肤出现色素沉着时,患处皮肤的黑素细胞密度增加,尤其是含酪氨酸酶的活性黑素细胞。这可能是炎症反应时皮肤组织中的硫氢基减少,从而解除或部分解除对酪氨酸酶的抑制作用,致使皮肤色素加深。炎症后产生色素沉着的常见原因有以下几个。

(1) 接触沥青、煤焦油、含光敏物的化妆品等,再经日光照射时常引起光敏性皮炎,进而产生色素沉着。

(2) 各种物理化学因素,如摩擦、温热、放射线、药物及原发性刺激物等亦可引起多种急、慢性炎症。

(3) 某些皮肤病如严重痤疮、湿疹、脓包、带状疱疹、固定性药疹及丘疹性荨麻疹等,治愈后可产生不同程度的皮肤色素沉着,如暗疮印等。

(4) 由于化妆品中的某些超标金属元素(如铅、汞等)的反复刺激或"换肤"而引起的皮肤色素沉着,也就是常说的重金属斑,初期局部皮肤仅有轻度潮红、微痒,以后逐渐出现淡褐色、褐色的斑片,以额部、颞部较为常见,有时眼周、耳后也有,常对称弥漫分布,边缘不清晰。

(5) 皮肤细胞由于紫外线照射而受到了 UVB 的损伤,引起色素沉着,也就是常说的晒斑。由于紫外线照射会刺激表皮基底层的黑素细胞加速分泌黑素,因此即使没有被紫外线灼伤,皮肤也会出现色素沉着,这种斑同样属于晒斑。

上述不同因素产生的色素沉着,其深浅程度及持续时间常因人而异,一般在炎症愈后数周或 3～6 个月色素沉着可逐渐消退。在一些基底细胞或表皮与真皮交界处的炎症,如扁平苔藓、盘状红斑狼疮、固定性药疹等,由于部分黑素颗粒散落入真皮上部,被噬黑素细胞吞噬或聚集在其周围,故引起的色素沉着持久不退。

(四) 色斑性皮肤的护理方案

对于存在色斑问题的顾客,美容师应先为其进行皮肤分析,将分析结果记录在美容院顾客资料登记表上(表 4-5),并按照检测结果制订合理的护理方案。待护理结束后,应填写护理记录及相关备注,并向顾客提出家庭保养建议。从以下案例中,可以了解到对存在色斑问题皮肤的护理程序及方法。

表 4-5 美容院顾客资料登记表

鉴定编号:________ 建卡日期:________

顾客姓名 ×××　性别 女　年龄 40 岁

生育情况 已生育　体重 60 kg　血型 B 型

住址________　电话________　职业________　文化程度 高中

皮肤状况分析	1. 皮肤类型 ■中性皮肤　□油性皮肤　□混合性皮肤 干性皮肤{□缺乏水分的干性皮肤 / □缺乏油脂的干性皮肤} 2. 皮肤吸收状况 冬天　■差　□良好　□相当好 夏天　■差　□良好　□相当好	照片 备注:________

续表

皮肤状况分析	3. 皮肤状况 ①皮肤湿润度 ■不足 □平均 □良好 部位________ 部位________ 部位________ ②皮脂分泌 ■不足 □适当 □过盛 部位________ 部位________ 部位________ ③皮肤厚度 ■薄 □较厚 □厚 ④皮肤质地 □光滑 ■较粗糙 □粗糙 □极粗糙 □与实际年龄成正比 ■比实际年龄显老 □比实际年龄显小 ⑤毛孔大小 □很细 ■细 □比较明显 □很明显 ⑥皮肤弹性 ■差 □一般 □良好 ⑦肤色 □红润 □有光泽 □一般 □偏黑 □偏黄 □苍白,无血色 ■较晦暗 ⑧颈部肌肉 □结实 ■有皱纹 □松弛 ⑨眼部 □结实紧绷 □略松弛 ■松弛 ■轻度鱼尾纹 □深度鱼尾纹 □轻度黑眼圈 □重度黑眼圈 □暂时性眼袋 □永久性眼袋 □浮肿 □脂肪粒 □眼疲劳 ⑩唇部 ■干燥,脱皮 □无血色 □肿胀 □皲裂 □唇纹较明显 □唇纹很明显 4. 皮肤问题 ■色斑 □痤疮 □老化 □敏感 □过敏 □毛细血管扩张 □日晒伤 □瘢痕 □风团 □红斑 □瘀斑 □水疱 □抓痕 □萎缩 其他________ ①色斑分布区域 □额头 ■两颊 □鼻翼 ②色斑类型 ■黄褐斑 □雀斑 □晒伤斑 □瑞尔黑变病 □炎症后色素沉着 其他________ ③皱纹分布区域 □无 ■眼角 ■唇角 □额头 □全脸 ④皱纹深浅 □浅 □较浅 □深 ■较深 ⑤皮肤敏感反应症状 □发痒 □发红 □灼热 □起疹子 ⑥痤疮类型 □白头粉刺 □黑头粉刺 □丘疹 □脓包 □结节 □囊肿 □瘢痕 ⑦痤疮分布区域 □额头 □鼻翼 □唇周 □下颌 □两颊 □全脸 5. 皮肤疾病 □无 □太田痣 □疖 □癣 □扁平疣 □寻常疣 □单纯疱疹 □带状疱疹 □毛囊炎 □接触性皮炎 □化妆品皮肤病 其他________

续表

<table>
<tr><td>护肤习惯</td><td colspan="6">1. 常用护肤品 □化妆水 □乳液 □营养霜 □眼霜
□精华素 ■美白霜 □防晒霜 □颈霜
其他______
2. 常用洁肤品 □卸妆液 ■洗面奶 □深层清洁霜 □香皂
其他______
3. 洁肤次数/天 ■2 次 □3 次 □4 次
其他______
4. 常用化妆品 □唇膏 □粉底液 ■粉饼
□腮红 □眼影 □睫毛膏
其他______</td></tr>
<tr><td>饮食习惯</td><td colspan="6">1. 饮食爱好 □肉类 □蔬菜 □水果 ■茶
□咖啡 □油炸食物 □辛辣食物
其他______
2. 易过敏食物____无____</td></tr>
<tr><td>健康状况</td><td colspan="6">1. 是否怀孕 □是 □否
2. 是否生育 ■是 □否
3. 是否服用避孕药 □是 □否
4. 是否戴隐形眼镜 □是 □否
5. 是否进行过手术 □是 □否
手术内容______
6. 易对哪些药物过敏______
7. 生理周期 □正常 ■不正常
8. 有无以下病史 □心脏病 □高血压 □妇科疾病 □哮喘
□肝炎 □骨头上钢板 □湿疹 □癫痫
□免疫系统疾病 □皮肤疾病 □肾疾病
其他______</td></tr>
<tr><td>护理方案</td><td colspan="6"></td></tr>
<tr><td rowspan="3">护理记录</td><td>日期</td><td>护理前皮肤主要状况</td><td>主要护理程序及方法</td><td>主要产品</td><td>护理后状况</td><td>顾客签字/美容师签字</td></tr>
<tr><td></td><td></td><td>(是否对原方案进行调整，调整理由等)</td><td>(是否对原用产品进行调整，调整理由等)</td><td></td><td>____/____</td></tr>
<tr><td></td><td></td><td></td><td></td><td></td><td>____/____</td></tr>
<tr><td>备注</td><td colspan="6">(记录顾客的要求、评价及每次所购买的产品名称等相关事宜)</td></tr>
</table>

根据上表顾客皮肤的资料分析，制订色斑性皮肤的护理方案（表 4-6）。

表 4-6　色斑性皮肤的护理方案

护理目的：(1) 加强按摩，促进新陈代谢，加速血液循环，帮助色斑淡化。 (2) 补充美白祛斑产品，淡化色斑，抑制黑素的形成。 (3) 保持皮肤充足的油分和水分，有利于皮肤的改善。			
步骤	产品	工具、仪器	操作说明
消毒	70%的酒精	棉片	取酒精时远离顾客头部，避免滴到顾客面部，对使用的工具、器皿及产品的封口处消毒
卸妆	卸妆液	小碗一个，棉片，棉棒	动作小而轻，勿将产品弄进顾客眼睛，使用一次性棉片、棉棒
清洁	美白保湿洁面乳	小碗一个，洗面巾、小毛巾、洗面盆	眼睛不需再清洁，动作轻柔快速，时间 1 分钟，T 形区部位时间稍长
爽肤	爽肤水	棉片	轻轻擦拭两遍
观察皮肤		肉眼观察或皮肤检测仪器	仔细观察皮肤问题所在
蒸面		喷雾器	用棉片盖住眼睛，蒸面时间 8 分钟，距离 35 cm，不开臭氧灯
去角质	去角质霜	纸巾若干张	每月一次
仪器	美白祛斑精华素	超声波美容仪	采用低挡位，时间不超过 10 分钟，色斑部位时间 2 分钟
按摩	滋润按摩膏、美白精华素	徒手按摩	按抚法可促进皮脂腺分泌，叩抚震颤法可激活维生素 C，重点是色斑部位
面膜	祛斑面膜，热膜	调棒、调勺、面膜碗、纱布	祛斑面膜＋热膜，可加强产品的吸收
爽肤	美白水		
润肤	祛斑霜，美白霜		加强防晒，可搽有防晒作用的美白霜
家庭护理计划	日间护理：美白洁面乳→美白保湿水→美白精华素→美白霜(防晒霜)＋眼霜		
	晚间护理：卸妆液＋美白洁面乳→美白保湿水→晚霜＋眼霜(晚间需按摩，也可搽祛斑霜)		
	每周护理：自我按摩＋美白祛斑精华素(捏按法)＋美白面膜＋眼膜＋颈膜(每周两次)		

家庭保养建议：色斑形成的原因特别复杂，美容师应引导顾客不要对祛斑抱有太高的期望或提出不切实际的要求，切忌采取急功近利的行为。美容护理只能起到一定的淡化表皮色素沉着的作用，应该借助医学治疗，如中医治疗或医用激光治疗等。另一方面，由于个体差异，病情复杂，每个人的改善效果也有所不同。

护肤时的注意事项参见老化和干性皮肤，特别要注意的是保持身体健康及内分泌正常，可根据各种色斑的形成原因来采取相应的预防措施。

护肤品可选用美白、保湿、滋润的产品，保持皮肤滋润，特别注意防晒。

四、毛细血管扩张性皮肤

毛细血管扩张是指皮肤或黏膜表面的微细动脉、静脉和毛细血管呈丝状、星状或网状扩张，颜色鲜红，压之不褪色，单发或多发，呈持续过程，大多不能自行消退。

（一）皮肤毛细血管扩张的原因

（1）长期受高温或严寒的过度侵害。高温令皮肤血管扩张，若血管的弹性不足，难以应付强行通过的血流，可导致毛细血管破裂；严寒可使皮肤血管骤然收缩，伴之反射性扩张。

（2）使用不正确的美容方式，如“换肤”不当或使用含汞的化妆品、含类固醇激素的乳膏等，可引起面部潮红、毛细血管扩张。

（3）人为伤害或护理不当。如过度蒸面去角质，使原本已脆弱的皮肤不堪重负。

（4）饮用烈性酒和食用辛辣食物。

（5）遗传，如遗传性良性毛细血管扩张等。

（6）维生素的缺乏，如维生素C缺乏导致血管脆性增加。

（7）感染与中毒。

（二）皮肤毛细血管扩张的特征

毛细血管扩张皮肤较薄，表皮下可呈现丝状、星状或网状等破裂或扩张的毛细血管，红色，压之不褪色。面部皮肤比一般正常肤色红，看上去犹如阳光暴晒，这种皮肤非常敏感，过冷过热、情绪激动时脸色更红。

（三）皮肤毛细血管扩张的护理方案

美容院护理对皮肤毛细血管扩张是无法消除的，只能通过适当的护理（参见敏感皮肤的护理方案）来避免其进一步损伤。美容师应告诉顾客注意事项及防治方法，建议尽快到医院皮肤科进行诊治。

（四）敏感性皮肤和毛细血管扩张性皮肤的保养

每一种类型的皮肤在身体抵抗力下降、压力过大、食用刺激性食物、空气干燥、日晒等因素的影响下都会出现不同程度的敏感症状。其根本原因是当时皮肤的角质层太薄，皮肤无法发挥其屏障作用。过敏原一旦侵入，免疫细胞就会发出警告。

敏感皮肤的养护重点就是维护角质层的保护功能，其核心是确保角质层的油脂和水分充足平衡，平时应注意以下养护要点。

1. 清洗 因敏感性强的皮肤通常兼有干性皮肤的缺点。如皮肤完全无油脂或偏干，只需用温水清洗就行。夏天可用含油脂的洁面乳或用防敏洗面奶清洗。但应注意清洗时水温不可太高，否则会洗掉油脂令皮肤更加干燥。洗面时用柔软的毛巾轻轻擦拭，不能用力太大，时间宜短。清洗完后立即用棉片拍上爽肤水或调节水。

2. 爽肤 不能使用有酒精成分的爽肤水，最好使用适合敏感皮肤用的平衡爽肤水。

3. 润肤 在选择护肤霜时应注意其成分越简单越安全，不含香料、染色剂和防腐剂的产品较安全，尽量少用或不用美白、去皱等功效性产品。敏感性强的皮肤抵抗力弱，保养品品种不能太多、太复杂，最好使用一个品牌，待皮肤适应后再加其他保养品。初次使用某化妆品时应尽量少用，如不发生过敏才可逐渐增量使用。产品不可更换的太频繁。

4. 饮食 皮肤敏感性强的顾客应特别注意饮食，尽量避免过敏原的刺激。为增加皮肤的抵抗力，可食用含维生素C的食物及钙制品、乳制品、花生、麦片、鱼等，避免过量食用糖、蛋白质及刺激性食物，如烟、葱、姜、浓茶、咖啡、酒、海产品、油炸食品等。

已经形成的毛细血管扩张性皮肤应到医院治疗(如光子、激光或电凝技术等)，美容院目前还没有切实有效的治疗方法。

五、日晒伤性皮肤

皮肤日晒伤又称日光性皮炎，是皮肤受强烈日光照射后产生的一种急性皮炎。

(一) 皮肤日晒伤的成因

1. 紫外线对皮肤的作用 日光是一连续的电磁波，波长以纳米(nm)为单位。波长越短，能量越大；波长越长，穿透力越强。波长由短到长依次为γ射线、X射线、紫外线、可见光、微波及无线电波等。与皮肤有关的主要是紫外线，波长为200～400 nm，在太阳的辐射中，紫外线约占6%左右，是光线波长中最短的一种。

紫外线能将皮肤中的脱氧胆甾醇转变为维生素D，并能促进全身的新陈代谢，还具有杀菌、消毒的作用。如果紫外线辐射累积量过大，并有外源性光敏物质参与时，则可引起一系列的生物学效应，诱发或加重某些皮肤病。由于环境污染，地球上空的臭氧层遭到破坏，使地球表面的紫外线强度日益增加，紫外线对人们的皮肤损伤也日益加剧。

2. 紫外线对皮肤的伤害表现

(1) 紫外线能激活潜在的病毒，暂时降低机体的抵抗力。

(2) 长期在烈日的暴晒下，可使皮肤的胶原纤维链断裂，降低皮肤的弹性而使皮肤出现早衰。

(3) 紫外线可刺激表皮基底层的黑素细胞加速黑素分泌，使原有的色素斑加重或出现新的色素斑。UVB对皮肤照射后会引起皮肤发红，皮肤发红的程度在8小时后达到高峰，以后慢慢减弱。红斑约在3天后会逐渐变黑，致使黑素细胞机能亢进而产生大量黑色素。

(4) 紫外线导致光敏性皮肤病的发生和诱发结缔组织病变，使皮肤癌的发病率增高。

(5) 光辐射累积量过大，一些光敏物质会与之产生一系列的生物效应，诱发或加重某些皮肤病，如光老化；光敏性皮肤病，如日光性皮炎等；光线加剧性皮肤病，如雀斑、黄褐斑、痤疮、酒渣鼻等。

(6) 紫外线能改变单个细胞组分(如蛋白、脂质及DNA分子)的结构或功能。大剂量的紫外线会使细胞丧失与周围细胞的沟通能力。

(二) 皮肤日晒伤的特征

皮肤具有反射、散射和吸收紫外线的能力。皮肤长时间受紫外线照射，UVB波段透射达表皮基底层，使部分毛细血管产生功能障碍，造成发炎和毛细血管扩大，导致表皮发红、浮肿，产生痛感，严重的会产生红斑和水疱，并伴有脱皮现象。

红斑反应是迅速的，一般在阳光下直接照射2～3小时开始出现，在12小时内达到高峰，以后逐渐减退，4～7天后消失，随之皮肤开始黑化。

(三) 皮肤日晒伤的护理方案

1. 健康皮肤日晒伤后的护理 健康皮肤由于皮脂腺保护功能较强，日晒后出现的症状较轻，通常以中性、油性皮肤较多，晒伤后出现的症状一般为发热变红、皮肤紧绷、角质层增厚、毛孔扩大、脱水等，严重者也可以出现脱皮、红肿、皮疹等，护理时应视其破损情况分别对待。护理方法见表4-7。

表 4-7 健康皮肤日晒伤后护理实施方案

步骤	产　　品	工具、仪器	操作说明
消毒	70%的酒精	棉片	消毒使用的工具，器皿及产品封口处
卸妆	卸妆液	小碗一个，棉片，棉棒	动作一定要轻柔，勿将产品弄进顾客眼睛，使用一次性棉片、棉棒
清洁	保湿润肤洁面乳或只用温水	棉片、小毛巾、洗面盆	晒伤部位需用棉片轻轻擦拭，避免使用过热过冷的水，并清洁干净
爽肤	保湿水	棉片	用棉片再次清洁 2～3 次，同时可以平衡 pH 值
观察皮肤		肉眼观察或皮肤检测仪器	仔细观察皮肤问题所在
蒸面		冷喷仪	日晒后皮肤禁用喷雾，可用冷喷镇静冷敷，不做离子喷雾
去角质	去角质霜		症状较轻时才可进行去角质护理，动作应轻柔，不做按摩
仪器或特殊护理		冰球	可使用冰球护理，镇定、舒缓皮肤
按摩		不做按摩	
面膜	舒缓面膜	调棒、调勺、面膜碗、纱布	如果不采用冰球护理，也可在面膜程序中将纱布蘸上酸奶或牛奶面敷 20 分钟，还可配合用冷喷机或冷倒膜，也可用含甘菊、芦荟等镇静、抗炎成分的软膜来镇定皮肤
润肤	保湿日霜，晒后修复霜，眼霜		使用含大量保湿成分的产品，以补充皮肤所需的大量水分和帮助修复受损的细胞
家庭护理计划	日间护理：温水＋双重保湿水→眼霜→保湿日霜＋晒后修复霜		
	晚间护理：保湿洁面乳＋卸妆液→双重保湿水→眼霜→晚霜（精华素）		
	每周护理：保湿精华素＋舒缓面膜＋眼膜＋颈膜，每周 2 次		

2. 日晒伤皮肤的护理

1）美容师采取的主要措施

抵抗力较弱的干性、老化、敏感性皮肤，日晒后轻者皮肤出现发热变红、紧绷起皱、脱皮、掉皮现象。重者会出现晒斑、皮疹、红肿、敏感、毛细血管扩张等症状，症状严重者建议去医院就诊。作为美容师要采取以下措施。

（1）用棉片小心清洁皮肤，然后用冷喷机、冰纱布、冰袋等对皮肤进行镇静，同时补充角质层细胞水分，软化角质，使之柔和脱皮。

(2) 在敷面膜程序中可补充大量含油分、水分的滋润性产品和修复产品，帮助皮肤重建保护膜。

(3) 不能再做喷雾、去角质、按摩或使用仪器等较刺激的护理，尽量避免肌肤再次受到刺激。

2) 冰球疗法

(1) 冰球疗法的主要工具是水晶球，用来做按摩、营养、导入、放松、牵引，把人体的磁场调理到一个最佳状态。水晶球不仅可在常温下使用，而且能冰冻到－40 ℃左右用来镇定敏感的皮肤。

(2) 冰球疗法的美容原理。美容过程中使用的水晶球，既非水晶也不是玻璃，是由特殊材料制成的中空球体，里面装着蓝色透明的磁化水。球体表面圆润光滑，放在皮肤上滚动非常舒服。冰球按体积分有大、小两种型号，体积大的可以用在大面积的脸颊部位，也可用作胸部提升；体积小的用在口唇周围、鼻、眼部这些细小的地方，需要和介质一起使用，可以是配套用的护肤精华，也可以是其他补充皮肤营养的产品。用冰球按摩可以带给皮肤水的压力，随着不同角度滚动所产生的不同轻重的压力，能安抚皮下神经，加速皮肤对营养物质的吸收。

冰球随温度变化会有不同的反应，既可冷冻使用也可加热后使用。将冰球放在－40 ℃的冰柜中，球里的水也不会被冻住，因为里面的磁化水经过特殊处理。低温的磁化水对皮肤具有牵引力，能够帮助皮肤达到很好地吸收状态，增强皮肤的抵抗力，对因过敏而红肿、发热、疼痛的皮肤有镇静作用。把冰球加热到 17 ℃左右(温热，一般不超过 37 ℃)，则能使敏感的皮肤得到放松。对于难以吸收营养物质的老化皮肤用加热后的冰球做营养导入会有明显的效果，冰球的磁场与人体本身的磁场相互作用，促进皮肤细胞新陈代谢，加速皮肤对营养物质的吸收，加热后的冰球能帮助打开毛孔，促进毛孔内废物排出，使护理后的皮肤显得白嫩光滑。

3) 冰球疗法的基本操作程序

①准备工作。按皮肤护理基本程序的要求准备好相关用品。

②消毒。按消毒要求对双手及用品进行清洁、消毒。

③清洁。用洗面奶在面部打圈按摩，去除皮肤表面的污垢。

④蒸面。使用喷雾仪蒸面 3～5 分钟，帮助打开皮肤毛孔，使毛孔内的污垢排出，让皮肤能更好地吸收营养物质。

⑤去角质。用去角质霜除去老化脱落的角质细胞，如果是敏感肌肤则可省略此步骤。

⑥冰球按摩和营养导入。先涂上一层护肤介质，用冰球做按摩，促进皮肤对营养成分的吸收。先用小球做眼部按摩，再用大球做全脸的按摩，按摩时用冰球在脸部轻轻滚动。按摩基本程序为：双球先从下颌起拉向面颊，再回到下颌底，再拉向两颊，重复做三次。从下颌底拉，顺鼻唇沟拉到鼻翼旁，再沿面颊滑回下颌底，重复做一次。接上面动作开始回到鼻翼两旁，横向拉至颧骨两次。从颧骨旁螺旋按摩至颈侧。顺着颈侧滑至胸前拉开两次，再滑回鼻翼旁向外拉动两次。

⑦敷面膜。做完营养导入后，敷上具有激活功能的黑泥面膜，做进一步的深层清洁，活化皮肤细胞，促进养分吸收。如果顾客体内的毒素积聚严重，应先用精油做淋巴引流按摩。

⑧基础保养。做完面膜后，用爽肤水轻拍面部，可收紧毛孔，再涂上适合各类皮肤使用的营养霜，也可以用冰球再在面部轻轻滚动一遍，不但可收紧毛孔，还能帮助皮肤吸收产品中的营养成分。

3. 家庭保养 皮肤恢复期间保持凉爽，可用毛巾冷敷或冷水浴，使表皮基底层被激活的黑素细胞安静下来，不再继续分泌黑素。大量涂抹保湿、修复产品，使症状消除后再做美白护理。修复期间不要化妆，多食用蛋白质食品，同时补充维生素 A、维生素 E、维生素 C，多喝水，让皮肤各层细胞尽快得到修复和再生。

六、衰老性皮肤

人体皮肤的老化是指皮肤在外源性或内源性因素的影响下引起皮肤外部形态、内部结构和功能衰退现象。

（一）皮肤老化的原因

引起皮肤老化的因素很多，大致可分为外因和内因两个方面。

1. 外在因素

（1）紫外线的伤害。

紫外线损伤又称光老化，是造成皮肤老化的主要因素之一。一般来说，紫外线可分为长波（UVA，波长为 320～400 nm）、中波（UVB，波长为 290～320 nm）和短波（UVC，波长 200～290 nm）。其中，UVC 紫外线对细胞的伤害最为强烈，但由于大部分的 UVC 被臭氧层吸收散射，不能到达地面。

UVA 在阳光中的剂量比 UVB 大 100～1000 倍，并且穿透力强，30%～50%能深达真皮层，也不受季节、云层、玻璃、水等影响。UVA 以损伤真皮为主，可引起真皮胶原蛋白含量减少，胶原纤维退化，弹力纤维结构退行性改变，是造成皮肤松弛、皱纹增多等光老化的主要原因。UVA 也能增强 UVB 对皮肤的损伤，可使皮肤出现色素沉着而引发皮肤癌。UVA 引起大家重视的另一个原因，是 UVA 具有终身的积累作用，即年轻时过度 UVA 照射会加重年老时的老化症状。十字形皱纹就是一种典型的紫外线损伤性皮肤皱纹。

（2）地心引力的作用。

由于地心引力的作用，本来因自然老化松弛的皮肤会加速下垂。

（3）错误的保养。

使用过热的水洗脸，过度地按摩，使用恶劣的化妆品，过度地去角质等，均会使皮脂含量减少，角质层受损，丧失对皮肤的保护和滋润作用，皮肤老化更快。

（4）饮食不当和不良生活习惯。

①暴饮暴食。

②偏好甜食、巧克力与肉类。

③食物中缺乏铁与维生素。

④酗酒、吸烟。

⑤随意节食。

⑥过多或过于丰富的面部表情，如挤眉弄眼、皱眉、眯眼等。

⑦不当的迅速减肥或缺乏锻炼。

⑧不当的饮食造成肥胖或消瘦；经常接触刺激性的食物，如酒、咖啡等。

⑨长期熬夜、过度疲劳。

（5）恶劣的生活环境。

①空气污染如汽车排放的废气和化工厂排放的刺激性气体等会影响皮肤的新陈代谢。

②噪声影响听力、伤害神经系统、也会造成衰老。

③吸烟的烟雾会损耗体内的维生素C而影响皮肤胶原纤维，致使皮肤松弛。

④空气干燥会使皮肤中的水分流失过快，导致皮肤粗糙，产生皱纹。

⑤寒风、强冷空气的刺激也会导致皮肤血管收缩，皮脂、水分减少而导致皮肤提前老化。

2. 内在因素

（1）年龄增加。

随着青春期结束，皮肤的生理机能开始逐渐衰退，女性25～30岁，皮肤开始出现皱纹；30～35岁皮肤开始松弛，表情线变深；35～40岁如不善于保养皮肤，表情线开始加深；40～45岁小皱纹加深加粗，甚至可交叉；45～50岁皮肤下层组织开始老化，皱纹开始扩展到眉间、面部，导致皮肤松弛，嘴角、眼角开始下垂，出现双下巴。这是皮肤的自然老化，也是生物生命过程中的必然规律，但在一定条件下可以延缓皮肤衰老的发生。皮肤的自然老化主要是由基因决定的。

（2）自主神经功能紊乱。

生活节奏加快、工作压力、家庭纷争均可引起自主神经功能紊乱，导致内脏功能异常，出现失眠等症状，进而引起皮肤早衰。

（3）内脏功能障碍。

肝脏具有多重功能，如参与物质代谢、解毒、助消化等，肝脏若有病变，将影响人体新陈代谢；肾脏是机体内重要的排泄器官，若肾脏病变，发生功能障碍，体内的有害物质不能及时排出，同样妨碍机体新陈代谢；心脏功能不全，不能及时将氧气和营养物质通过循环系统带到各个系统，会造成人体营养不足，进而影响皮肤新陈代谢，导致皮肤老化，色素沉着。

（4）内分泌紊乱。

内分泌系统是调节人体新陈代谢、生长繁殖的重要系统。内分泌腺通过分泌激素来调节代谢，如雄激素和肾上腺皮质激素能刺激皮脂腺生长、增殖与分泌，使皮肤保持滋润与光滑；雌激素则可使皮下脂肪丰厚，维持皮肤弹性等。当激素分泌减少时，皮肤机能逐渐衰退，肌肤萎缩，失去光泽，更年期妇女尤其要重视这一点。

（二）皮肤老化的特征及皱纹的分类

1. 特征

（1）表皮的变化。

皮肤厚度变薄，首先表现为表皮轻度变薄，细胞形态大小不一，增殖减缓，角质层对某些化学物质的通透性增加。通过美容透视灯观察，皮肤呈紫色，有悬浮白色。通过光纤显微检测仪观察，表皮没有纹路，表示肌肤萎缩。

（2）与真皮交替处的变化。

表皮与真皮之间的波浪状结构变得扁平，使二者之间的接触面积大大减少，造成氧和营养物质的输送量减少，二者的黏合力降低，新陈代谢也降低。

（3）真皮层的变化。

真皮层结缔组织减少，真皮层纤维细胞逐渐失去活性，胶原纤维增粗，弹性纤维变性、缩短，增厚成团。通过光纤显微检测法观察，真皮纹路宽大，有的微血管扩张，表示肌肤松弛。

（4）外表形态的变化。

①皮肤表面沟纹加深，皮肤松弛，缺乏弹性，皱纹增多。

②皮肤含水量下降，皮脂及汗液分泌减少，从而出现皮肤干燥、脱屑的现象。

③皮肤的机械防御能力和损伤后愈合能力下降，对外界各种刺激的耐受力变低。

（5）皮肤色素的变化。

随着年龄的增长，皮肤某些局部功能性黑素细胞减少，同时，其他部位有代偿性增生，表现为色素减退或色素增多的斑点，即老人斑。

（6）皮肤血管的变化。

由于真皮结缔组织变化，皮肤萎缩变薄，对皮肤小静脉和毛细血管的支持减弱，从而引起血管改变，如老年性毛细血管扩张，血管瘤等。

（7）皮肤附属器的变化。

皮脂腺、汗腺退化，皮脂或汗液分泌减少。指甲生长速度变慢，甲片肥厚、色暗、变脆。毛发变软，变细，干燥，无光泽。

2. 皱纹的分类 皱纹是指皮肤表面因收缩形成的一凹一凸的条纹，根据皮肤出现皱纹的原因，可将面部皱纹分为四大类。

（1）固有皱纹。

固有皱纹主要出现在颈部，正常人一出生就有1～3条横纹。随着年龄增长，可使皮肤松弛、横纹变深而成为面部老化的象征。

（2）动力性皱纹。

动力性皱纹是表情肌收缩的结果，出现的部位、时间与数量因各人表情动作和习惯不同而异。动力性皱纹又可细分为以下几种。

①额部皱纹。也称抬头纹，是位于额中部的横纹。由于脸部表情经常抬起眼帘，容易形成此皱纹。

②皱眉纹。也称眉间纹、“川”字纹，是位于两眉之间的竖纹。出现时间较早。

③眼睑皱纹。出现于上、下眼睑，上睑较细，下睑较粗，方向呈垂直或稍倾斜。

④眼角皱纹。也称鱼尾纹，位于外眼角，呈放射状。

⑤鼻唇沟皱纹。位于鼻翼和嘴角之间，由于微笑表情所致，若过深过长，则属皮肤老化现象。

（3）重力性皱纹。

重力性皱纹多发生在40岁以后，是由于皮下组织、肌肉与骨骼萎缩后，皮肤松弛，在重力作用下逐渐产生的，多发生在面部骨骼比较突出的部位，如眼眶周围、颧骨、下颌骨等处。

①眼睑部位。多见于上睑外1/3处。

②面部。多发生于面下部。

③颌部。多发生于颌下部，形成“双下巴”。

④颈部。多在颈前部，形成“火鸡颈”。

（4）光化性皱纹。

光化性皱纹是指由于紫外线长期伤害所导致的且不成片状的皱纹，此内容在以后的章节中将做进一步介绍。

（三）衰老性皮肤的护理方案

对于存在皮肤老化问题的顾客，美容师应先为其进行皮肤分析，将分析结果记录在美容院顾客资料登记表上（表4-8），并按照检测结果正确合理地制订护理方案。待护理结束后，应填写护理记录及相关备注，并向顾客提出家庭保养建议。从以下方案中，可以了解到对于衰老性皮肤问题的护理程序及方法。

表 4-8 美容院顾客资料登记表

鉴定编号：________ 建卡日期：________

顾客姓名 ×××　性别 女　年龄 40 岁
生育情况 已生育　体重 60 kg　血型 B 型
住址________　电话________　职业 经商　文化程度 高中

<table>
<tr><td rowspan="2">皮肤状况分析</td><td>1. 皮肤类型
□中性皮肤 □油性皮肤 □混合性皮肤
干性皮肤{■缺乏水分的干性皮肤 □缺乏油脂的干性皮肤}
2. 皮肤吸收状况
冬天 ■差 □良好 □相当好
夏天 ■差 □良好 □相当好</td><td>备注：________</td></tr>
<tr><td colspan="2">3. 皮肤状况
①皮肤湿润度 ■不足 □平均 □良好
部位____ 部位____ 部位____
②皮脂分泌 ■不足 □适当 □过盛
部位____ 部位____ 部位____
③皮肤厚度 ■薄 □较厚 □厚
④皮肤质地 □光滑 □较粗糙 ■粗糙 □极粗糙
□与实际年龄成正比 ■比实际年龄显老 □比实际年龄显小
⑤毛孔大小 □很细 ■细 □比较明显 □很明显
⑥皮肤弹性 ■差 □一般 □良好
⑦肤色 □红润 □有光泽 ■一般
□偏黑 □偏黄 ■苍白，无血色 □较晦暗
⑧颈部肌肉 □结实 □有皱纹 ■松弛
⑨眼部 □结实紧绷 □略松弛 □松弛
■轻度鱼尾纹 □深度鱼尾纹
■轻度黑眼圈 □重度黑眼圈
■暂时性眼袋 □永久性眼袋
□浮肿 □脂肪粒 □眼疲劳
⑩唇部 ■干燥，脱皮 ■无血色 □肿胀 □皲裂
■唇纹较明显 □唇纹很明显
4. 皮肤问题
■色斑 □痤疮 ■老化 □敏感 □过敏 □毛细血管扩张 □日晒伤
□瘢痕 □风团 □红斑 □瘀斑 □水疱 □抓痕 □萎缩
其他________
①色斑分布区域 □额头 ■两颊 □鼻翼
②色斑类型 □黄褐斑 ■雀斑 □晒伤斑
□瑞尔黑变病 □炎症后色素沉着
其他________</td></tr>
</table>

续表

皮肤状况分析	③皱纹分布区域 □无 ■眼角 □唇角 □额头 ■全脸 ④皱纹深浅 □浅 ■较浅 □深 □较深 ⑤皮肤敏感反应症状 □发痒 □发红 □灼热 □起疹子 ⑥痤疮类型 □白头粉刺 □黑头粉刺 □丘疹 □脓包 □结节 □囊肿 □瘢痕 ⑦痤疮分布区域 □额头 □鼻翼 □唇周 □下颌 □两颊 □全脸 5. 皮肤疾病 □无 □太田痣 □疖 □癣 □扁平疣 □寻常疣 □单纯疱疹 □带状疱疹 □毛囊炎 □接触性皮炎 □化妆品皮肤病 其他______
护肤习惯	1. 常用护肤品 □化妆水 □乳液 ■营养霜 ■眼霜 □精华素 □美白霜 □防晒霜 □颈霜 其他______ 2. 常用洁肤品 □卸妆液 ■洗面奶 □深层清洁霜 □香皂 其他______ 3. 洁肤次数/天 ■2 次 □3 次 □4 次 其他______ 4. 常用化妆品 ■唇膏 □粉底液 □粉饼 □腮红 □眼影 □睫毛膏 其他______
饮食习惯	1. 饮食爱好 □肉类 ■蔬菜 □水果 ■茶 □咖啡 □油炸食物 □辛辣食物 其他______ 2. 易过敏食物 无
健康状况	1. 是否怀孕 □是 ■否 2. 是否生育 ■是 □否 3. 是否服用避孕药 □是 ■否 4. 是否戴隐形眼镜 □是 ■否 5. 是否进行过手术 □是 ■否 手术内容______ 6. 易对哪些药物过敏______ 7. 生理周期 □正常 ■不正常 8. 有无以下病史 □心脏病 □高血压 □妇科疾病 □哮喘 □肝炎 □骨头上钢板 □湿疹 □癫痫 □免疫系统疾病 □皮肤疾病 □肾疾病 其他 无

续表

<table>
<tr><td>护理方案</td><td colspan="6"></td></tr>
<tr><td rowspan="3">护理记录</td><td>日期</td><td>护理前皮肤主要状况</td><td>主要护理程序及方法</td><td>主要产品</td><td>护肤后状况</td><td>顾客签字/美容师签字</td></tr>
<tr><td></td><td></td><td>(是否对原方案进行调整,调整理由等)</td><td>(是否对原用产品进行调整,调整理由等)</td><td></td><td>____/____</td></tr>
<tr><td></td><td></td><td></td><td></td><td></td><td>____/____</td></tr>
<tr><td>备注</td><td colspan="6">(记录顾客的要求、评价及每次所购买的产品名称等相关事宜)</td></tr>
</table>

根据上表顾客皮肤的资料分析,制订老化皮肤的护理方案(表 4-9)。

表 4-9　老化皮肤的护理方案

<table>
<tr><td colspan="4">护理目的:(1) 加强深层按摩,增加血液循环,促进新陈代谢。
(2) 加强按摩刺激皮脂腺分泌,保持皮肤滋润,紧实面部肌肉,保持皮肤弹性。
(3) 补充水分、油分、高效营养物质、生长因子,激发活力、延缓衰老。</td></tr>
<tr><td>步骤</td><td>产品</td><td>工具、仪器</td><td>操作说明</td></tr>
<tr><td>消毒</td><td>70%的酒精</td><td>棉片</td><td>取酒精时远离顾客头部,避免碰到顾客的皮肤和眼睛,对需使用的工具、器皿及产品的封口处进行消毒</td></tr>
<tr><td>卸妆</td><td>卸妆液</td><td>小碗一个,棉片,棉棒</td><td>动作小而轻,勿将产品弄进顾客眼睛,使用一次性棉片、棉棒</td></tr>
<tr><td>清洁</td><td>保湿润肤洁面乳</td><td>小碗一个,洗面巾、小毛巾、洗面盆</td><td>眼睛不需再清洁,动作轻柔快速,时间 1 分钟,T 形区部位时间稍长</td></tr>
<tr><td>爽肤</td><td>双重保湿水</td><td>棉片</td><td>主要目的是用棉片再次清洁 2～3 次,同时可以平衡 pH 值</td></tr>
<tr><td>观察皮肤</td><td></td><td>肉眼观察或皮肤检测仪器</td><td>仔细观察皮肤问题所在</td></tr>
<tr><td>蒸面</td><td></td><td>喷雾仪</td><td>用棉片盖住眼睛,蒸面时间 3 分钟,距离 35 cm,不开臭氧灯</td></tr>
<tr><td>去角质</td><td>瞬间去角质凝胶</td><td>纸巾若干张</td><td>每月最多一次,轻柔,避免牵扯</td></tr>
<tr><td>仪器</td><td>活细胞精华素、保湿精华素</td><td>超声波美容仪或离子导入仪</td><td>全脸,每月 2～4 次,时间 5～8 分钟</td></tr>
</table>

续表

步骤	产品	工具、仪器	操作说明
按摩	滋润按摩膏、活性精华素	徒手按摩或超微电流除皱机按摩	以安抚为主的按摩，时间15～20分钟
面膜	生化活性面膜或高效滋润面膜，抗皱面膜，拉皮面膜	调棒、调勺、面膜碗、纱布	可用高效滋润面膜打底，再敷热膜15～20分钟，包括使用眼膜、颈膜、唇膜
爽肤	双重保湿水		
润肤	活力再生霜，眼霜		
家庭护理计划	日间护理：保湿嫩肤洁面乳→双重保湿水→眼霜→活力再生霜＋防晒霜		
	晚间护理：卸妆液＋保湿嫩肤洁面乳→眼霜→双重保湿水→营养晚霜		
	每周护理：自我按摩＋除皱精华素（捏按）＋高效滋润面膜＋眼膜（每周2～3次）		

家庭保养建议：皱纹一旦形成，极难去除，因此应将重点放在预防和保养上。

清洗：老化皮肤的油脂分泌不足，因此清洗的时间应稍短，力度要轻柔，水温不宜过高或过低。洁面乳应选用保湿且油脂成分较多的乳剂，洗面次数不宜过多。

护肤：老化皮肤的油分、水分都不足，洁面后需立即用双重保湿水滋润。由于老化皮肤的胶原蛋白开始变硬，结缔组织逐渐失去储水功能，细胞再生速度变慢，油脂分泌不足。所以，在选择护肤品时可考虑一些功效性的化妆品，同时还应特别注意防晒。

饮食：多食用抗衰老的食品，如富含维生素A、维生素E、维生素C及胶原蛋白等营养成分的食物。保持正常体重，保持皮肤足够的脂肪，加强锻炼，增强身体新陈代谢功能，保持心情舒畅，睡眠充足。

第五章　芳香疗法

第一节　芳香疗法的概述

芳香意为芬芳、香味，是渗透入空气中的一种看不见但闻得到的细微物质。疗法意为对疾病的医疗。芳香疗法是一种辅助性的疗法，与传统医疗相似，但并非取代传统医疗的疗法。

一、芳香疗法的原理

芳香疗法又称香氛疗法、香薰疗法、芳香美容等，是利用纯天然植物精油的芳香气味和植物本身所具有的治愈能力，以芳香精油为物质基础，以特殊器材、配品及手法使芳香精油以不同的方式作用于人体，到达神经系统和血液循环，以帮助人身心获得舒缓，并达到皮肤养护的目的和改善身体健康的功效，使人的身、心、灵三者达到平衡和统一。

芳香疗法可以通过视觉、触觉和嗅觉来刺激大脑皮层，启发思维，解除心理和精神上的压力，令人身心舒畅。芳香疗法能使人建立积极的人生态度，还能增强人与人之间的沟通能力。芳香疗法是以人体自身的平衡调节能力为基础发挥其神奇的治疗作用，所以在当今压力重重的社会，芳香疗法日益受到人们的喜爱。

二、芳香疗法的发展

芳香疗法萌芽于古埃及、中国等文明古国，发展于古希腊、古罗马等欧洲国家。直到1928年，法国化学家盖特弗塞(Rene Maurice Gatteffosse)博士首次提出“芳香疗法”这一术语，并沿用至今。

埃及是最早使用芳香疗法的国家，很多资料都表明，芳香疗法在古埃及运用得非常广泛。当地人民焚烧植物来驱魔，庆祝婴儿的出生，奉献大地或太阳及庆祝敌人的死亡和失败。当地人认为“乳香”“没药”具有法力，所以用于祭祀。埃及艳后克利奥佩拉经常用玫瑰精油泡澡，并且借助这种方法在政治上取得极大的成功，以此征服了她的叔叔安东尼和凯撒大帝，并且每次她要扬帆远行时都要把船帆浸泡几个月出行，所有士兵远远的都知道埃及艳后驾临。

虽然芳香疗法始于古埃及，但是发扬光大却是在古希腊、古罗马。古希腊医药之父希波克拉底曾提到芳香浴和芳香按摩，他还使用了大约400种来自植物的药物用于芳香浴和芳香按摩。在雅典瘟疫流行期间他曾用燃烧香料祛除瘟疫。罗马人对芳香疗法的痴迷程度远胜于希腊人，罗马人把很多的名贵香料混合，涂在身体、头发、衣服、床单甚至墙壁上。

在浩如烟海的中医文献中，有许多美容中药来自芳香植物，对人体美容保健治疗起到了一定的作用。殷商甲骨文中就有熏燎、艾蒸和酿制香酒的记载，周代有沐浴兰汤、佩戴香囊的习俗。说明了当时即有用芳香药物防治疾病的措施。

1928 年，法国化学家盖特弗塞在一次实验中，因意外爆炸伤到手，情急之中把手插入一盆不明液体中，伤口恢复特别快，并且没有留下瘢痕，后经研究该液体是薰衣草精油。他将研究成果发表在科学刊物上面，首创了"芳香疗法"这个名词。他也被尊称为"现代芳香疗法之父"。之后二战期间瓦涅医生承其后而跟进，他们的主要贡献是将芳香疗法应用在了临床医学研究上。并著写了《芳香疗法之临床医疗》，该书成为现代芳疗师必备的参考书籍。

1950 年，英国法籍的玛格丽特·摩利夫人首度将芳香疗法带入健康美容及护肤领域。并出版了《生命与青春的奥秘》《摩利夫人的芳香疗法》等书籍。晚年摩利夫人定居英国，在英国开设芳香疗法中心并教授学生，从此英国又一直将芳香疗法承袭下去。摩利夫人对精油的治疗功效和美容进行了研究，成为现代将芳疗与美容相结合的第一人。

1993 年，印度尼西亚华侨陈香兰女士首先将芳香疗法引入了中国。在当时的中国美容这一版图里发展至今，芳香疗法具有丰富的临床应用经验，并逐渐成为一个热门的辅助治疗方法。

三、芳香疗法的实施方法

（一）嗅觉吸收法

1. 熏香法 把清水倒进香熏炉的盛水器中，依据器具和房间的大小不同滴入 1～2 滴精油。清淡的芳香即可，香气不宜过浓。点燃蜡烛放置在香熏炉内，待热力使水中的精油徐徐释放出来。调配不同的精油滴入香熏炉中，可得到不同的效果，有助于制造不同的气氛（表 5-1）。

表 5-1 熏香法精油的组合功效

功　　效	建 议 精 油
提神醒脑组合	薰衣草、柠檬、尤加利、薄荷、迷迭香
安眠组合	薰衣草、岩兰草、罗勒、茴香、马郁兰、洋甘菊
缓压组合	茉莉、依兰、快乐鼠尾草
驱蚊组合	薰衣草、尤加利、罗勒
赋予活力组合	薰衣草、茉莉、玫瑰草、香橙
增强免疫力组合	尤加利、百里香、茶树
激发潜能组合	紫苏、茉莉、檀香、乳香
夜间放松组合	薰衣草、柠檬、迷迭香、尤加利、桦木
浪漫组合	茉莉、玫瑰、依兰、天竺葵

2. 吸入法 把近沸的热水注入玻璃或瓷质的脸盆中，选择 1～3 种精油滴入热水里，总数不超过 6 滴，将精油充分搅匀后，精油会随着热气飘散。以大浴巾将整个头部及脸盆覆盖，用口、鼻交替呼吸，维持 5～10 分钟。薰衣草 2 滴＋薄荷 2 滴可治疗感冒。

3. 喷洒法 把精油加入蒸馏水，搅匀后放于喷雾瓶中，随时喷洒在床上、衣服上、家具上、宠物的身上、书橱上、地毯上，能起到消毒除臭，改善生活环境的作用。常用的精油有迷迭香、柠檬、甜橙、薄荷、天竺葵、尤加利等，比例为 1∶1。

（二）按摩吸收法

按摩吸收法是把精油作为按摩油，涂抹在一定的部位进行按摩，从而达到放松心情、舒解压力的一种方法。在刚洗完澡，身体微湿时按摩效果最好，精油经过按摩能够很快进入皮肤细胞，然后进入血管与全身的组织。按摩较快较重可提振精神，轻柔的按压，则可帮助睡眠或舒压安抚。刮痧法也属按摩吸收法，可将精油涂抹于患部适当穴位旁，再用刮痧器刮拭。

（三）按敷吸收法

1. 冷敷法或热敷法 把 3～6 滴芳香精油加入冷水（冷敷）或热水（热敷）中，均匀搅动后，浸入一块毛巾，再把毛巾拧干，敷在面上，并用双手轻轻按压盖在面部的毛巾，使带有精油的水分能尽量渗入皮肤内，重复以上步骤 5～10 次。

身体部位按敷时，水和精油的比例约为 200 毫升冷水或热水兑 5 滴精油，面部只用 1 滴精油即可。冷敷可缓解、镇定、安抚。缓解痛症可用热敷，有助于促进血液循环、排解毒素或增加皮肤的渗透力。常用精油有薰衣草、紫罗兰、迷迭香、天竺葵、茉莉、玫瑰等。

2. 涂抹法 如蚊虫叮咬、皮肤病、烫伤等，这些表皮问题一般可以把精油按照 50 毫升水兑 10～15 滴精油的比例稀释后直接涂抹于患处。薰衣草、茶树精油则可直接涂抹于皮肤上。

（四）香薰沐浴法

用香薰沐浴法时，因为精油可能和容器发生化学反应，所以最好选用不锈钢材质的盛水容器。由于柑橘类精油对皮肤刺激较大，皮肤易过敏者应小心使用，尤其是婴儿尽量不要使用香薰沐浴（表 5-2）。

表 5-2 香薰沐浴法精油组合及功效

功　　效	建议精油
解除肌肉酸痛组合	薰衣草、迷迭香、黑云杉、桦木、柠檬、香茅
通筋活络组合	薄荷、迷迭香、百里香
清新舒畅组合	薰衣草、薄荷、柠檬、紫苏
清晨振奋组合	薰衣草、薄荷、迷迭香、佛手柑、柠檬
改善消化组合	迷迭香、柠檬
减肥瘦身组合	欧薄荷、茴香、姜、丁香、肉豆蔻、马乔莲、甜杏仁油
健胸组合	迷迭香、玫瑰、百里香、天竺葵、依兰、茴香

1. 香薰蒸气浴 可选用薰衣草、洋甘菊、薄荷、芬多精、甜橙、尤加利、柠檬等精油混入水中，比例为每 600 毫升水加 2 滴精油，带着香薰的蒸气便徐徐散出，是身体及皮肤的绝佳保养剂和去毒剂，对细菌和病毒具绝佳的消灭效果。

2. 香薰坐浴 用一只能够容纳臀部的瓷盆或不锈钢盆子，盛载半盆温水，滴入 1～2 滴精油（可选择薰衣草、尤加利、迷迭香、薄荷等）进行坐浴。

3. 香薰温水浸浴 放整缸温水，加入 8～10 滴精油，浴缸中撒入一些玫瑰花瓣效果更佳，轻轻搅动精油和花瓣使其散开，接着便可享受香薰 SPA，此时皮肤毛孔张开，让其芳香精华渗入皮肤深处，比任何有机体更容易深入内皮组织。

4. 香薰漱口法 将 2～3 滴精油滴入一杯水中搅匀，漱喉 10 秒钟。每天香薰漱口，可保持口气清新，保护牙齿，减少喉炎的发生。

5. 其他 精油中所含的部分植物有效成分无法被皮肤直接吸收，此时可采用口服的方式促进其吸收，这也是芳香疗法中的一种。可口服精油，大都属于单方精油，可直接加入开水饮用或调入果糖、蜂蜜使用。但未经专业人员指导，一般不主张口服。

四、芳疗师

芳疗师是芳香保健师的简称，是国家从 2005 年 10 月 25 号颁布的第四批新职业工种之一。芳疗师分为芳疗保健师、芳香治疗师和美疗师，各自相关又略有不同，其中芳香治疗师要求最高，芳香保健师其次。

第二节　精油的基础知识

一、精油的概念

精油是从植物的花、叶、茎、根或果实中，通过水蒸气蒸馏法、挤压法提炼萃取出来的具有浓厚气味，纯度很高，挥发性很强的天然植物精华。当利用蒸馏法萃取植物体中的精华，其所得的产物称为精油。精油还被称为“植物激素”“植物的血液”“植物的灵魂”。

二、精油的特性

精油因其物理性质和化学性质的不同分别有以下几个特性。

（一）物理性质

1. 挥发性　分三种，便于调配以达到作用目的。

（1）高度油：挥发快，渗透快，具有刺激性，以提神为主。为嗅觉的油，一般以花、果皮、种子提炼的精油为主，又称“心灵的油”。

（2）中度油：挥发中等，具有镇静、稳定的作用。为治疗的油，一般以叶、茎提炼的清油为主，又称为“内脏器官的油”。

（3）低度油：挥发较慢，可以平衡抑制挥发性，具有镇静、安抚、松弛的功能。为持续效果的油，一般以根、树干提炼的精油为主，具有稳定的功能。

2. 亲油性　溶于油脂，制造或调配精油最好以油为媒介物。

3. 抗水性　不溶于水，必要时要加入天然乳化剂或蜂蜜、牛奶，使其亲水。

4. 混合性　部分精油可溶于酒精，视种类不同，也和酒精浓度有关。

5. 光学活性　不少精油都具有很高的折光率，光学活性强。所以精油应保存在深色容器中。

6. 协同作用　摩利夫人提倡使用复方精油，就是因为将数种精油调和后的功效远胜于使用单种精油的功效，即精油具有很强的协同作用。

（二）化学性质

1. 清除净化（解毒）　精油能促进五脏六腑的机能，激活全身细胞的活力，促进人体激素的分泌，使人恢复新陈代谢，平衡内分泌。

2. 消炎杀菌（增强免疫力）　所有的精油都有消炎、杀菌的功效，能防止细菌、病毒对人体的侵害。

3. 修复再生(促使细胞再生) 所有的精油都能激活细胞，具有促进细胞再生，增加皮肤活力的能力。

三、精油的主要功效与作用

精油是高香度的植物花瓣、枝叶经过提炼而得到的，而我们肉眼看不到的芳香分子则是通过人体的毛孔吸收，渗透至内皮深层组织及脂肪部分，甚至直达血液，通过血液循环来发挥其治疗作用。它也可通过人体的消化系统来吸收其养分，再通过血液输送到人体各器官，维持和增强人体的抵抗力，也可以从鼻部到大脑。以下是精油分别作用于呼吸系统和皮肤系统的具体过程。

1. 精油和呼吸系统 精油经深呼吸进入鼻腔。吸气时，空气中的精油分子会被带到鼻子最顶端的嗅觉细胞，通过细胞中的纤毛来记忆和传达香味，再通过嗅觉阀传递到大脑的嗅觉区，最后传达到周围的丘脑下部和下垂体。精油中的化学物质促发神经化学物质的释放，产生镇定、放松或是兴奋的效果。精油也会进入肺部、气管，经过气体交换，进入血液循环。

2. 精油和皮肤系统 精油经按摩进入皮肤的毛孔，随着血液的流动，精油停留在体内影响各系统可达数小时、数天甚至数星期之久，影响时间的长短依个人的体质和健康状况而定。传送速度最快的为尤加利和百里香，大约 30 分钟可到达循环系统；最慢的为檀香、广藿香，大约要两小时。一般来说，精油可以在 30 分钟内完全被皮肤吸收，在数小时内经由皮肤、肺、尿液排出。

四、精油的主要提取方法

每一种植物可以萃取出精油的量不尽相同，萃取量愈少的精油通常愈昂贵不易得，其中以花瓣精油为最。一般来说，玫瑰花要 3000～5000 千克、柠檬要 3000 个，才能提炼出一千克的精油。因此，玫瑰、茉莉、橙花这类精油通常 10 毫升就要上万元。根据提取的结果我们可以知道，精油中容纳了植物所具有的芳香有效成分，所以一滴精油也可以发挥神奇的功效。

1. 水蒸馏法 将新鲜的或经干燥处理的芳香植物原料放到蒸馏器中，由下方加热将植物的精油蒸发出来。含有精油的水蒸气经由导管收集冷却后，蒸气会冷却成液体，再依照水与精油的比重、密度的差异分离出来，分离出来的即是精油。剩下来的水分当中，或多或少都有些精油溶在里面，就是所谓的花水。如罗勒、胡萝卜种子、洋甘菊、肉桂、快乐鼠尾草、芫荽、丝柏、尤加利、天竺葵、杜松、薰衣草、香蜂草、橙花、广藿香、欧薄荷、保加利亚玫瑰。

2. 冷压榨法 此种方法多半用在柑橘类植物，因为精油多包含在这些植物的果皮中，萃取方式是在压碎果皮过程中加水，收集汁液后，经离心机将精油分离出来。如佛手柑、柠檬、葡萄柚、橘子、红柑。

3. 油脂分离法 以油脂吸收植物香气较佳的部分，再经酒精处理，并以机器搅拌，待酒精蒸发后，留下的便是芳香精油。如茉莉、橙花、玫瑰。

4. 溶剂萃取法 利用酒精、醚、液态丁烷等溶剂，反复淋在欲萃取的植物上，再将含有精油的溶剂分离解析，以低温蒸馏即可得到精油。这是最新的萃取方式之一，可用来取代油脂萃取法。如肉桂、鼠尾草、安息香。

5. 浸泡法 将花朵浸泡在热油中，使植物中的精油释放出来，再用过滤法萃取即可。如金盏花、胡萝卜、金丝桃。

6. 二氧化碳萃取法 此法是目前最新的萃取精油的方法之一。萃取过程皆在完全低温(33 ℃)中进行,不受热影响也不会破坏精油本身的分子结构而完整萃取。二氧化碳萃取法比蒸馏法和溶剂抽出法能取得更多更完整的精油。不过该方法所用的仪器十分昂贵,因此还未普及。

五、精油使用的注意事项

(1) 非专业医生处方,禁止口服精油。

(2) 怀孕初期几个月内最好避免使用精油来按摩或泡澡,因为某些精油有通经的效果。

(3) 患有高血压、癫痫病、神经及肾脏方面疾病的患者请小心使用。某些精油如丝柏、迷迭香,使用前最好先请教医师或芳香治疗师。

(4) 新生儿(2 个星期内)不可使用精油。2 个星期后可将薰衣草精油一滴滴于浴盆内使用。12 岁以下儿童所使用的精油必须被稀释为成人使用量的四分之一。12 岁以上则为成人用量的二分之一。

(5) 柑橘类精油会导致皮肤对阳光紫外线过敏。因此,使用后八小时内请勿暴晒于阳光下,室内使用后尽量勿用计算机或看电视。

(6) 请按建议量使用。使用过量会导致反效果,甚至对身体造成过大负担。尤其是依兰、鼠尾草过量会引起睡意,在酒后或开车时应避免使用。

(7) 精油必须储存于密封完好且为深色的玻璃瓶内,并且放置于阴凉的场所避免阳光直射,以延长精油寿命及确保精油的疗效。密封条件下,一般精油寿命为 1～3 年,柑橘类为 6～12 个月。

(8) 避免将精油装在塑料、易溶解或油彩表面的容器里,当稀释精油时,请使用玻璃、不锈钢或陶瓷器。

(9) 皮肤或体质敏感者,请在使用前先进行敏感测试。

(10) 使用精油会有惯性问题,因此配方需要更换或交替使用。

六、精油的分类

(一) 按精油的用途来分类

1. 基础油 基础油是从各种植物的种子、果实中压榨、萃取出的非挥发性油脂。大多数纯精油因刺激性较强,若直接擦在皮肤上,会造成伤害。因此基础油也被称为基底油,经过稀释后才可以和皮肤接触,还可以帮助精油传到皮肤的底层,常被作为皮肤保养的用油,也可用来制作按摩油的基础油。常用基础油分类如下。

(1) 小麦胚芽油 (wheat germ oil):富含丰富的蛋白质、维生素及矿物质,具有营养、缓和、治疗的特性。

(2) 荷荷巴油(jojoba oil):荷荷巴油是一种沙漠植物的豆子榨出的油。荷荷巴油中富含蛋白质和各种矿物质,它不仅可以调节油性和混合性皮肤的油脂分泌,而且可以护理干性皮肤与干枯的头发,可以久藏,渗透力强。

(3) 葡萄籽油(grape seed oil):葡萄籽油的作用为抗氧化、抗衰老,并且能提供多种矿物质和维生素,平衡皮肤的酸碱度。

(4) 甜杏仁油(sweet almond oil):甜杏仁油蕴含丰富的蛋白质和维生素,滋润效果好,柔和度强。因此适用于各种皮肤,特别是敏感性皮肤,可以消除皮肤的红肿和干燥。

(5) 玫瑰籽油(rose hip oil):富含丰富的维生素,对保持皮肤水分、柔软肌肤、美白皮肤都有很好的功效,具有组织再生功能,能够改善暗疮、青春痘、瘢痕。

选择基础油的方法如下。

(1) 根据肤质选择

①油性皮肤:甜杏仁油、杏桃仁油、荷荷巴油。

②干性皮肤:酪梨油、小麦胚芽油。

③敏感性皮肤:甜杏仁油。

④老化皮肤:小麦胚芽油。

⑤皱纹皮肤:酪梨油。

⑥青春痘:荷荷巴油。

(2) 根据使用范围选择

①全身:甜杏仁油、杏桃仁油。

②脸部:甜杏仁油、杏桃仁油、荷荷巴油。

③局部:小麦胚芽油、酪梨油。

小麦胚芽油、酪梨油、荷荷巴油在调配时只需占调配油的20%;小麦胚芽油、荷荷巴油能最大限度地延长精油的使用期限。

2. 单方精油 从一种具有药疗性的植物或植物的某一部位中萃取出的精华,是单纯的、未经混合的精油,具有较为浓郁的本植物气味和特定的功效。通常以该植物名称或植物部位名称命名。常见单方精油介绍见表5-3至表5-8。

表5-3 花香类精油

精油	气味	适用皮肤	注意事项	美容疗效	身体疗效	情绪疗效
薰衣草 lavender	清新淡雅	任何皮肤	孕妇、低血压患者勿用、哮喘患者易引起过敏	促进细胞再生,治疗粉刺,平衡油脂分泌,滋润发丝,改善瘢痕、晒伤、红肿、灼伤。是最常用的精油之一	治疗经痛、头痛、烧伤、灼伤,除臭,解除充血与肿胀,解毒、利尿、通经、杀霉菌、降血压	平抚沮丧,抗忧郁,治失眠,消除疲劳,改善惊慌,舒缓压力
大马士革玫瑰 rose	浓郁花草	干性、敏感性、缺水皮肤	孕妇勿用	淡化细纹、保湿、促进细胞再生、美胸、消除黑眼圈、妊娠纹及瘢痕、美白淡斑	治疗女性生殖系统,调节内分泌,抗菌,消毒	催情,抗抑郁,舒缓压力,愉悦心情
茉莉 jasmine	花香深沉	敏感性、干燥皮肤	孕妇、儿童及癫痫患者勿用	保湿、改善敏感、消除妊娠纹及瘢痕、增强皮肤弹性	放松肌肉,美化胸型及丰胸,舒缓子宫痉挛,促进乳汁分泌,催情,调理男性生殖系统	抗抑郁,振奋精神,稳定情绪,促进活力,舒缓压力

续表

精油	气味	适用皮肤	注意事项	美容疗效	身体疗效	情绪疗效
洋甘菊 chamomile	水果香味	干性、敏感性皮肤	怀孕期间应避免使用	平复微细血管破裂，消炎，净化皮肤、保湿、令皮肤富有弹性，治疗皮肤敏感	缓解肌肉疼痛、消化不良、消炎、增强免疫力、抗贫血，调理月经	舒解压力，松弛身心，消除紧张、愤怒、恐惧的心理，安眠
天竺葵（香叶）geranium	浓郁香甜	任何皮肤	孕妇勿用，对某些敏感皮肤可能有刺激性	深层净化皮肤，平衡油脂分泌，收敛毛孔，治暗疮、脓肿、面疱，去除头皮屑	痛经、更年期综合征、抗菌、除臭、血液循环不佳、微血管破裂、瘢痕、妊娠纹，老化皮肤活化，皮肤苍白，减肥，月经不调，乳房充血发炎	平抚焦虑、沮丧，抗忧郁，平衡荷尔蒙分泌，平衡身心
依兰香（香水树）ylang	鲜甜的花香	油性皮肤	发炎、湿疹皮肤慎用	平衡油脂分泌，收敛毛孔，保湿，手足保养，滋润发丝，淡化细纹	头发及头皮调整液，平衡荷尔蒙，调节心脏机能，催情，治疗阳痿、性冷感	治失眠，缓解更年期压力，镇定
橙花 neroli	花果香味	干性、敏感性、成熟性皮肤	—	美白保湿，改善敏感，消除妊娠纹及瘢痕，促进细胞再生	促进血液循环，心悸，失眠，舒缓胃肠绞痛	精神愉快、平抚沮丧、抗忧郁，安眠

表 5-4 柑橘类精油

精油	气味	适用皮肤	注意事项	美容疗效	身体疗效	情绪疗效
佛手柑（香柠檬）bergamot	清新、香甜	油性、暗疮性皮肤	使用后避免暴晒阳光，敏感性皮肤尽量少用	治疗晒伤、粉刺，净化皮肤，平衡油脂分泌，收敛毛孔，抗皮肤炎症，去除头皮屑	止痛、脓肿、痤疮、消炎杀菌、呼吸系统	促进活力、平抚沮丧、抗忧郁、消除神经紧张，刺激食欲
葡萄柚（西柚/圆柚）grapefruit	清新甜美	油性皮肤	使用后避免暴晒于阳光下	促进淋巴排毒、平衡油脂、消除肥胖，治疗毛孔粗大、促进毛发生长	减肥、改善蜂窝组织炎，头痛、疲乏、安抚经前症候群及怀孕期间的不适、消散瘀血	抗抑郁，平衡中枢神经系统，提神，促进活力、愉悦心情

续表

精油	气味	适用皮肤	注意事项	美容疗效	身体疗效	情绪疗效
柠檬 lemon	浓郁果香	油性皮肤	使用后避免暴晒于阳光下	改善肤色、破裂微细血管、软化皮肤、治疗暗疮、改善细纹、助淋巴排毒、驱蠕虫、抗斑、再生除皱、对油腻的发质有净化的功效	杀菌消毒、刺激血液循环、消化不良、减肥、增强免疫力、杀菌、杀虫、抗蜂窝组织炎、软化瘢痕组织、预防指甲岔裂、除臭	振奋精神、消除疲劳、安定情绪、令头脑清醒
甜橙 sweet orange	浓郁鲜果	干性、衰老性皮肤	使用后避免太阳暴晒，敏感皮肤勿用	促进发汗、排毒、改善干燥、美白、祛除斑点、减少皱纹	哮喘、支气管炎、伤风感冒、消化不良	平缓松弛神经、安抚紧张和焦虑
橘油（红橘/红柑）mandarin	柑橘皮味带花香	所有皮肤	使用后避免暴晒于阳光下	经常与橙花和薰衣草调和在一起，淡化妊娠纹和瘢痕、促进细胞再生、柔软皮肤	抗痉挛、利胆、利消化、镇静、补身	有提振精神的作用，常用于平抚沮丧与焦虑

表 5-5　辛香类精油

精油	气味	适用皮肤	注意事项	美容疗效	身体疗效	情绪疗效
茴香（大茴香/八角茴香）fennel	浓烈花香	一般皮肤	勿过度使用，孕妇、癫痫者勿用	保湿、防止皱纹产生，适用于橘皮症患者身体保养	减肥，有助于消化系统和循环系统的正常运作，延缓更年期不适，有助于乳汁的分泌	平抚沮丧、抗抑郁、恢复活力
小茴香（孜然）fennel	甜甜的香料味	一般皮肤	勿使用过度，孕妇、癫痫者勿用	保湿佳，防皱，橘皮症患者身体保养，对神经组织与皮肤的刺激性与麻醉性远小于茴香	减肥，可以释放体内积累的毒素，有助于缓解肌肉酸痛及治疗骨关节炎，特别适用于胃肠胀气、消化不良，因胃痛引起的头痛、绞痛及腹泻；有益于生殖系统，能增进男性的性欲和精子活力，女性也可借以调节月经周期及增进泌乳量	从疲劳和压力中，解放身心来放松，有提神、净化的能力

续表

精油	气味	适用皮肤	注意事项	美容疗效	身体疗效	情绪疗效
肉桂 cassia	浓烈香草味	油性皮肤	不可大量使用，孕妇勿用	预防皱纹，治疗青春痘，减肥，收缩、紧实皮肤	治敏感、补充氧气及治疗湿疹、风湿、眩晕、痛经、闭经、白带异常，抗病毒、杀菌	使心灵温暖平静，是净化、安抚情绪的最佳处方
丁香（丁香籽）clove	清新香甜	一般皮肤	孕妇、哮喘患者勿用	增强血液循环，抗感染，防止溃疡，调理粗糙皮肤	消毒、杀菌、止痛、减肥	强化记忆力，振奋沮丧的情绪，减轻年老引起的失落
肉豆蔻 nutmeg	有点像麝香的香辛料味	一般皮肤	可能刺激心脏和皮肤，孕妇勿用	对毛发有益	止痛、抗痉挛、止吐、抗菌、催情、利心脏、祛肠胃胀气、通经、轻泻剂、利分娩、利胃、补身	让人产生活力，也能让昏厥的感觉消散，恢复清醒
黑胡椒 black pepper	柔和温暖香料味	—	用量过高可能会引起过敏	促进蛋白质消化，用于肥胖、手足冻疮、手脚冰冷	滋补脾胃，祛除胃胀气，利尿、通便、排毒、解毒、活血、止痛	温暖，消除倦怠无力感，集中思绪，恢复精神
姜油（生姜）ginger	浓烈叶香	苍白、衰老性皮肤	孕妇勿用	调理衰老皮肤、改善皮肤苍白	燃烧脂肪促进脂肪代谢，帮助身体释放多余水分和毒素，镇痛、感冒、多痰、眩晕	舒缓情绪、增强记忆力、愉悦心情
辣椒 capsicol	—	任何皮肤	低用量，孕妇勿用，肌肤使用应控制使用量	燃烧脂肪，消除皮下脂肪，收缩毛孔和肌肤，有减肥作用	—	容易产生愤怒，不适合用在心灵疗法上

表 5-6　香草类精油

精油	气味	适用皮肤	注意事项	美容疗效	身体疗效	情绪疗效
迷迭香 rosemary	浓烈香草味	油性皮肤	孕妇、高血压患者勿用	收敛肌肤，预防皱纹、清洁皮肤、去除头皮屑、润泽发丝	肌肉扭伤、风湿、头痛、咳嗽、伤风、减肥	振奋精神、消除疲劳、集中注意力

续表

精油	气味	适用皮肤	注意事项	美容疗效	身体疗效	情绪疗效
罗勒 basil	新鲜愉悦	油性、暗疮性皮肤	敏感皮肤及怀孕者勿用	改善松弛、老化肌肤，深层清洁肌肤，预防粉刺的产生	镇痛、帮助消化、促进血液循环、可治疗呼吸道感染	提神醒脑、有助于判断力
香茅 citronella	泥土味	油性、敏感性皮肤	怀孕早期慎用	净化皮肤、改善敏感皮肤、调理油性皮肤、治疗脚气	抵抗痉挛、抗菌消炎、刺激虚弱脉搏、增强免疫力	提神醒脑、消除沮丧、愉悦心情
快乐鼠尾草 欧鼠尾草/洋紫苏 clary sage	药草味	油性皮肤	喝酒前后勿用，孕妇、癫痫患者勿用	平衡油脂分泌，治疗青春痘，美白皮肤，促进细胞再生，消除黑眼圈、妊娠纹、瘢痕及毛孔粗大	平衡荷尔蒙、助产、利肾、镇痛、抽搐痉挛、高血压，治疗水肿型肥胖症，利于头发的生长，净化油腻的头发，有效去除头皮屑	振奋神经、抗沮丧、舒缓压力、愉悦心情、增强记忆力
欧薄荷 椒样薄荷 peppermint	浓烈甘凉	油性皮肤	孕妇勿用、哺乳期间勿用	净化皮肤、平衡油脂分泌、排毒、消除黑头粉刺、收缩微细血管	治感冒、头痛、晕车、消化不良、肌痛，除体臭，驱虫	振奋精神、安抚愤怒、消除疲劳、集中注意力
百里香 （麝香草） thyme	花草香味	粉刺皮肤	怀孕期间慎用	促进皮肤新陈代谢、促进淋巴排毒，防止落发，改善皮炎、抗菌	利尿，杀菌，治疗感冒，增强抵抗力，驱虫，改善呼吸道炎症	增强记忆力、集中精神、提神、平抚神经衰弱
玫瑰草 （马丁香/马丁草） palmarosa	青草的苦甜味	泛油缺水皮肤、粉刺型皮肤	不可直接接触皮肤	能促使皮脂分泌重新平衡并形成肌肤表面的天然保护膜，对皮脂分泌旺盛泛油容易长粉刺，实际上却非常需要水分的年轻型皮肤提供了绝佳的保湿效果，为干性发质提供相当的保湿作用，建议与天竺葵或薰衣草等精油调味使用	属抗菌解热类精油，可以舒缓感冒高烧产生的头重眩晕等不适，对消化系统也有帮助，尤其是对精神性的厌食症状有刺激胃口的帮助	可以安抚激动浮躁的情绪，倾听内心，思索自己内心的需求

续表

精油	气味	适用皮肤	注意事项	美容疗效	身体疗效	情绪疗效
柠檬草（柠檬香茅）lemongrass	清新的柠檬与幽雅的草味	—	严禁高浓度接触皮肤	消除毛孔粗大，治疗脚气与其他皮肤霉菌疾病	杀菌与除虫，不但能消除外在环境中的尘蹒、细菌与异味，而且能提振身体的活力，刺激副交感神经与腺体的分泌，协助消化系统	提振精神、摆脱忧郁与低迷的明显感受，消除精神疲劳与压力
广藿香（天竺薄荷/印度薄荷）patchouli	甜甜的泥土味	一般皮肤	—	收敛毛孔、治疗青春痘、皮肤炎、湿疹、瘢痕、过敏	帮助淋巴排毒、利尿、除体臭、镇定、收敛、消炎	平缓松弛，抗焦虑、沮丧

表 5-7　木质类精油

精油	气味	适用皮肤	注意事项	美容疗效	身体疗效	情绪疗效
尤加利（桉叶/桉树）eucalyptus	清凉	油性、毛孔阻塞皮肤	高血压、心脏病、癫痫患者勿用	杀菌，改善化脓、疱疹、发炎的皮肤，治疗青春痘，改善毛孔阻塞、日渐老化的皮肤，促进血液循环、驱蠕虫	减肥、除体臭、伤风感冒、抗病毒、咳嗽、抗菌、烫伤、偏头痛、促进结疤，减轻腹部绞痛或生理痛，对生殖泌尿系统也有帮助，可改善膀胱炎和腹泻，常用来治疗肾脏病、淋病和糖尿病	振奋精神、消除疲劳、集中注意力、冷静、净化空气
茶树 tea tree	清凉	油性、粉刺型皮肤	敏感性皮肤勿用	杀菌，改善化脓、面疱皮肤、发炎，收敛毛孔、平衡油脂分泌、去头屑	咳嗽、哮喘、鼻炎、伤风感冒、牙龈炎	提神醒脑、恢复活力
檀香 sandal wood	浓郁木香	干性、衰老性皮肤	孕妇、敏感性皮肤勿用	软化皮肤、平衡油脂分泌，适合湿疹、老化缺水皮肤	催情，改善呼吸系统，预防细菌感染，治疗膀胱炎、腹泻	松弛神经、改善执迷情绪、安抚神经紧张和焦虑
花梨木（玫瑰木/紫檀木）rosewood	鲜甜的木香	混合性、敏感性皮肤	—	预防皱纹、净化皮肤、保湿、促进细胞再生、消除黑眼圈	增强免疫力，预防伤风、感冒、传染病	抗沮丧、治失眠、安抚情绪、催情

续表

精油	气味	适用皮肤	注意事项	美容疗效	身体疗效	情绪疗效
杜松 juniper berry	清新香木	油性皮肤	孕妇、严重肾病者勿用	平衡油脂分泌，再生除皱，分解色素抗斑、改善毛孔阻塞、油性充血皮肤、干癣、肿胀，去除头皮屑、粉刺	减肥，抗蜂窝组织炎，利尿，泌尿道抗菌，治疗膀胱炎、尿急、肾结石、水肿、蚊虫叮咬，排毒，湿疹，癣，治疗坐骨神经痛，月经不调，闭经	振奋精神，强化神经，催情
丝柏（桧木）cypress	香木味	油性皮肤	怀孕期间勿用	保湿、平衡油脂分泌，收敛毛孔，促进伤口愈合，结疤，调理油腻、老化皮肤	改善静脉曲张，治疗痔疮，调节卵巢功能失常、除体臭、调节血液循环，瘦身	防止精神涣散，舒缓愤怒，净化心灵，解除郁闷
雪松（香柏/西洋杉）cedarwood	木脂香甜	油性皮肤	—	具有收敛抗菌及镇静的效果，可治疗痤疮、头皮出油	治疗女性生殖系统疾病，抗菌，消毒，治疗呼吸道感染	松弛神经，舒缓压力，有助于深思冥想

表 5-8 树脂类精油

精油	气味	适用皮肤	注意事项	美容疗效	身体疗效	情绪疗效
乳香 frankincense	香草味	油性皮肤	—	促进细胞再生，抗衰老、除皱纹，抚平皱纹，真正的护肤圣品，平衡油性肤质	舒缓产后抑郁，强化生殖器官，松弛肌肉，清肺，治疗月经不调，子宫出血	抗忧郁，舒缓焦虑，稳定情绪
安息香 benzoin	香草般的香甜味	—	安眠功效太强，若需集中精神则最好避免使用	是治疗龟裂、干燥皮肤的著名疗方，能使皮肤恢复弹性，对手部、脚部皮肤皲裂及冻疮、小疹子特别有效。是伤口及溃疡的良好药方，对皮肤的发红、发痒与刺激亦有疗效	缓解一般的疼痛及关节炎；帮助消化，对胃部有安抚作用，可排除胀气；润肺并改善气喘、咳嗽、感冒、喉炎	能安抚悲伤、寂寞和沮丧的情绪，排除忧虑、树立信心，舒缓精疲力竭的身心状态

续表

精油	气味	适用皮肤	注意事项	美容疗效	身体疗效	情绪疗效
没药 myrrh	木脂味	敏感、干性、老化、成熟的皮肤	孕妇勿用	激活细胞,延缓皮肤衰老,对干燥、成熟、脱皮、粗糙皮肤有明显改善作用,分解色素(祛斑)	增强免疫力,抗菌,除臭,消炎,治疗溃疡、湿疹,降火,预防疾病,催汗。可以有效防止组织退化	驱除沮丧,解压,稳定情绪

3. 复方精油 两种及两种以上的精油根据适当的剂量比例调和而成,使用较为方便,功效性强。它们之间是相互协调、相辅相成的,具有增强疗效的作用,如美白精油、减肥精油、淋巴排毒精油等。

（二）按精油萃取的材料分类

不同的萃取材料所得到的精油能给人的心理和生理带来不同的疗效。

1. 花朵类 温暖、香味十足,疗效显著。花是植物的生殖系统,负责传宗接代。因此花朵类精油对于人的生殖系统、内分泌系统等作用明显,如玫瑰、洋甘菊、茉莉等。

2. 药草类 清新、亮丽,舒畅的感觉。草的生命周期短,因此合成的精油也比较轻快,并带有清爽的感觉,如薄荷、迷迭香等。

3. 木质类 沉静、宽容、平和的感觉。木则树,高亢挺拔,给人带来希望。木质类精油可以提升人体免疫系统、净化呼吸,如雪松、松柏等。

4. 果实类 快乐、洒脱的感觉。阳光照耀大地,万物生长,果树结果。果实类精油可直接影响食欲与消化系统,果酸也是常见的保养用品,如葡萄柚、甜橙、柠檬等。

5. 香料类 激烈、香气最明显。香料类精油能增强信心、对消化系统有促进作用,如黑胡椒、丁香。

6. 树脂类 简单、轻松的感觉。树脂是植物储存精华的部位,且随着时间的累积,作用功效增大,因此有放松、除皱的功能,如乳香、安息香。

7. 树根类 万物根本,重中之重。树根对于全身的重要性尤为重要,能够促进平衡、对神经系统起保护作用,如姜、岩兰草。

8. 叶片类 意志坚定的感觉。该类精油杀菌、止咳功效显著,如尤加利、薄荷。

9. 种子类 宽容、平和的感觉。该类精油对生殖系统有益,如檀香。

（三）按精油的气味分类

按精油的气味可分为七个系统,即芳香系、柑橘系、药草系、木质系、香料系、树脂系、异国风情系。

1. 芳香系 茉莉、天竺葵、薰衣草、玫瑰、蜡菊、罗马冷杉、橙花等。

2. 柑橘系 甜橙、葡萄柚、香柠檬、蜂花、柠檬、柠檬草等。

3. 药草系 快乐鼠尾草、龙蒿、茴香、胡椒薄荷、迷迭香、胡萝卜籽、罗勒、沉香醇百里香、牛至等。

4. 木质系 丝柏、臬莉油、橙叶、冷杉、罗文莎叶、桉树、白千层、茶树、红松、玫瑰木、雪松等。

5. 香料系 黑胡椒、肉豆蔻、茴芹等。

6. 树脂系 乳香、安息香、没药、古巴香等。

7. 异国风情系 依兰、檀香木、香馥草、香根草、马丁香等。

(四) 按精油在芳香疗法中的使用方法分类

1. 按摩用精油 已调和好的复方精油,可局部涂抹于皮肤或进行按摩。

2. 熏香用精油 多为配制精油,用熏香器具散发精油分子,通过呼吸道吸收,不能直接用在身体上。纯精油也可作为熏香用精油。

3. 散发用精油(无火香熏精油) 利用散发机将精油离子化,使其快速进入体内从而保护身体器官。

4. 沐浴用精油 通过特定配方调制,用其沐浴或泡澡。

5. 可口服精油 大都属于单方精油,可直接加入开水饮用或调入果糖、蜂蜜使用。未经专业人员指导,一般不主张口服。

(五) 按精油的纯度分类

1. 纯精油 未经任何稀释的100%纯度的植物精油,价格昂贵。

2. 汽化精油(无火香熏精油) 用90%纯植物异丙醇、5%纯精油中的单方精油和5%蒸馏水配制而成,价格适中。

3. 配制精油 用大量廉价的工业合成香料加少量纯精油配制而成,价格低廉。

(六) 按精油挥发速度分类

根据精油的挥发速度可分为三类,分别为快板精油、中板精油、慢板精油三类。

1. 快板精油 挥发速度最快,芳香可以维持24小时左右,能够很快且有效地发挥其功效,对于无活力、忧郁或情绪低落等病症效果良好,还可以提升情绪及思考能力,如欧薄荷。

2. 中板精油 挥发速度一般,芳香可以维持72小时左右,使人产生和谐平衡的感觉,还能影响身体的消化吸收和新陈代谢功能,如薰衣草。

3. 慢板精油 挥发速度缓慢,芳香可以维持一个星期左右,给人一种沉稳的感觉,多于冥想沉思时使用,对于紧张、情绪不稳定及容易激动慌乱的人很有帮助,如檀香。

(七) 按精油植物科属分类

根据精油植物科属可分为松科、橄榄科、檀香科、菊科、唇形科、樟科、柏科、桃金娘科、伞形科、蔷薇科、木樨科、芸香科、牻牛儿苗科、胡椒科、番荔枝科等。

第三节 淋巴引流

一、淋巴循环的概述

淋巴系统包括淋巴管、淋巴组织和淋巴器官。淋巴管始于组织间隙,管道内含有淋巴液,最终汇入静脉。因此,淋巴管可看作是心血管系的辅助结构。淋巴组织是含有大量淋巴细胞的网状组织,包括弥散淋巴组织和淋巴小结;淋巴小结又分为集合淋巴小结和孤立淋巴小结;主要分布在消化道和呼吸道的黏膜层和黏膜下层。淋巴器官大多由淋巴组织构成,外包有被膜,包括淋巴结、脾、胸腺、扁桃体等。淋巴组织和淋巴器官都能产生淋巴细胞,通过淋巴管或血管进入血液循环,参与机体的免疫活动,因而淋巴系统是机体的主要防御系统。

血液流经毛细血管动脉端时,部分血浆渗出毛细血管壁,到达组织细胞之间,形成组织液。通过物质交换,细胞从组织液中获得营养物质和氧,并将废物及二氧化碳排入组织液。组织液不断地产生,也不断地被运走。组织液的去路有两个:一部分渗入毛细血管静脉端,经静脉回心;另一部分则渗入毛细淋巴管,形成淋巴液,经淋巴管回流入上腔静脉。淋巴管的瓣膜可阻止淋巴液的逆流。淋巴管周围动脉的搏动、肌肉的收缩、呼吸时胸腔压力变化对淋巴管的影响及淋巴液的不断生成,均可促使淋巴液向心流动,最后汇入上腔静脉,形成淋巴循环。淋巴循环是血液循环的辅助部分,淋巴系统为心血管系统的辅助装置。淋巴液为无色透明的液体,其成分与血浆类似,流经淋巴结后即带有淋巴细胞。淋巴结、胸腺、脾及淋巴组织所产生的淋巴细胞,通过淋巴管或血管进入血液循环(图 5-1)。

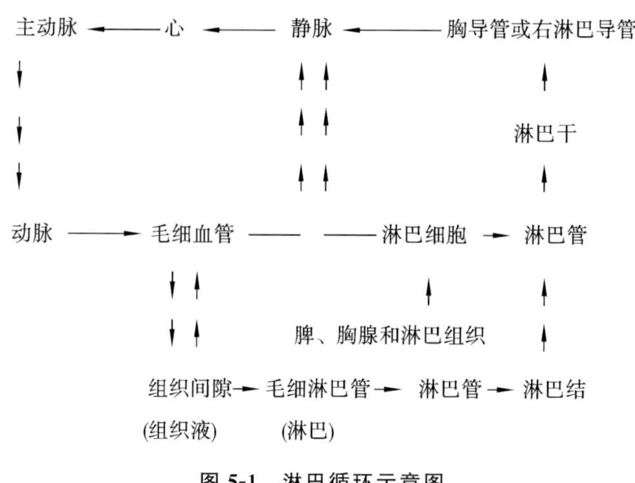

图 5-1 淋巴循环示意图

二、淋巴引流按摩的原理与作用

1. 原理 淋巴系统属于人体的净化系统,是身体重要的防御装置。在淋巴组织里流的淋巴液可以携带供给细胞的养分,并将代谢废物带走,运输到淋巴结,淋巴结再将携带的毒素和废物过滤掉。这是一个单向的运输系统。

淋巴引流为自然机能之一,也是人体生理上及自律性的一种作用。这些机能和作用如果发生各种异常情况时,就会影响人体的机能或人体皮肤状态,很容易出现浮肿、浸润、肿胀、肌肤干燥等现象。这些症状都会伴随出现皱纹、下眼皮松垂、皮肤线状、各式各样的皮肤疾病、脂肪肿、蜂窝织炎、脱毛、下肢肥大、外伤及手术后手浮肿、上肢或下肢浮肿等。

淋巴液的循环动力来源:①淋巴管管壁的平滑肌收缩;②新生淋巴液的推动力;③呼吸肌与骨骼肌的压缩作用,这使普遍缺乏运动的现代人更容易出现上述症状。淋巴引流按摩则依据这些原理促进淋巴液的循环,帮助淋巴液流向淋巴结,并结合精油的高渗透治疗效果,缓解并消除这些症状。

淋巴引流按摩主要是利用手的滑动帮助淋巴循环。淋巴液流向淋巴结时,体内的毒素、废物被淋巴液携带输送进入淋巴管,最终分区进入淋巴结过滤净化,如脸部淋巴液可排至耳前、耳后、颈、下颌下及锁骨淋巴结等;四肢、躯干部排至滑车、腋下、腋窝和腹股沟淋巴结。

2. 作用 通过精油或按摩膏及独特的淋巴排毒手法,激活淋巴结,疏通淋巴管,使淋巴液的运行畅通，带走毒素，改善代谢功能及免疫机能。

三、淋巴引流按摩的禁忌

(1) 脾功能异常者禁做。

(2) 患有癌症、高血压、心脏病、淋巴结发炎及肿大、感冒、发烧者，以及身体有炎症及其他感染症状者忌做，女性在生理期、怀孕或哺乳期禁做。

(3) 引流按摩时，美容师和顾客不可佩戴任何金属首饰。

(4) 引流按摩前后，美容师、顾客各喝一杯花茶或者牛奶、纯净水，不要喝含化学成分的饮料。

(5) 引流按摩前忌暴饮暴食，引流按摩前后 12 小时内不宜饮酒或服药；护理完 6 小时内不可冲凉、不宜马上化妆。

(6) 热水浴后须休息 15～30 分钟，再做引流按摩。

(7) 剧烈运动后、饥饿状态、极度疲劳或虚弱时不宜做。

四、全身淋巴引流术

身体淋巴引流术护理程序的基本步骤：背部按摩→腿部按摩（背面）→腿部按摩（正面）→腹部按摩→手臂按摩（正面）。

（一）背部动作

1. 背部展油 双手指相对从尾椎处沿膀胱经向上推至肩部，双手捏拉肩颈至手臂，包肩沿原路返回。四指沿膀胱经向上推至肩部，双手捏拉肩颈至手臂，沿原路返回。两拇指相对由下往上推至肩部，双手捏拉肩颈至手臂，沿原路返回。双手平掌从下至上打圈到肩部，双手捏拉肩颈至手臂，沿原路返回（图 5-2）。

2. 腋下引流 双手平掌由下至上推至肩部，一手揉捏颈部，美容师站到顾客头位。双手向下打圈，包腰沿原路返回包肩拉风池、风府。双手大拇指同时划拨大板筋，再左右交替揉捏大板筋。双手打圈按抚背部再沿路返回包肩。双手大拇指一前一后在肩胛骨处从上至下推至腋下，再双手掌一前一后在肩胛骨处从上向下推至腋下（分两侧做）（图 5-3）。

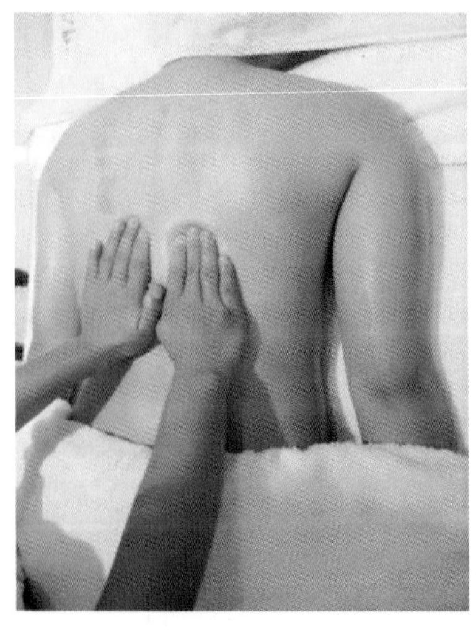

图 5-2 背部展油

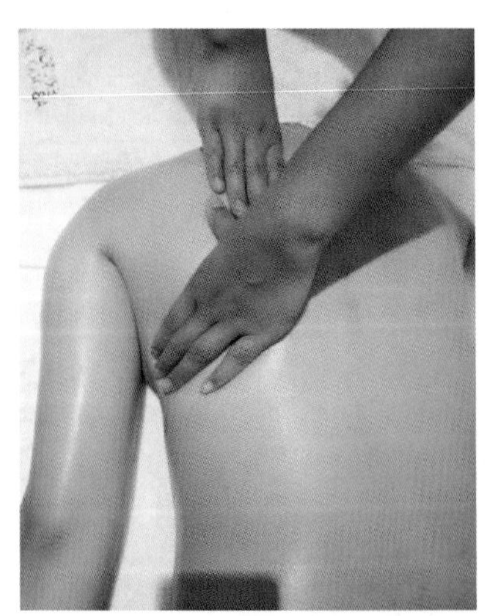

图 5-3 腋下引流

3. 背部按摩 手掌向下打大圈按抚背部，再沿原路返回包肩，揉捏颈部，站到顾客侧面。双手四指从腰部往上推两侧膀胱经至肩部，捏肩滑至手臂沿原路滑回腰部。四指并排从腰部向上推至肩部，捏肩滑至手臂，两手交叉手肘平行贴于背部向下排(图 5-4)。

4. 背部按抚 双手掌交替直线向下，背部结束(图 5-5)。

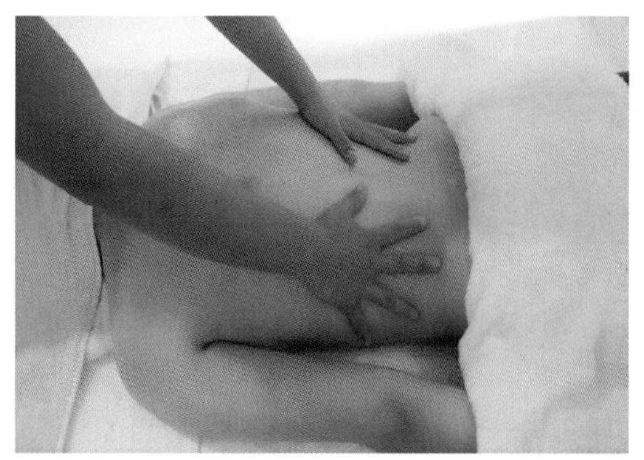

图 5-4 背部按摩

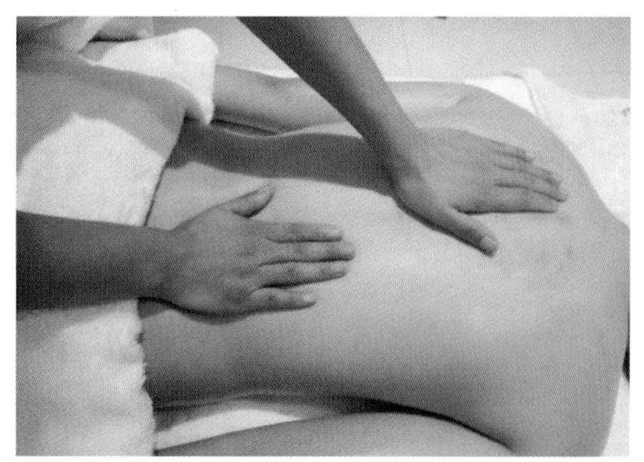

图 5-5 背部按抚

(二) 腿部动作(背面)

1. 腿部展油 双手横向抹油，由下往上抹油至大腿根部，沿腿两侧滑下包脚心。大拇指由下往上分推至大腿根部，沿腿两侧滑下。四指由下往上分推至大腿根部，沿腿两侧滑下(图 5-6)。

2. 掌推背侧大腿 手掌大鱼际由下往上分推至大腿根部，沿腿两侧滑下。双手平掌推至大腿根部，沿腿两侧滑下(图 5-7)。

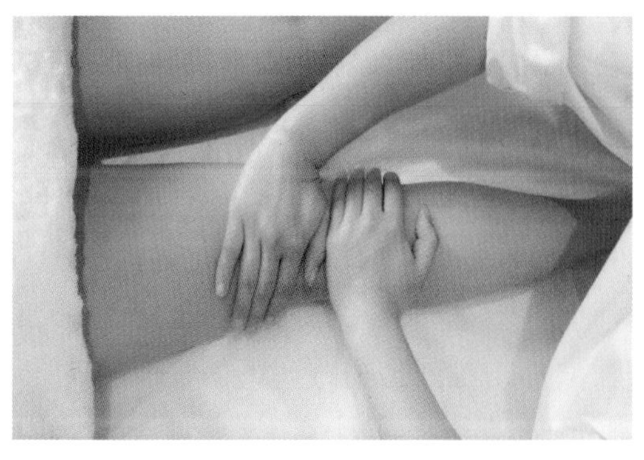

图 5-6 腿部展油

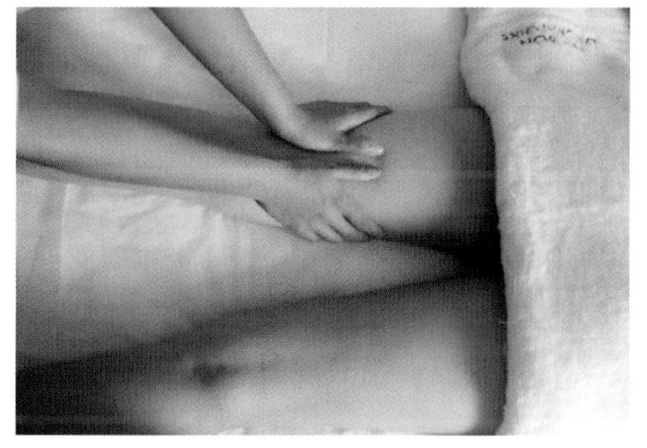

图 5-7 掌推背侧大腿

3. 揉按背侧小腿 双手揉捏小腿(先中间后两边)，再揉捏大腿(先中间后两边)，按抚整条腿部，再换另一边(图 5-8)。

(三) 腿部动作(正面)

掌推正侧腿部：由下往上抹油至腹股沟，沿腿两侧滑下包脚背排出。大拇指由下往上从脚背分推至腹股沟，沿腿两侧滑下。四指由下往上从脚背分推至腹股沟。沿腿两侧滑下。用双手掌大鱼际由下往上从脚背分推至腹股沟，沿腿两侧滑下。双手从脚背由下往上横推至腹股沟处双手揉捏大腿(先中间后两边)沿腿两侧滑下，按抚整条腿部，再换另一边(图 5-9)。

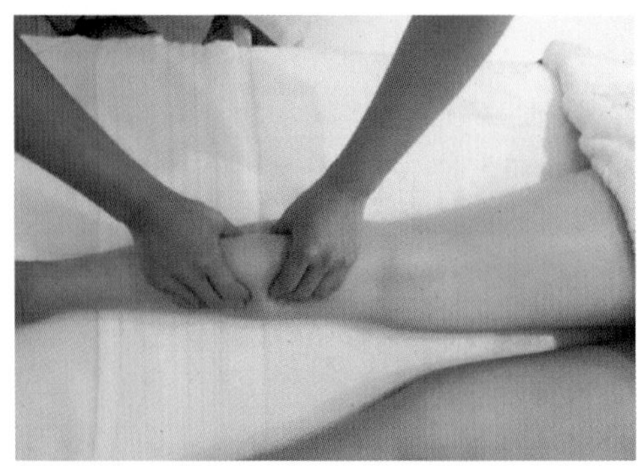

图 5-8　揉按背侧小腿

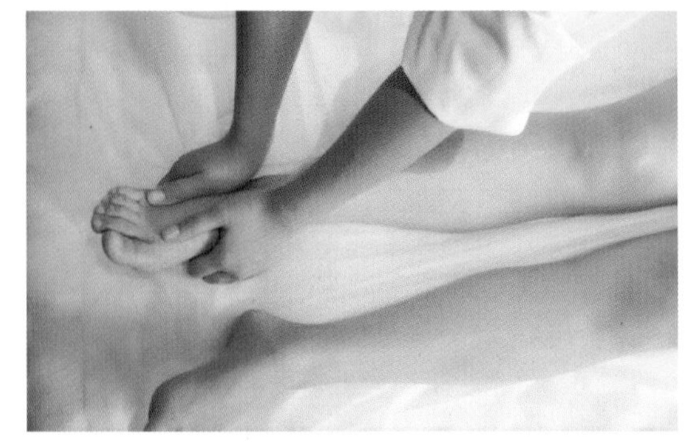

图 5-9　从脚背开始掌推正侧腿部

（四）腹部动作

1. 掌揉腹部　双手顺时针打圈，双手指向上并排由下往上抹油至胃部，沿肋骨滑至后背，再沿两侧髋骨滑至下腹部，双手交替推腹股沟淋巴（图 5-10）。

2. 腹部按抚　双手顺时针打圈（图 5-11）。

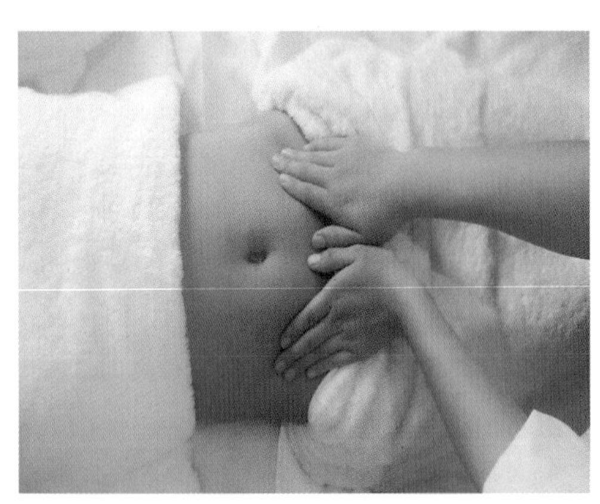

图 5-10　掌揉腹部

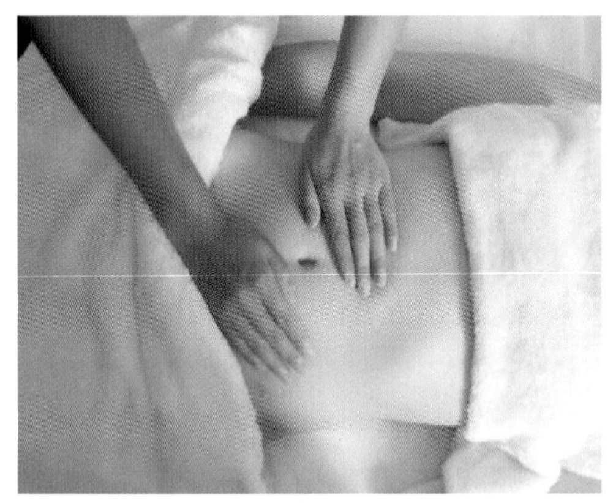

图 5-11　腹部按抚

（五）手部动作

1. 手部展油　手部双手横展油，由下往上抹油至肩部沿手臂两侧滑下。大拇指由下往上分推，沿手臂两侧滑下；四指由下往上分推，沿两侧滑下（图 5-12）。

2. 掌揉手部　双手大鱼际与掌心用力分推手背。将手弯曲，掌心朝上，两拇指从掌根推至大拇指与小指的指缝，然后向外扩压，摇动手腕（图 5-13）。

3. 手部按抚　将顾客手放平，放松按抚，再换另一边（图 5-14）。

（六）面部淋巴引流术

1. 颈部展油　颈部上油，双手在胸前横向拉至肩头，包肩沿大板筋向上拉至风池、风府（图 5-15）。

2. 腋下引流　双手指腹同时推肋骨淋巴到腋下，大拇指滑至腋下排出。双手大拇指同时横向排锁骨淋巴至腋下，虎口包推手臂排出腋下。双手大拇指同时推大板筋排至腋下（图 5-16）。

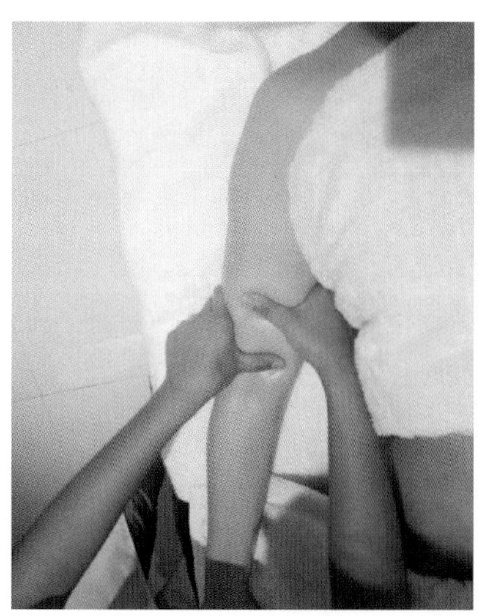

图 5-12　手部展油

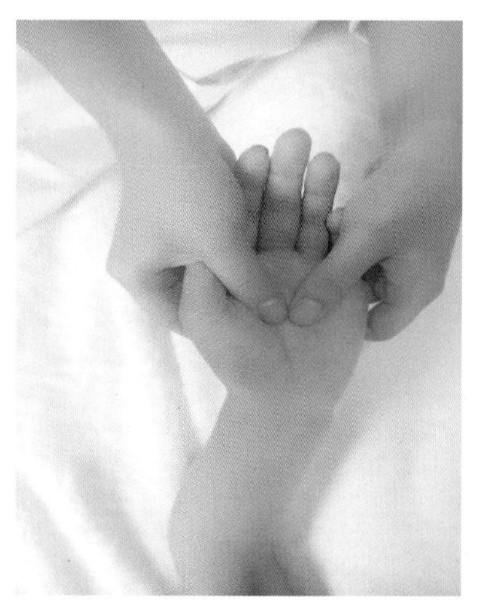

图 5-13　掌揉手部

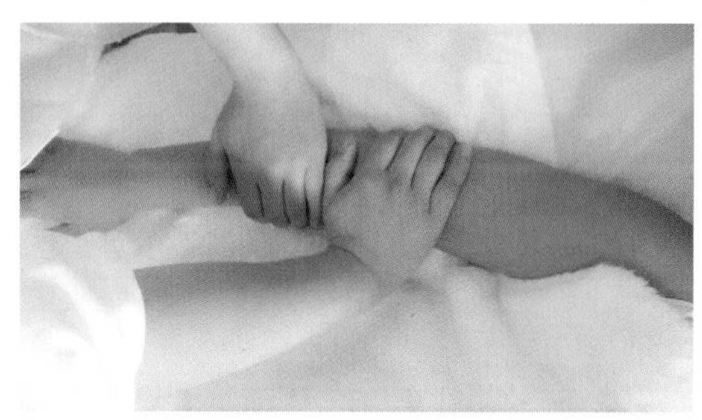

图 5-14　手部按抚

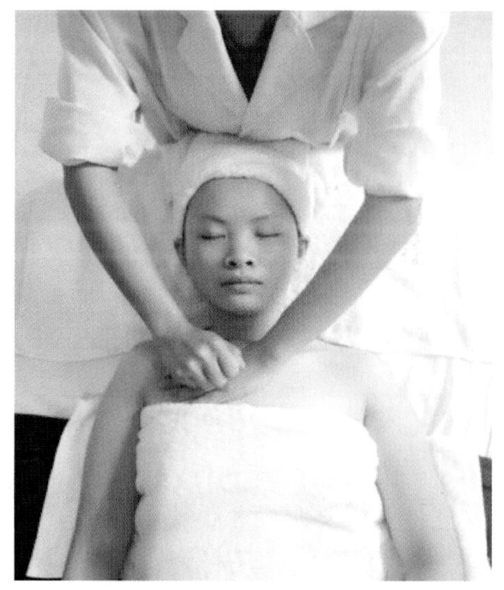

图 5-15　颈部展油

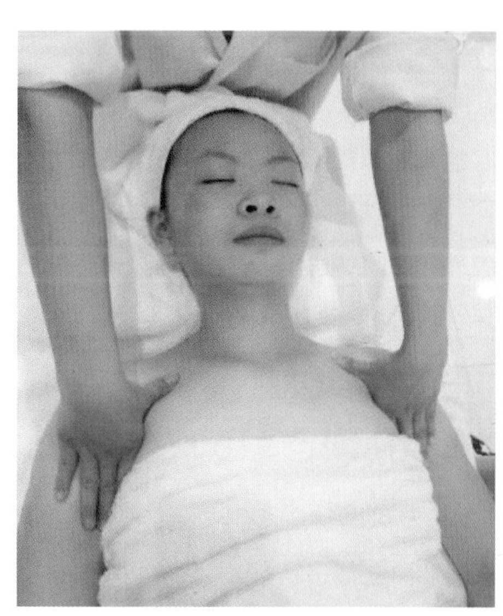

图 5-16　腋下引流

3. 侧面部淋巴引流 耳前淋巴、耳后淋巴、发际线淋巴引流(每一条都要排至腋下,换边相同)(图 5-17)。

4. 正面部淋巴引流 面部三线上油。双手四指滑下巴淋巴排至腋下。双手拇指指腹滑下巴骨头缝排至腋下。双手大拇指同时在嘴角处往上大小圈拨排到耳前再排至腋下。双手大拇指同时在迎香处开始围着颧骨拨至耳中再排至腋下。双手大拇指同时横向排眼袋滑至耳侧。双手大拇指交替在眉中拉至发际线再分开排至耳侧(图 5-18)。

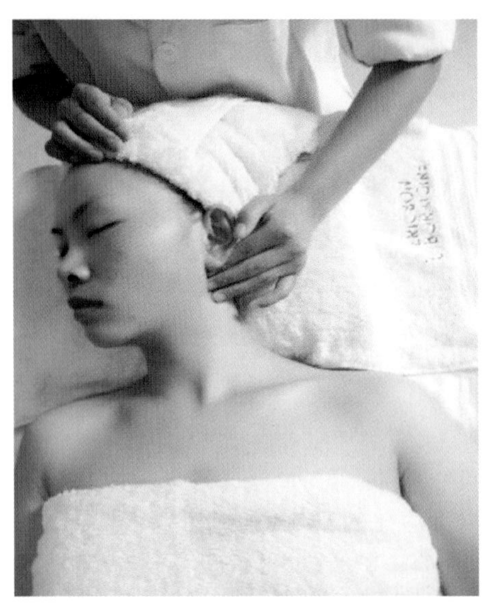

图 5-17 侧面部淋巴引流

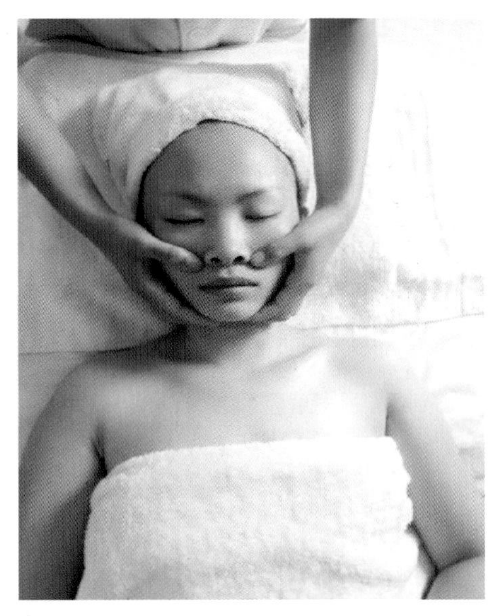

图 5-18 正面部淋巴引流

5. 面部点穴 点按颧骨的穴位(点弹方式)(图 5-19),双手拇指和食指拉下巴。

6. 面部提升 如图 5-20 所示。

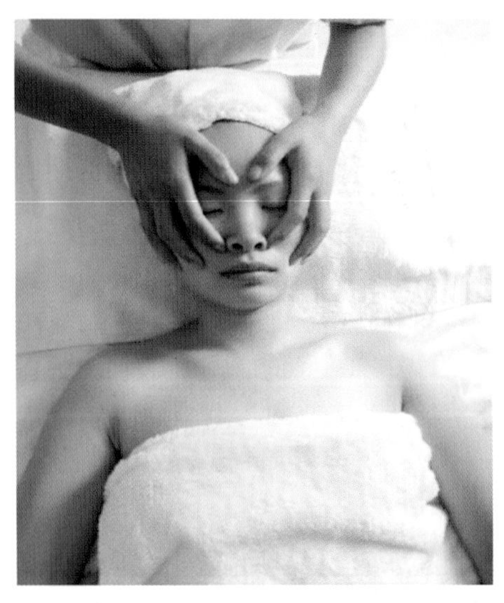

图 5-19 面部点穴

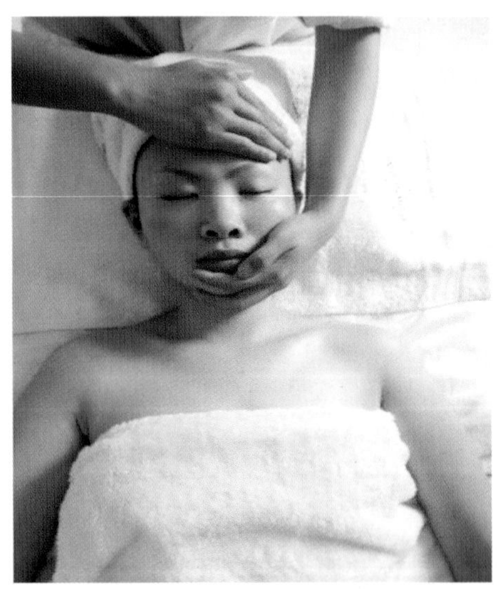

图 5-20 面部提升

第四节 刮痧美容

一、概述

（一）刮痧及刮痧美容的定义

刮痧是使用手指或边缘光滑的硬物器具如牛角板、嫩竹板、瓷器板、小汤匙、铜钱等工具，蘸取油或清水在人体表面特定部位或腧穴反复进行刮、挤、揪、捏等物理刺激，使皮肤发红、充血，从而起到调整脏腑的气血阴阳，使其恢复平衡的一种物理治疗方法。刮痧美容则是运用刮痧的方法，在人的面部或身体上进行刮拭，以疏通经络，平衡阴阳、祛风散寒、行气活血、加速细胞修复，从而改善人的容颜和形体。

刮痧在中国已有千年历史，刮痧美容是一套完整的、系统的、规范的、具有中国特色的专有美容技术。

（二）刮痧美容的特点

痧即沙，是形象地比喻皮肤经刮拭后出现的如沙点般的暗红或紫黑色的瘀点。刮痧、出痧实际是指因外力使血管扩张甚至毛细血管破裂、血液外溢于皮肤局部形成淤血斑的现象。“痧”的出现表明人体内部某处阴阳失调，气血运行不畅，毒素产生并蕴结于体内，循经络显现于皮肤，所以“痧”是疾病的征兆，病越重，痧点颜色越深，痧点越多。

在对一些有损美性皮肤问题的顾客进行刮痧美容时会出现痧点，但在对身体健康的顾客进行刮痧美容时，不一定出现痧点。刮痧美容重点在“刮”而不是“痧”。“痧”有广义和狭义之分。广义的“痧”指人体内部疾患在人体皮肤上的一种毒性反应。狭义的“痧”指皮肤出现的粟粒状斑丘疹。

（三）美容刮痧的刮拭力度

治病刮痧一般刺激力度重，并要求出红痧点、紫血瘀块状痧等。面部美容刮痧不强求出痧，以刮拭到面热耳热，稍有红晕即可。轻弱力度刮痧（补法）适合于干性皮肤、皮肤敏感及有痤疮的皮肤。中等力度刮痧（平补平泻）适合任何肤质及穴位刮拭。强中力度刮痧（泻法）适合于肌肉丰满结实者或中央部位。

(1) 补法：中医法则“顺经为补、逆经为泻”。刺激轻，作用浅，操作速度慢，能活跃兴奋皮肤肌肉、细胞的手法称为补法。

(2) 泻法：刺激重，作用深，操作速度快，能抑制脏器、皮肤肌肉组织兴奋的手法称为泻法。

(3) 平补平泻：介于补与泻之间，力度中等，不快不慢，节奏感强、平稳地帮助脏腑恢复阴阳平衡，扶正祛邪。在不需要特别护理的情况下，此法被多数人接受。

（四）刮痧美容的功效

刮痧美容疗法是运用特制的器具（如今多采用鱼形牛角板）循人体经络，在穴位上施以刮、擦、揉、点、按、摩、拍、夹、切、梳、推、拨、运等刮痧手法的方法。能促进气通血顺，让体内毒素借由血管或毛孔排出体外，开泄毛孔腠理，调整阴阳，加速皮肤新陈代谢及细胞的修复和更新，达到舒缓皱纹、活血除疮、抗氧化美白、保健美肤的美容效果。

二、美容刮痧的基本程序及方法

（一）刮痧美容器具及介质

刮痧美容的刮具目前较常用的是不导电、不传热的水牛角刮痧板（具有凉血化瘀、清热解毒、散结生肌的功效）。刮痧板一般有如下几种形状。

1. 鱼形刮板 外形酷似金鱼，主要用于面部，常左右手各执1只配合使用，鱼嘴部和尾部用于点穴，鱼身、鱼背和鱼腹部多用于经络的刮拭、摩和抚。

配合介质：现在多使用由植物提取的精油，既可润滑皮肤利于刮痧，又能补充皮肤所需营养。

2. 梳形刮板 外形一段似梳，另一段似菱角呈菱形。主要用于毛发美容。梳的一段用于头部毛孔的疏通，同时刺激发根毛囊，以减少脱发，激生新发，并使白发变黑。一般先沿着任、督二脉梳理30次，再梳理两侧膀胱经各30～50次。菱形的一段可刮拭头部穴位与身体各部位。

配合介质：采用有养阴补肾、保肝祛风、止痒消脂、乌发亮发作用的首乌、黑芝麻、旱莲草等中草药提取液。

3. 三角形刮板 外形呈三角形，底边如波纹状，斜边稍带弧度，顶角稍圆。专用于肢体刮拭。底边波纹状恰好可让指、趾关节通过，斜边刚好能刮拭手掌及掌背，顶角多用于点按四肢穴位。斜边的另一特点是符合颈部的弧形。

配合介质：肢体刮拭采用含有祛风散寒、活血化瘀作用的桂枝、丹参、红花等成分的液体或油剂。颈部则采用含有抗衰老成分的乳、膏。

4. 长方形刮板 较宽大、厚重、四面光滑，横刮、竖刮均方便，应用范围广，可用于全身肌肉厚实部位，疏通经络效果较佳。

（1）配合介质：采用挥发渗透力强，并含强筋壮骨、祛痰开窍、排毒嫩肤重要成分的膏霜或油。若用于减肥塑身，则采用配有大黄、荷叶成分的减肥乳或纤体液。若用于增肥，则常用有健脾消食、热身暖胃功效的介质，如鸡内金蛋黄油。

（2）刮板手法：用手掌握着刮板，处理皮肤问题时刮板厚的一面应对着手掌，预防性皮肤护理时刮板薄的一面应对着手掌。

（3）刮拭方向：要根据肌肉、神经、经络走向而定。一般来说，头、颈、肩、背、腹、上肢、下肢等部位应从上向下刮拭，面部、胸部由内而外刮拭。

（4）刮拭角度：刮板与刮拭方向保持45°～90°角进行刮痧。

（二）刮痧操作注意事项

（1）美容师用温水清洁顾客需刮痧的部位。

（2）用刮痧板蘸上刮痧油，在需要刮痧的部位反复地刮。

（3）刮痧部位通常要根据顾客体质需要进行选择，过饱过饥都不宜刮痧。

（4）刮痧要顺一个方向刮，不要来回刮，刮拭面尽量拉长，由内而外，由上而下，顺次刮拭（每一部位可刮2～4条或4～8条“血痕”，每条长6～9 cm），按部位不同“血痕”可刮直条或弧形。

（5）手法要均匀一致，用力适中，防止刮破皮肤引起感染。

（6）对于身体瘦弱、皮肤失去弹力或背部脊骨突起的顾客，最好不要刮痧或不宜在背部刮痧。

(7) 患有心脏病(如心肌梗死、心绞痛)或水肿病、白血病及有出血倾向的顾客,均不宜刮痧。

(8) 刮痧治疗时应注意室内保温,尤其是冬季应避寒冷和风口,注意为顾客保温,夏季刮痧时,应避免空调直接吹刮拭部位。

(9) 刮痧过程中,美容师应边操作边询问顾客的感觉,以便随时调整顾客体位和改进刮痧手法。

(10) 问题较轻者常会出现紫色瘀点或密集的红紫色疙瘩,重者可见青黑色包块且会有痛感,若无反应,提示顾客身体无病灶。

(11) 对于骨骼、关节等部位,应用刮板菱形端刮拭。

(12) 应建议顾客出痧后饮一杯温水(最好为淡糖盐水),以助新陈代谢,并休息15~20分钟。

(13) 出痧后30分钟内不要用冷水洗脸及手足。

(14) 一般刮拭后两三天内患处会有疼痛感觉,这是正常反应,刮拭部位不正确或手法不当,均无上述反应。

(15) 前一次刮痧部位的痧斑未退之前,不宜在原处再次进行刮痧,刮痧时间需间隔3~6天,皮肤痧退,无包块、无痛感时才能实施第二次刮痧。

(16) 施刮痧术的用具必须清洗消毒,以防止血源性疾病的传播。

(三) 面部美容刮痧的基本程序

1. 面部刮痧操作程序

(1) 洁面。

(2) 去角质。

(3) 用刮痧板均匀地涂抹按摩油(乳)并在面部平抚,让皮肤吸收。

(4) 刮痧。

2. 面部刮痧操作技法 点按的穴位如图5-21至图5-28所示,每个动作可重复3~5遍。

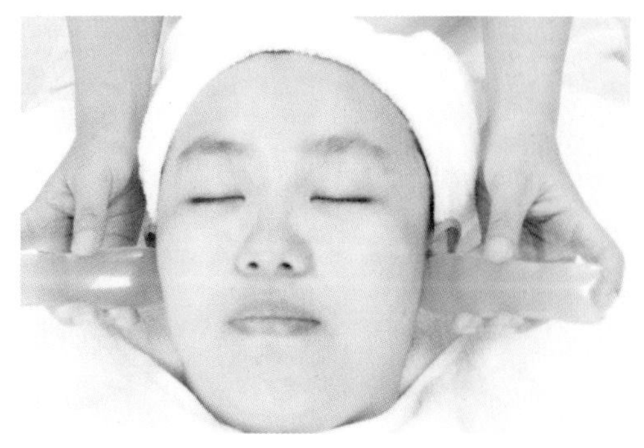

图5-21 用鱼嘴点按听会穴

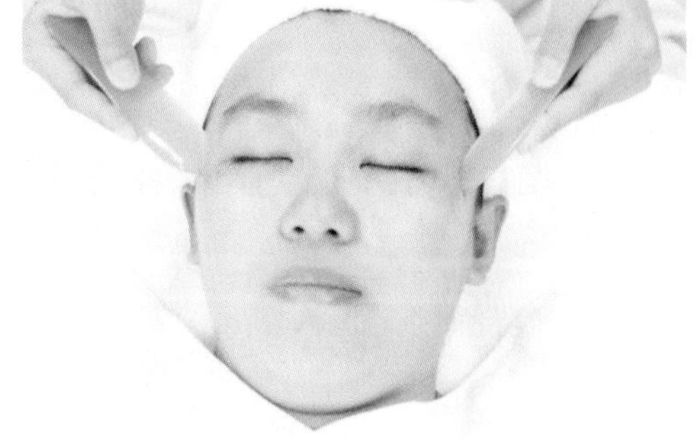

图5-22 用鱼嘴点按太阳穴

(1) 用鱼嘴点按承浆、大迎、听会、下关、太阳穴。

(2) 用鱼嘴点按地仓、颊车、听宫、上关、太阳穴。

(3) 用鱼嘴点按人中、迎香、颧髎、上关、太阳穴。

(4) 用鱼尾点按睛明、承泣、球后、瞳子髎、太阳穴。

(5) 用鱼尾轻抬睛明、攒竹、鱼腰、丝竹空、太阳穴。

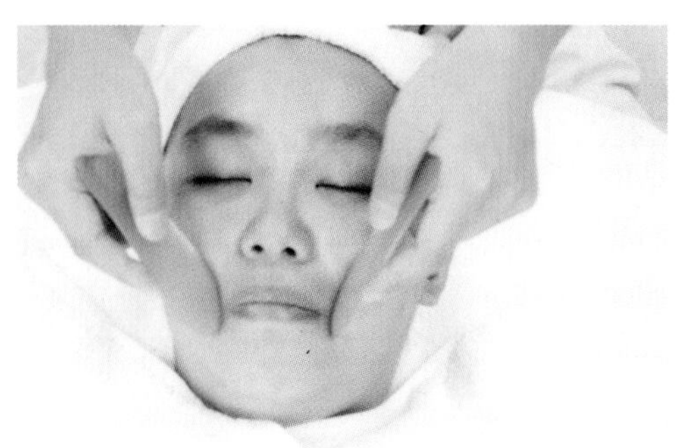

图 5-23　用鱼嘴点按地仓

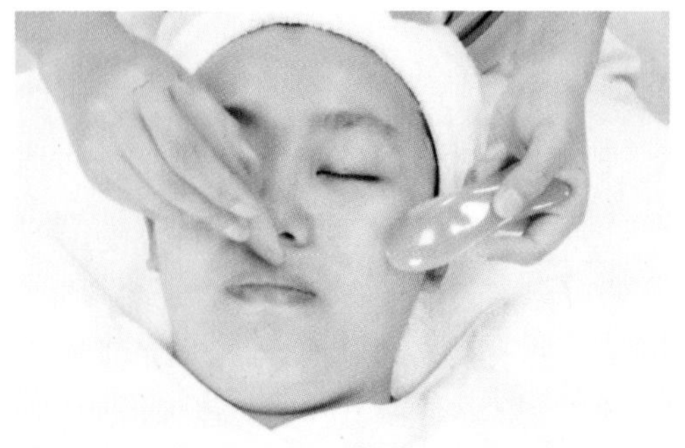

图 5-24　用鱼嘴点按人中

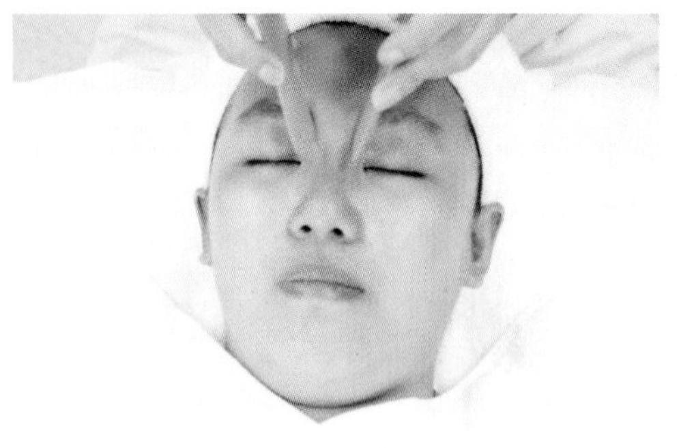

图 5-25　用鱼嘴点按睛明

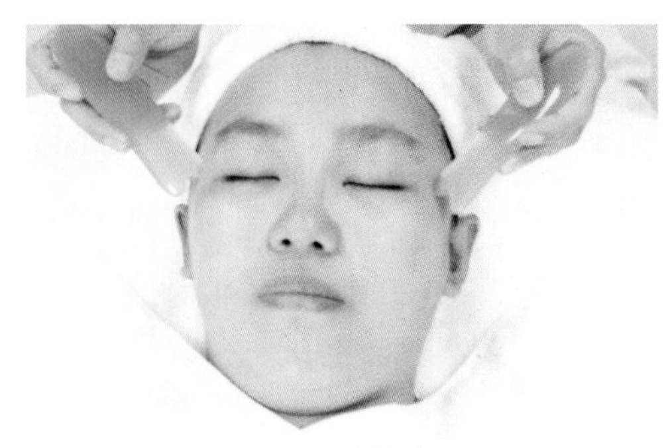

图 5-26　用鱼尾点按太阳穴

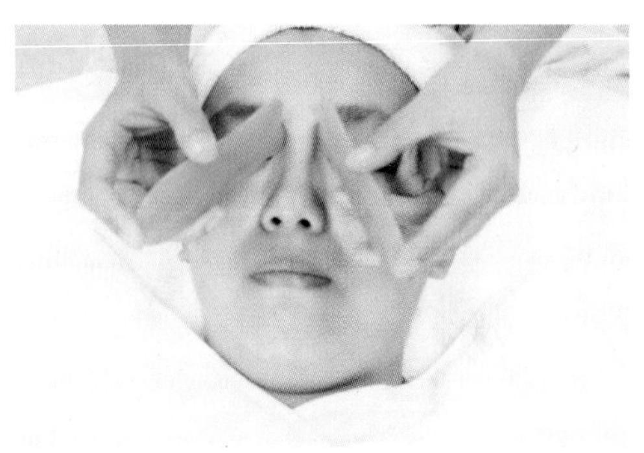

图 5-27　用鱼尾轻抬睛明

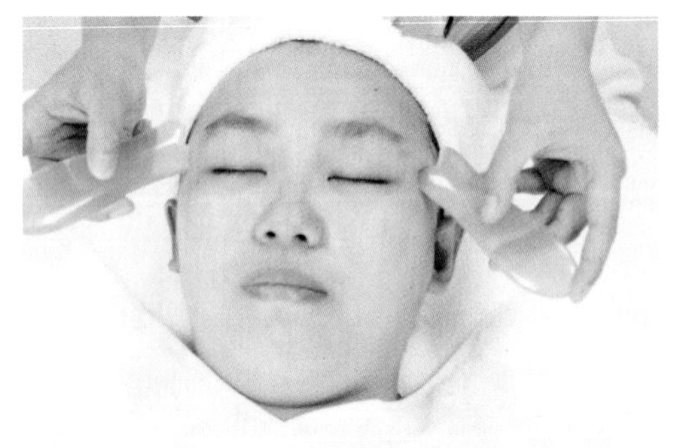

图 5-28　用鱼尾轻抬太阳穴

(6) 眼部用刮痧板做眼部淋巴引流，在顾客右侧眼部操作时左手拿刮痧板 45°平推，右手拿刮痧板平拉，经太阳穴推至耳根后向下做颈部淋巴引流，左侧同上，如图 5-29、图 5-30 所示。

(7) 用一对刮痧板侧面夹眉毛，经太阳穴推至耳根后向下做颈部淋巴引流，如图 5-31、图 5-32 所示。

(8) 用一对刮痧板侧面夹揉双眉经太阳穴推至耳根后向下做颈部淋巴引流，如图 5-33 所示。

(9) 用鱼嘴同时点按印堂至神庭，如图 5-34、图 5-35 所示。

(10) 用一对刮痧板侧面在额头交叉对拉，然后上下来回轻扫，如图 5-36、图 5-37 所示。

(11) 用鱼嘴同时点按神庭、曲差、头维、翳风、风池至耳根后，绕到耳后用刮痧板侧面刮

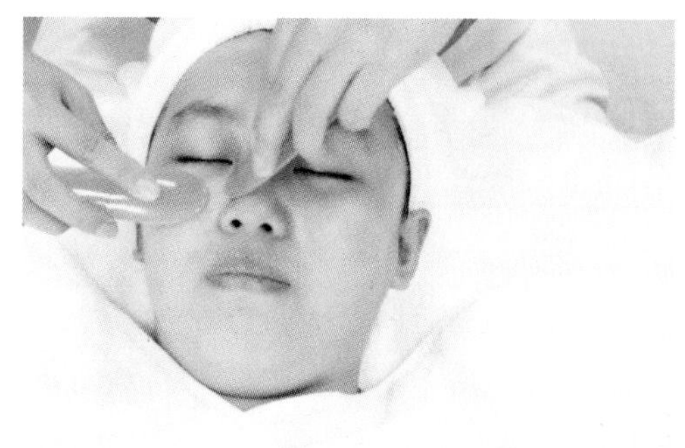
图 5-29 经太阳穴推至耳根

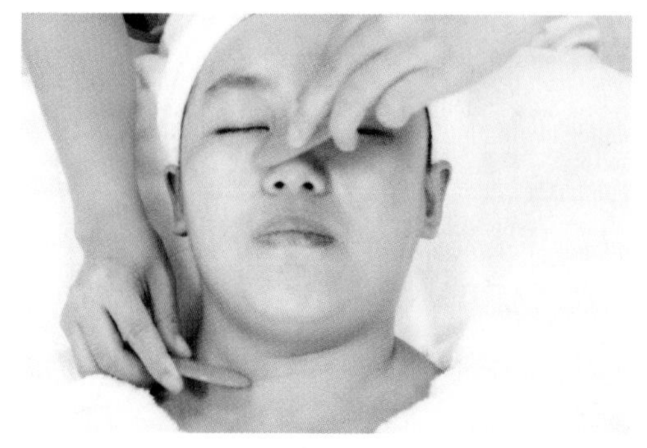
图 5-30 向下做颈部淋巴引流

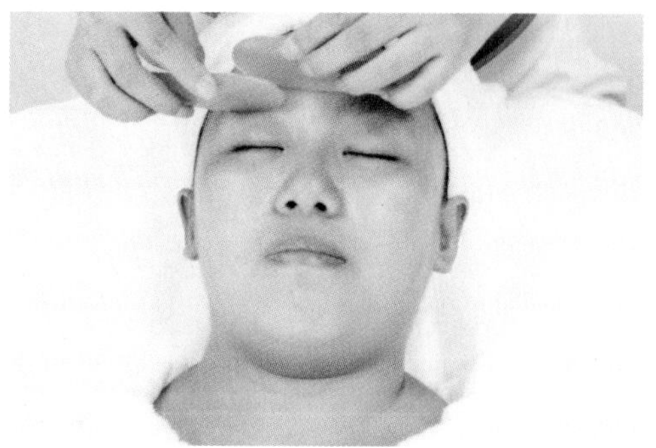
图 5-31 夹眉毛

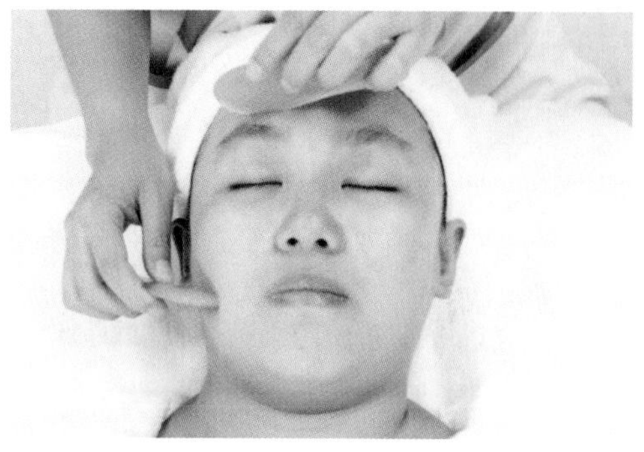
图 5-32 夹眉毛后向下做颈部淋巴引流

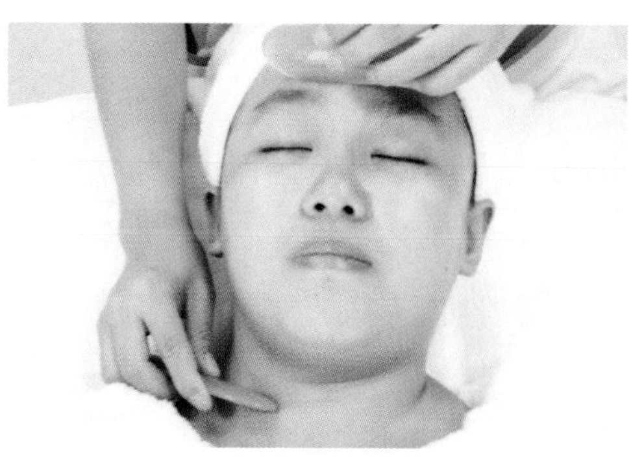
图 5-33 夹揉双眉并向下做颈部淋巴引流

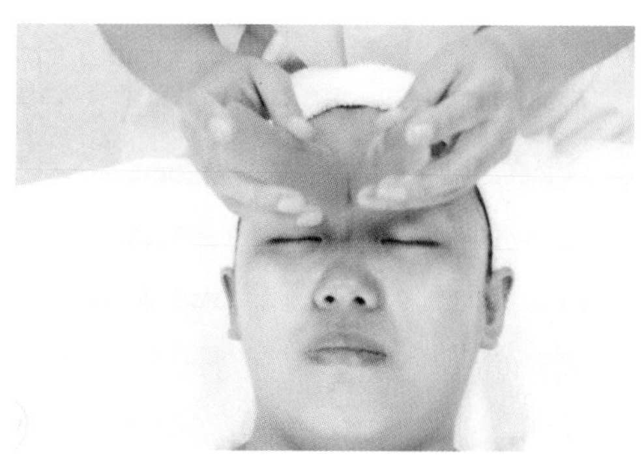
图 5-34 点按印堂

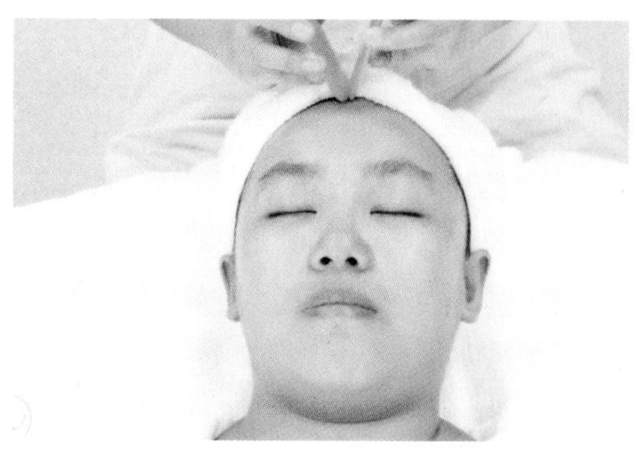
图 5-35 点按神庭

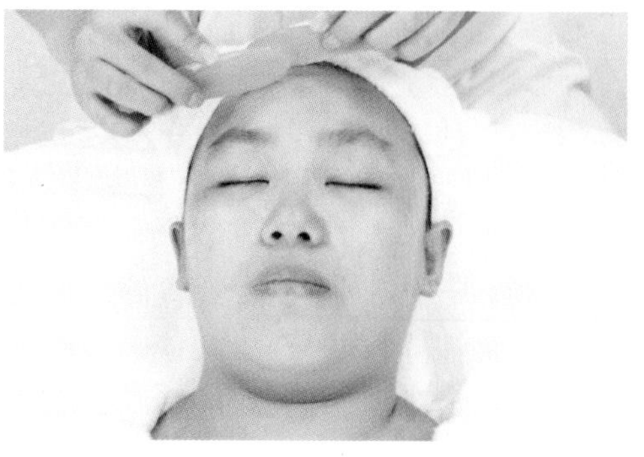
图 5-36 交叉对拉

颈部做淋巴引流，如图 5-38 至图 5-41 所示。

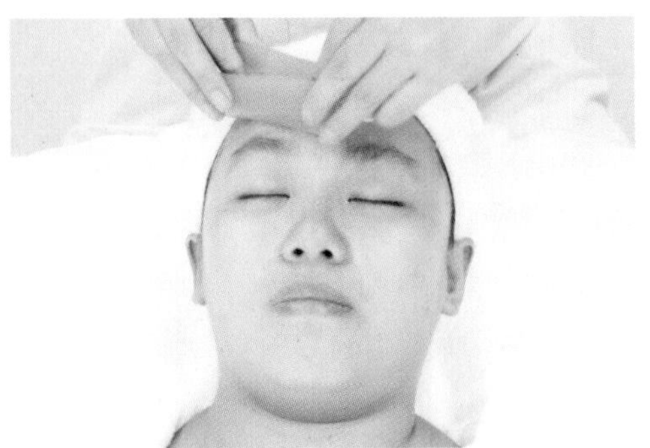

图 5-37　来回轻扫

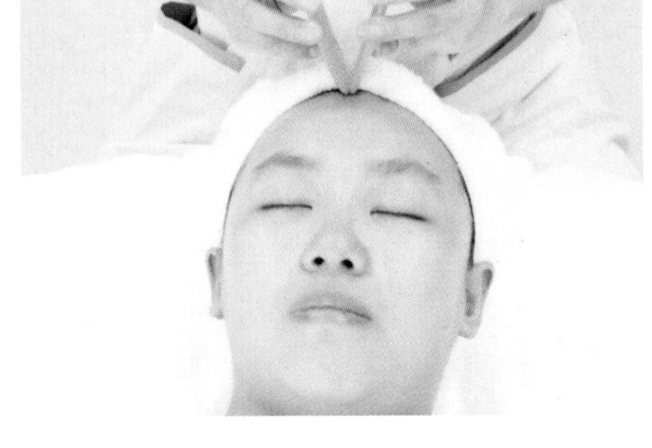

图 5-38　点按神庭

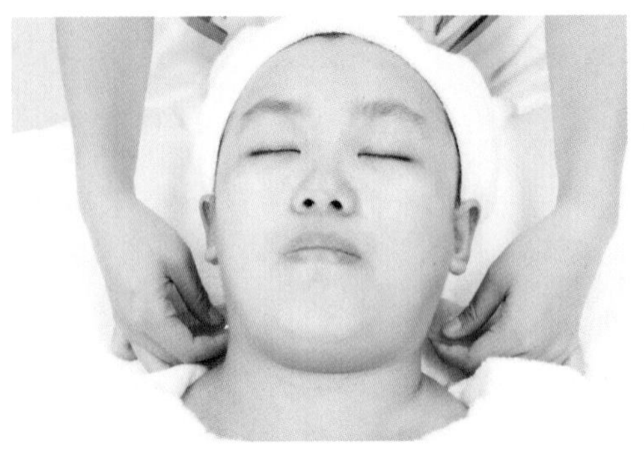

图 5-39　点按风池

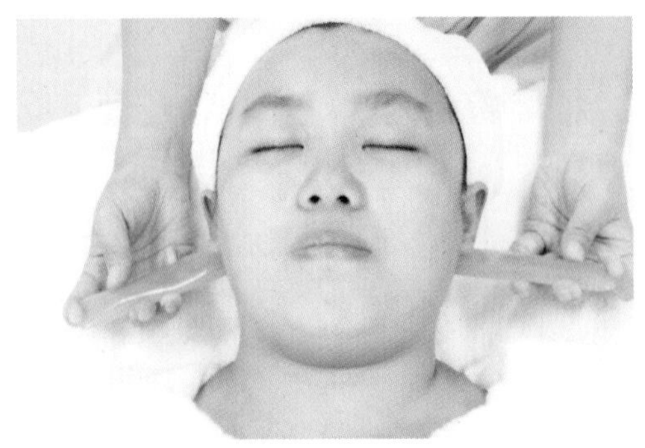

图 5-40　点按耳根

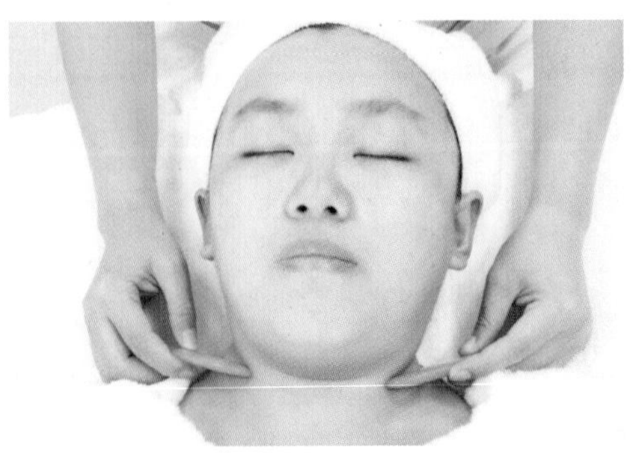

图 5-41　淋巴引流

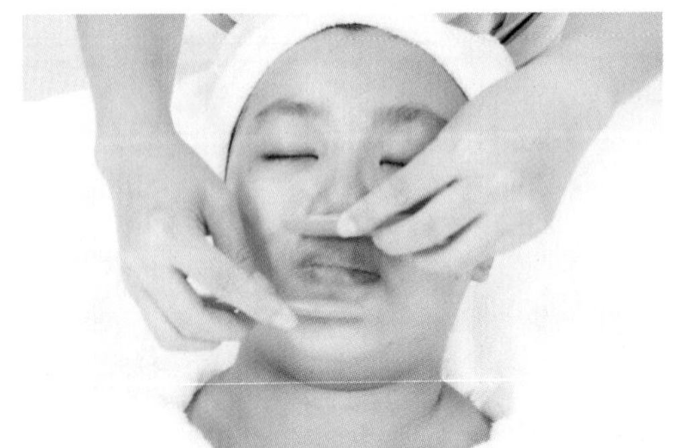

图 5-42　围绕口周上下拉抹

（12）用刮痧板侧面围绕口周上下来回拉抹，然后用刮痧板侧面（鱼尾向下鱼嘴向上）提拉法令纹，如图 5-42、图 5-43 所示。

（13）用刮痧板侧面先刮大圈（面颊），后刮小圈（靠近颧骨位置），如图 5-44 至图 5-46 所示。

（14）用刮痧板侧面围绕口周上下来回拉抹，然后刮痧板侧面（鱼尾向下鱼嘴向上）提拉法令纹，如图 5-41、图 5-42 所示。

（15）用刮痧板平面由额头开始压揉全脸，如图 5-47、图 5-48 所示。

（16）用刮痧板侧面围绕嘴周上下来回拉抹，然后用刮痧板侧面（鱼尾向下鱼嘴向上）提拉法令纹，如图 5-41、图 5-42 所示。

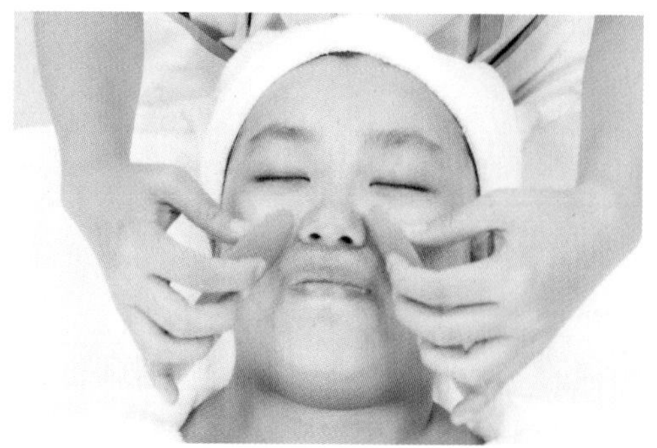

图 5-43　提拉法令纹

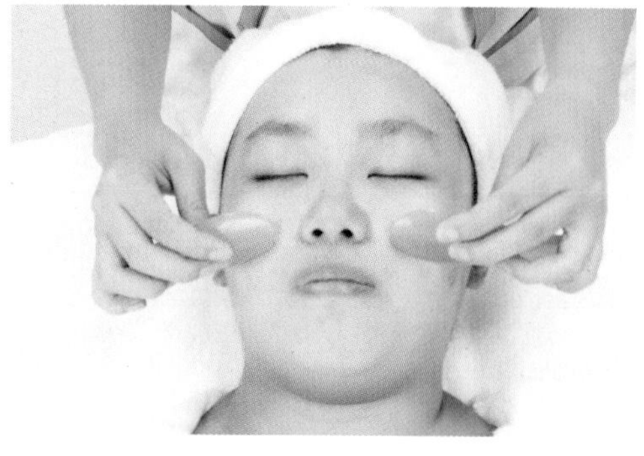

图 5-44　刮面颊一

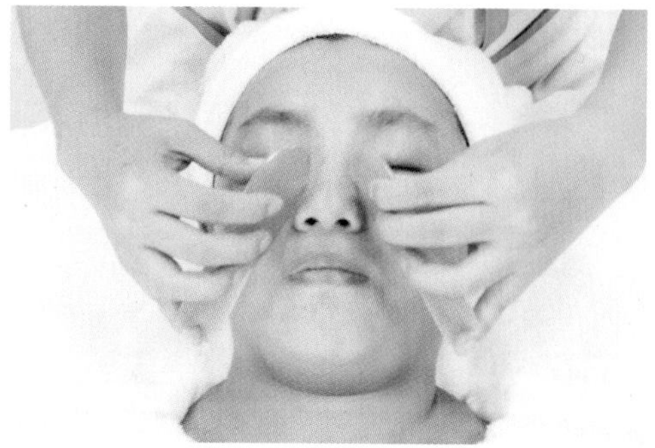

图 5-45　刮面颊二

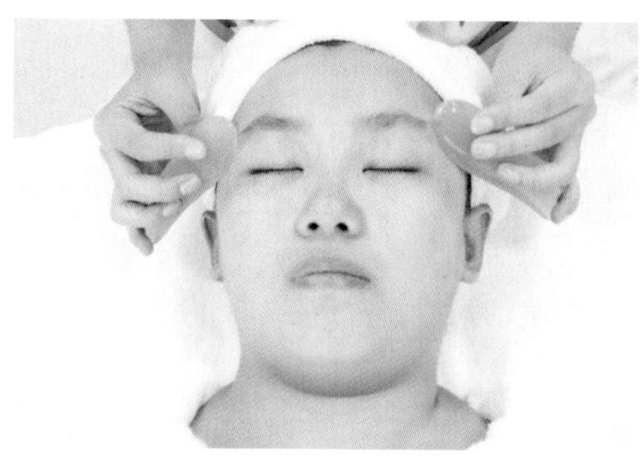

图 5-46　刮面颊三

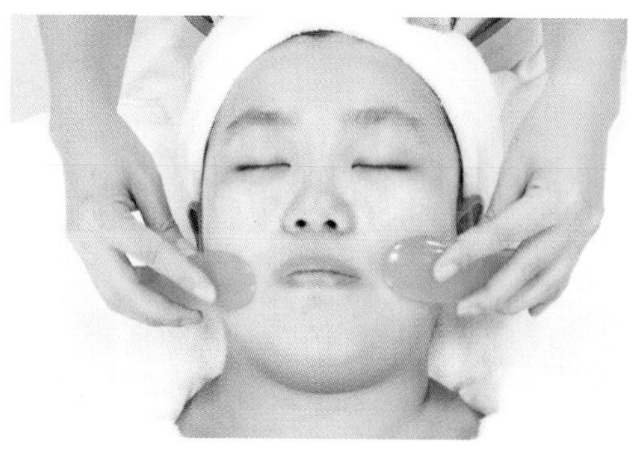

图 5-47　压揉全脸一

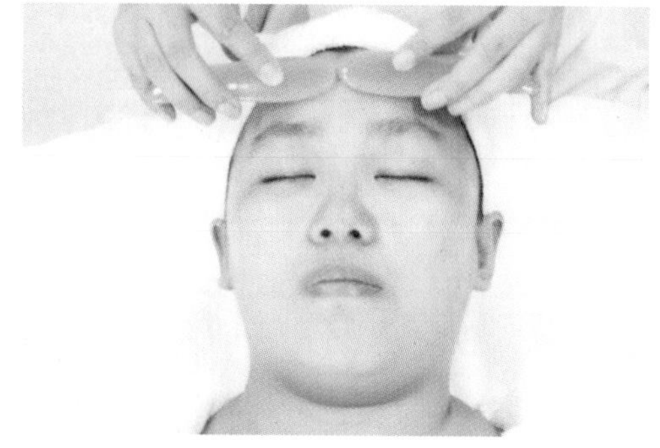

图 5-48　压揉全脸二

(17) 先用鱼嘴揉按鼻翼至鼻头，然后用鱼尾由下至上轻扫鼻梁，如图 5-49 所示。

(18) 用刮痧板平面由额头开始压揉全脸，如图 5-47、图 5-48 所示。

(19) 用一对鱼尾轻抬下巴至翳风，点扣承浆至听会、地仓至听宫、迎香至太阳，再从额头中间向两边分三行点叩至太阳穴，如图 5-50、图 5-51 所示。

(20) 用刮痧板平面由额头开始压揉全脸，如图 5-47、图 5-48 所示。

(21) 用鱼嘴在面部走胃经(S 形)由下巴经过地仓、人中、迎香、睛明、攒竹、丝竹空然后点按太阳穴(先做右边再做左边)，如图 5-52 所示。

(22) 用刮痧板由额头开始全面催眠，感觉像鱼在面部游泳一样，如图 5-53 所示。

(23) 整套程序结束后美容师用双手揉顾客的耳朵，直至发热为止。

(24) 清洁后用按摩乳按平时常用的手法按摩 10 分钟左右。

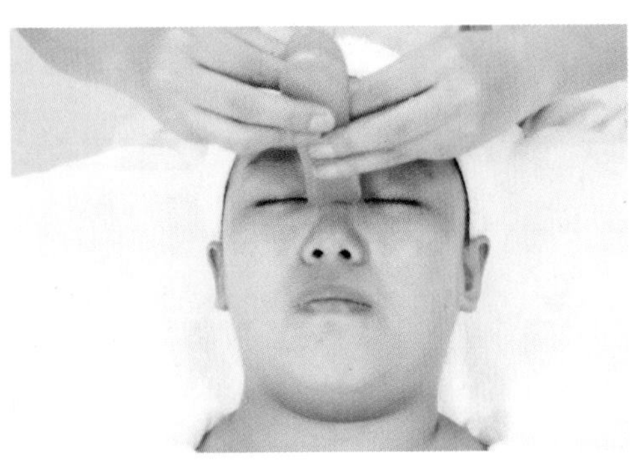

图 5-49　轻扫鼻梁

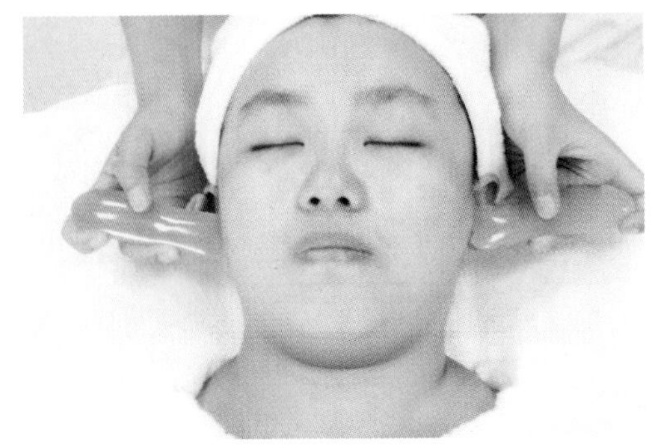

图 5-50　点叩听会

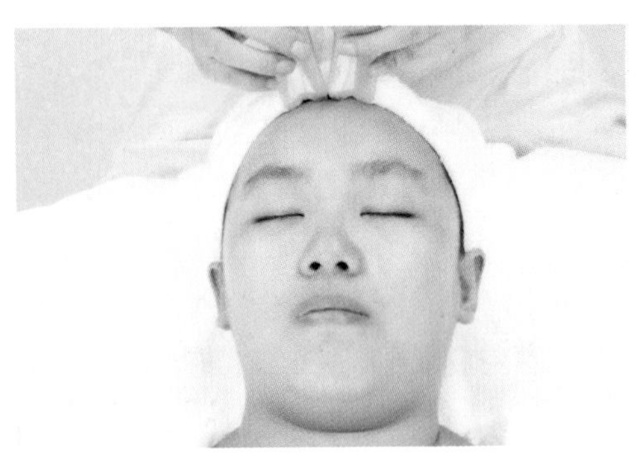

图 5-51　点叩额头

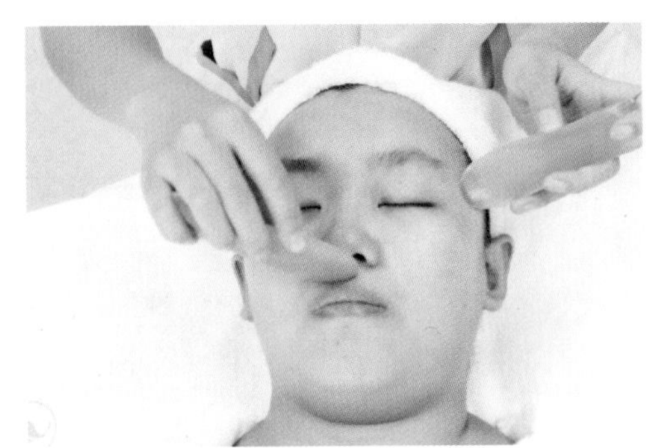

图 5-52　用鱼嘴点按人中

(25) 面部用原液打底，然后敷修复面膜，修复软膜，20 分钟后起膜。

3. 面部刮痧美容常用手法介绍

(1) 基本手法（鱼形刮痧板形状见图）。

①点法：用鱼形刮痧板鱼嘴或鱼尾锐面在穴位轻轻用力向下点压，有醒神开窍、活血通络的作用，如图 5-54 所示。

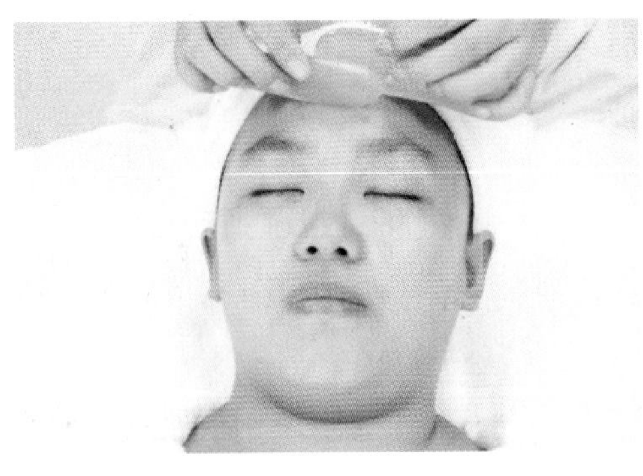

图 5-53　由额头开始全面游走催眠

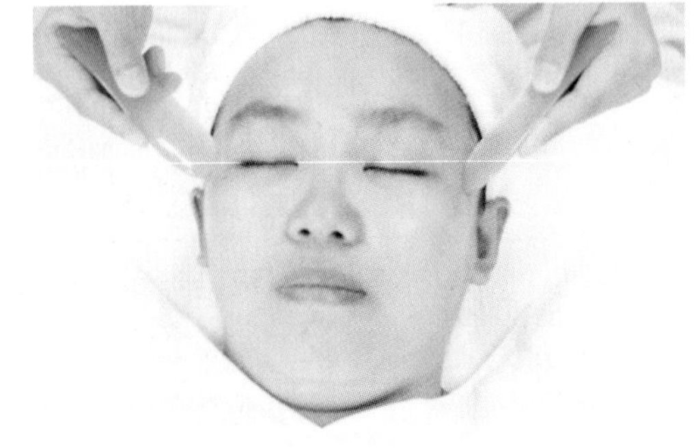

图 5-54　点法

②揉法：用鱼形刮痧板头部或尾部侧面在穴位或经络顺时针或逆时针揉动，有疏泄淤滞、通畅经络的作用，如图 5-55 所示。

③按法：用鱼形刮痧板的头部或尾部侧面及平面在穴位用力缓缓向下按压，有通气活络、补气行血的作用，如图 5-56 所示。

④挑法：用鱼形刮痧板的头部或尾部锐面在穴位上先按压，再横向向上挑起，有疏泄肝

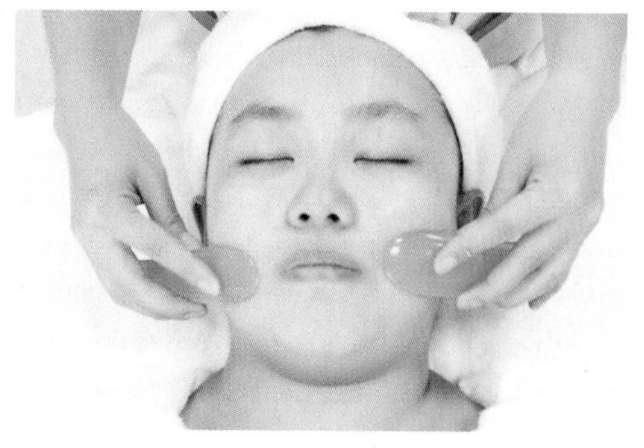

图 5-55　揉法

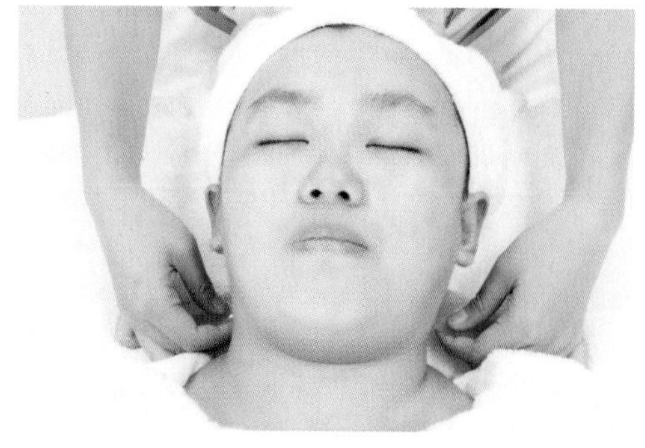

图 5-56　按法

胆、通调血脉的作用。

⑤扭法：用鱼形刮痧板的鱼尾锐部点按穴位，再进行顺向或逆向转动，有调理气血、活跃肌肉的作用。

⑥刮法：用鱼形刮痧板的侧面沿经络轻柔刮拭，有散结化瘀、调和气血的作用，如图 5-57 所示。

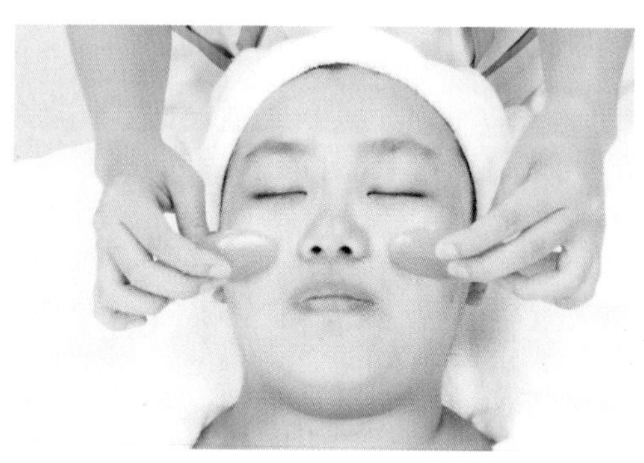

图 5-57　刮法

⑦摩法：用鱼形刮痧板的任何部位沿穴位或经络进行游弋滑动，有理气和血、安神益智的作用。

⑧托法：用鱼形刮痧板的头部或身部侧面，用力向上提托肌肉，有消除赘肉、增加弹性的作用。

(2) 复合手法。

①刮动法：用刮痧板边缘沿经络轻轻刮拭。

②揉刮法：用刮痧板头部侧面和边缘沿经络边揉边动。

③点刮法：用刮痧板嘴部或尾部在穴位上点按，扭动。

④叩动法：用两块刮痧板各取一端在面部对称部位相对间歇轻叩。

⑤摩游法：用两块鱼形刮痧板在面部沿经络轻盈滑动，一前一后，相互追逐。

⑥拍打法：用刮痧板平面拍打，施压，侧拍或平拍。

4. 面部刮痧注意事项

(1) 刮痧在面部护理前进行，刮痧与手法按摩进行的时间总共为 20～25 分钟。

(2) 要用介质配合刮痧，薄皮肤及敏感性皮肤要垫上纱布间隔刮。

(3) 刮痧板不能用热水浸泡，每次用完后需要用 70%的酒精消毒，并置于阴凉处。

(4) 面部有不明包快,皮损,局部有炎症等不能直接刮拭,应避开,严重者不能刮痧。

(5) 严重痤疮、换肤后不足 2 个月,面部手术伤口未愈合者皆禁止刮痧。

(6) 饥饿或饱饭后 0.5 小时内忌刮痧,刮痧后 1 小时内不能用凉水洗脸,4 小时内不能化妆,不能热敷。

(7) 皮肤毛细血管扩张者忌刮。

(8) 初次刮痧后,若第二天出现轻微红点,起痧单颗 2～3 粒,属正常现象,刮 2～3 次后即不会再发生。

(9) 健康人面部刮痧不必强求刮出"痧",以刮至有热效应出现即可,不能随便增加刮痧次数及刮痧面积(面部为 1 次/周,背部为 1 次/15 天)。

三、面部常用美容刮痧方法与操作

(一) 保健驻颜

预防皱纹的出现,减少细小皱纹,改善萎黄肤色,令皮肤细腻,滋润,白净。

取穴:按顺序取以下七条路线的穴位。

(1) 承浆—大迎—颊车—下关—太阳。

(2) 地仓—巨髎—听会—太阳。

(3) 人中—颧髎—听宫—太阳。

(4) 迎香—四白—上关—太阳。

(5) 睛明—承泣—球后—瞳子髎—太阳。

(6) 攒竹—鱼腰—丝竹空—瞳子髎—太阳。

(7) 印堂—攒竹—阳白—丝竹空—瞳子髎—太阳—神庭—头维—曲差—翳风—风池—耳廓处。

操作方法:由内往外点穴按压,旋转揉扭直刮挑刺,动作连贯,刮痧板不离开面部,每穴重复 3～5 次。

(二) 痤疮

原则:清热凉血,解毒通络。

经脉:督脉、足少阳胆经、足阳明胃经、足太阳膀胱经、手太阴肺经、任脉。

主穴:头面:上星、印堂、素髎、承浆、迎香、四白、颧髎、下关。

身体:曲池、合谷、列缺、肺俞、肾俞、丰隆、大肠俞。

配穴:头面:风池、百会、阳白、巨髎、太阳、上关。

身体:第一组:大椎、大杼、膏肓、神堂。

第二组:中极、关元、气海、天枢、足三里、上巨虚、三阴交。

操作方法:先通经脉,然后刮拭穴位,每次主穴均选,并根据皮损部位加选头面部配穴,一般用平补平泻法。若为实证、热证则加选第一组身体配穴,用泻法要求刮出痧点,若为脾虚湿蕴则加选第二组身体配穴。

(三) 黄褐斑

1. 气滞血瘀型

原则:疏肝理气。

经脉:督脉、足阳明胃经、足厥阴肝经、手少阴心经。

主穴:头面:百会、风池、印堂、四白、颧髎、上关、太阳。

身体:大椎、大杼、膈俞、肝俞、胆俞、太冲。

配穴:头面:口禾髎、巨髎、阳白、头维。

身体:神门、内关、三阴交、足三里、肾俞。

操作方法:先通经脉,每次主穴均选,头面部穴位平补平泻,身体的部位用泻法,根据皮损部位加选头面部配穴,一般用平补平泻法。若有失眠、心慌、乏力等症状,加选身体部配穴,用泻法。

2. 脾虚湿蕴型

原则:健脾祛湿。

经脉:足阳明胃经、足太阴脾经、手太阴肺经。

主穴:头面:风池、迎香、颧髎、地仓、颊车、下关、太阳、头维。

身体:脾俞、胃俞、肾俞、足三里、三阴交。

配穴:头面:四白、巨髎、口禾髎、上关。

身体:大椎、大杼、丰隆、合谷。

操作方法:先通经脉,每次主穴均选,头面部穴位平补平泻,身体的穴位用补法。根据皮损部位加选头面部配穴,一般用平补平泻法。若水湿盛,有水肿,加选身体部配穴,用泻法。

3. 肝肾阴虚型

原则:补益肝肾。

经脉:督脉、任脉、足厥阴肝经、足阳明胃经。

主穴:头面:风池、颧髎、下关、颊车、人中、承浆、口禾髎。

身体:膈俞、肝俞、肾俞、三阴交、太溪、太冲。

配穴:头面:太阳、阳白、四白、上关。

身体:命门、足三里、气海、关元。

操作方法:先通经脉,每次主穴均选,头面部穴位平补平泻,身体的穴位用补法。根据皮损部位加选头面部配穴,一般用平补平泻法。若气虚明显,疲乏,加身体部配穴,用补法。

(四) 肥胖症

经脉:督脉、任脉、足太阳膀胱经。

主穴:百会、大椎、脾俞、三焦俞、气海俞。

配穴:肺俞、中脘、气海、水道、三阴交、太白。

操作方法:先通经脉,每次主穴均选,用平补平泻法或泻法。有水肿者加配穴,平补平泻。

第五节 SPA

SPA 是“Solus Par Aqua”(Health by water)的首字母,Solus(健康),Par(在),Aqua(水中),意指用水来达到健康,也就是水疗。水疗是利用水及其他相关美容元素的物理特性,刺激身体肌肤及穴位,放松肌肉、舒缓情绪,以达到滋养肌肤、强身健体、预防疾病等功效。SPA养生美容作为一种保健养生的健康疗法在欧美等地已流行多年,众多爱美人士已将 SPA 作为一种生活方式。随着我国人民生活水平的提高,人们爱美意识的增强,集美容、养生、休闲于一体的 SPA 美容方式也逐渐在国内推广开来,诸多时尚人士争先体验。目前,中国的 SPA

一般配有桑拿房、冲浴池、美体仪器、健身房等专业设施，除了设有美容护肤、减肥塑身等专业护理项目之外，还提供健身、化妆造型、美发、美甲等服务。

一、SPA 概述

1. SPA 的含义

(1) SPA 的狭义含义。

SPA 是指蕴藏矿泉水的地方，是人们利用自然环境中的天然温泉来治疗疾病、缓解疲劳和改善健康状况的场所。

(2) SPA 的广义含义。

SPA 是一种健康美容新理念，是美容师利用天然温泉水、芳香精油、独特的按摩手法、矿物泥、海盐、海水、天然花草茶等相关美容元素为顾客提供一系列护理服务项目，以达到养护容颜、美化体形、舒缓压力、改善健康等功效的一种全方位美容疗法。

2. SPA 的起源及发展 据美国 SPA 顾问莫里卡·图马·布朗研究发现，SPA 一词是拉丁语“Sanitas Par Aquas”首字母缩略词。该词首先被建立于 1326 年比利时的一所疗养院采用，直到查理斯四世在卡斯巴发现一处巨大的疗养地之后，这一词才被广泛使用。

17、18 世纪，SPA 在欧洲贵族中流行起来，用 SPA 来美容保健的理念也逐渐形成。

19 世纪末，将海洋环境、新鲜空气及天然海水合为一体的海洋 SPA 疗法出现在英国和法国，受其影响，世界各地沿海地区出现了大量的 SPA 美容中心。

受欧美流行风潮影响，二十世纪七八十年代，SPA 风潮风靡东南亚，时至今日，SPA 已热遍全球。世界上有名的大都市、旅游度假胜地相继出现了 SPA 美容中心，为顾客提供美容、健身、休闲及娱乐服务。

中国内陆的 SPA 经由台湾引进，与中医药浴不谋而合。集治疗、保健、休闲、运动、修养身心、缓松释压、美容美体一体的 SPA 新概念正成为美容界的新宠。

3. SPA 的特点、功效及作用原理

(1) SPA 的特点。

SPA 项目是通过对人体视觉、嗅觉、听觉、味觉及触觉等五大感官功能进行刺激，使人获得美化容颜、放松身心的功效。SPA 项目注重营造一个类似大自然的环境氛围，以此带给人精神上的放松和愉悦感，让人获得身心的平静和净化，以增强治疗效果。治疗过程中，大自然般宁静的环境，空气中弥漫着淡淡花草熏香，播放着轻柔的音乐，顾客品尝着淡雅的天然花草茶，通过各式水疗浴、按摩、揉搓、裹敷、滋养、排毒等各种精油疗法和水疗冲击，带给顾客从面部到身体乃至心灵的细致呵护。

(2) SPA 的功效。

通过各种疗法的配合，使植物精油与水中的矿物质、微量元素以及其他美容有效成分迅速渗入皮肤，补充皮肤所需养分，有效改善皮肤的问题，增加皮肤弹性和光泽，加快血液循环及新陈代谢，排毒养颜，舒筋活络。同时，在舒适雅静的环境中，顾客的情绪也得到舒缓和抚慰，有利于增强护理效果，促进美容疗效。

(3) SPA 的作用原理。

SPA 对人体有多种多样的作用，有物理作用也有化学作用。沐浴时的温热作用、静水压力、浮力、水流的冲击力等对人体产生了物理作用；人体对各种精油、药物及其他美容成分的吸收和反应为化学作用。各种物理、化学因素的刺激，使皮肤毛细血管扩张、充血，促进了机体血液循环，改善了其分布状态，通过对皮下末梢神经的刺激而影响中枢神经，从而改善机体的内脏功能。

4. SPA 的类型

（1）根据实施方案及场地等因素的不同，SPA 可分为七种类型，这也是目前世界范围内较为流行的一种分类方法。

①都会型 SPA（Day SPA 或 City SPA）：都会型 SPA 在快节奏的都市里存在，以一天或几小时的时间为基础，安排专业性护理疗程，为顾客提供日间的专业理疗服务。是专为时间紧张、生活繁忙的顾客设计的，是设在城市之中的都会型保养中心。都会型 SPA 着重于专业的保养护理和独到的按摩手法，以数小时的护理达到呵护身体肌肤、舒缓身心的效果。服务内容包括各式水疗、芳香面部护理、身体护理、减肥纤体、排毒引流按摩、手足保养、艺术修甲、化妆造型、美发造型、健身运动等。

②俱乐部型 SPA（Club SPA）：俱乐部型 SPA 是以俱乐部健身为基础的理疗服务场所，其功能主要是瘦身健体，同时涵盖了都会型 SPA 的功能。

③油轮型 SPA（Cruise Ship SPA）：油轮型 SPA 是以大型豪华游轮为场所，提供专业温泉理疗服务、健身、SPA 膳食谱。

④综合型 SPA（Destination SPA）：一般建于风景区，远离尘世喧嚣，与大自然融为一体，顾客可在此疗养居住。综合型 SPA 是通过专业的 SPA 服务、瘦身健体、教育培训和膳宿安排，为顾客提供独有的改善生活方式和健康的服务。

⑤医疗型 SPA（Medical SPA）：提供医疗保健理疗服务，设有医师和专业理疗师，综合了 SPA 的各项服务及传统的医疗和健康护理服务，如抗衰老回春疗程、整形外科、疼痛管理、抗压力管理、体内环保、人体净化、改善睡眠等不同主题的医疗性 SPA 项目。医疗性 SPA 尤其以瑞士、德国、法国较为多见。

⑥矿泉型 SPA（Mineral Spring SPA）：利用当地自然环境中的温泉水、矿泉水或海水提供专业水疗服务。

⑦酒店型 SPA（Hotel SPA）：多设在风景秀美的度假区或酒店内，周围环境与大自然融为一体。靠近温泉旁、湖边或高山上，远离尘嚣，室内、室外都有干净开阔的视野。顾客可在此轻松享受一整天或几天的专业温泉理疗、健身、健康餐饮等服务。

（2）按形式的不同，SPA 可分为六种类型。

①Resort SPA（度假式 SPA）：以度假、疗养为主，与风景、温泉结合，一般坐落在风景优美的温泉疗养区。

②Destination SPA（功能式 SPA）：以理疗慢性病为主，在日本被称为“方外疗法”，即处方外的治疗方法，也多开在疗养区。

③Club SPA（俱乐部式 SPA）：以健身运动、减肥为主，多开在城市中，是专为繁忙的现代人而开设的运动、休闲、放松的场所。

④Hotel SPA（酒店式 SPA）：多设在风景秀美的度假区或酒店内，周围环境与大自然融为一体，顾客可享受专业温泉理疗、健身、健康餐饮等服务。

⑤Day SPA（日常式 SPA）：美容中心或 SPA 水疗中心提供的一种便捷的身心修护服务，顾客可以享受专业的 SPA 服务。

⑥Home SPA（家居式 SPA）：到 SPA 专卖店购买所需的 Home SPA 用品，利用工作之余或假期，在家里用简易设施以自助的方式，在家动手 DIY 做 SPA。

无论何种类型的SPA，都有温泉理疗室、专业美疗师、宁静优雅的环境，几乎所有疗程中顾客的身体都离不开与水的亲密接触。

二、SPA身体护理疗程

1. SPA身体护理疗程的概念 SPA身体护理疗程指由天然植物提取物（如精油、草药汁）、海洋精华（如海盐、海藻）、水、矿物泥等主要美容产品，通过泡浴、裹敷、按摩等方式，对全身皮肤进行美化养护，加速血液循环与新陈代谢，达到激活细胞功能、引流排毒、净化体内环境、美肤瘦身效果的一种疗程。

2. SPA身体疗程的内容 SPA身体疗程常分为肌肤保养和减脂瘦身两个内容。肌肤保养主要是运用精油进行按摩、美肤仪器养护，以达到保持皮肤深层滋润、美白柔嫩的作用。减脂瘦身是运用精油、按摩霜进行推脂按摩或减肥仪器护理，达到消脂、减肥、塑形的目的。

3. 护理程序及操作要领 SPA身体护理疗程一般的程序为：清洁（沐浴）→桑拿→去角质→水疗（如泡浴等）→裹敷→按摩（仪器）→清洁。

实际操作中，疗程程序也并非千篇一律，可根据市场策略及顾客需求对疗程做相应调整，制订个性化的SPA护理程序。操作方法如下。

（1）去角质。

①将去角质产品涂抹于顾客身体表面。

②用丝瓜络（用海绵、搓澡巾或用手皆可）在皮肤表面轻轻打磨，帮助老化角质脱落并清除脱落的角质细胞。

（2）水疗。

无论何种形式的SPA，美容师都应预先根据SPA场所的水疗设施为顾客做好水疗准备工作。以花瓣浴水疗为例。

①相关用品准备：玫瑰花瓣、调配好的植物精油或磨砂产品（种子粉或天然海盐）、调碗、调棒、软毛刷、毛巾、丝瓜络、手套、海绵等。

②美容师操作：美容师先给大木桶或冲浪式大浴缸或大浴池内注入温度适宜的净水，放入玫瑰花瓣，引导顾客入浴。注意应根据顾客体质确定浸泡时间。

（3）裹敷。

用草本植物浆或海藻泥、死海泥等天然护肤泥涂抹于身体表面，再用保鲜膜或厚毛巾包裹身体，用远红外线电热毯或其他辅助仪器对身体加温，帮助身体排汗以排毒，起到畅通毛孔，洁净皮肤的作用。通常情况下，身体裹敷做完后顾客会出现体重减轻或口渴现象，这是由于体内水分流失所造成。以草本植物泥裹敷身体为例。

①安排顾客躺在铺好毛巾的美体床上。

②用软毛刷将草本泥膜均匀地涂抹于顾客身体表面。

③用厚毛巾或保鲜膜将身体包裹起来。

④运用仪器对身体进行加温护理。

⑤用湿毛巾清洁身体。

（4）按摩。

运用不同疗效的精油配合不同的按摩手法，按照淋巴循环方向，进行淋巴引流按摩或穴位指压等，达到疏通全身气血经脉，美体塑形的目的。

三、按摩手法介绍

（一）面部手法

1. 展油 顾客取仰卧位，美容师取精油倒入手心温热后，在面部展油。

2. 分推前额至太阳穴 美容师用双手拇指指腹自前额正中线推至两侧太阳穴，反复 5～8 次，如图 5-58 所示。

3. 分抹面颊至耳前 双手食、中、无名指指腹自鼻侧经面颊拉抹至耳前，反复 5～8 次，如图 5-59 所示。

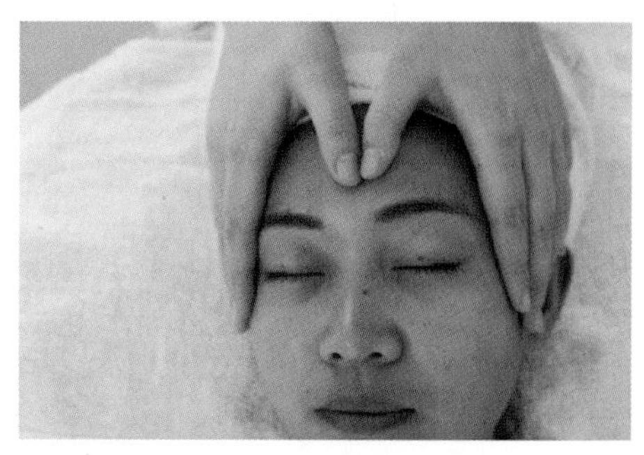

图 5-58 分推前额至太阳穴

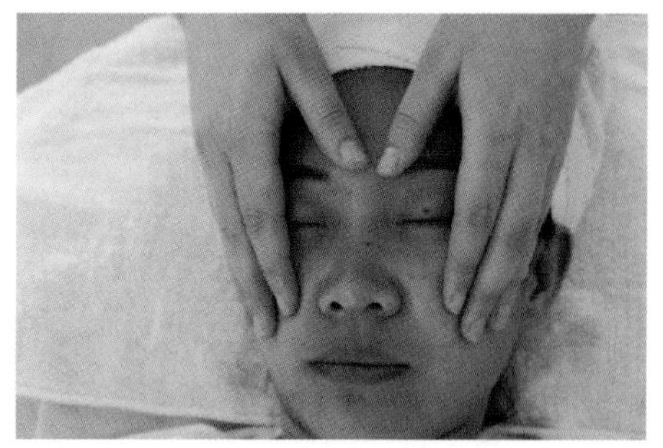

图 5-59 分抹面颊至耳前

4. 分抹下颌至耳前 双手食、中、无名指指腹自下颌提抹至耳前，反复 5～8 次，如图5-60 所示。

5. 直推风池至缺盆 将顾客头歪向一侧，用一手大鱼际直推风池至缺盆，反复 5～8 次。做完一侧，再做另一侧，如图 5-61 所示。

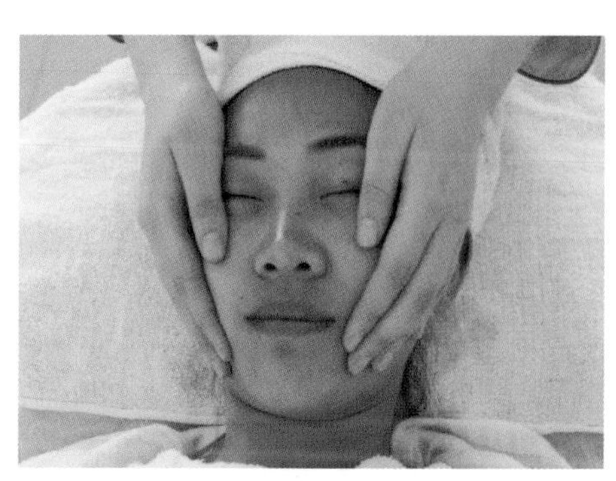

图 5-60 分抹下颌至耳前

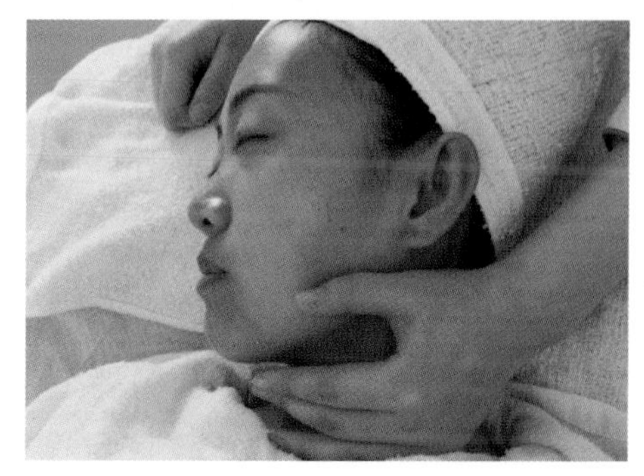

图 5-61 直推风池至缺盆

（二）俯卧位下肢部手法

1. 展油 顾客取俯卧位，美容师取精油，在下肢后侧，双手从足跟往大腿根部均匀涂抹，如图 5-62 所示。

2. 拳推足底 双手半握拳从足趾按至足跟，反复 5～8 次，如图 5-63 所示。

3. 推大腿小腿背面 两手掌贴伏在腿部，手指自然弯曲，两手拇指交替沿小腿、大腿背面，从跟腱处一直推到大腿根部，反复 5～8 次，如图 5-64 所示。

4. 横拉小腿大腿背面 两手掌横向贴伏在腿部，手指自然弯曲，两手掌横向交替推拉小腿大腿背面，从跟腱处一直推到大腿根部，反复 5～8 次，如图 5-65 所示。

5. 虎口反向提拉 两手虎口相对，双手自然相对扣在腿部，两手掌同时向上拿捏腿部深层肌肉，同时向上推赶淋巴液，从跟腱处一直推到大腿根部，反复 5～8 次，如图 5-66 所示。

6. 推中线 双手自然相对扣在腿部，双手拇指沿小腿、大腿背面推按，从跟腱处一直推到大腿根部，反复 5～8 次，如图 5-67 所示。

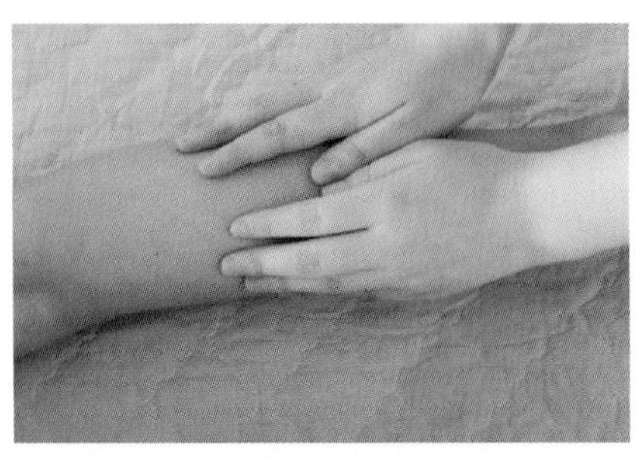

图 5-62 展油

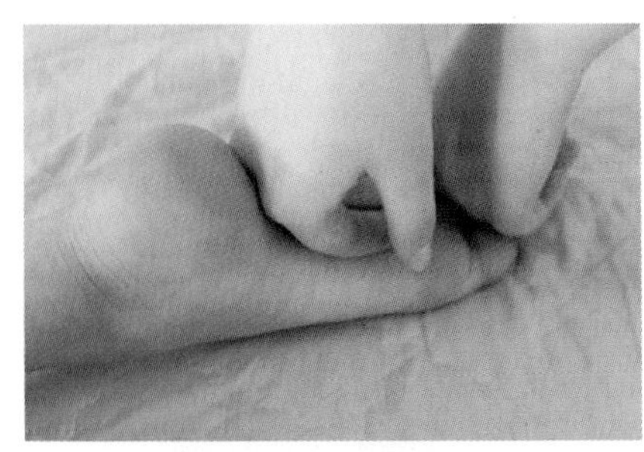

图 5-63 拳推足底

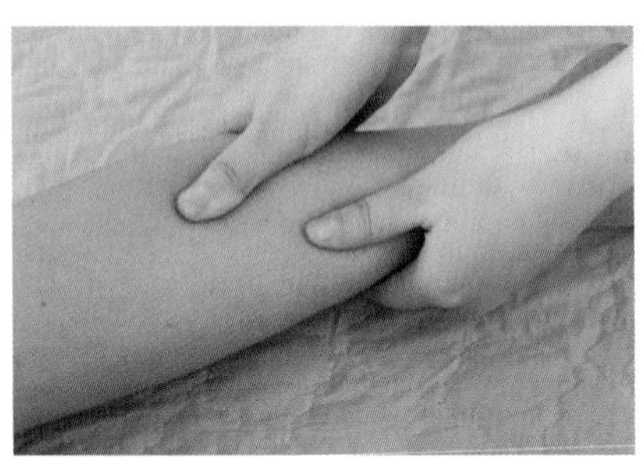

图 5-64 推大腿小腿背面

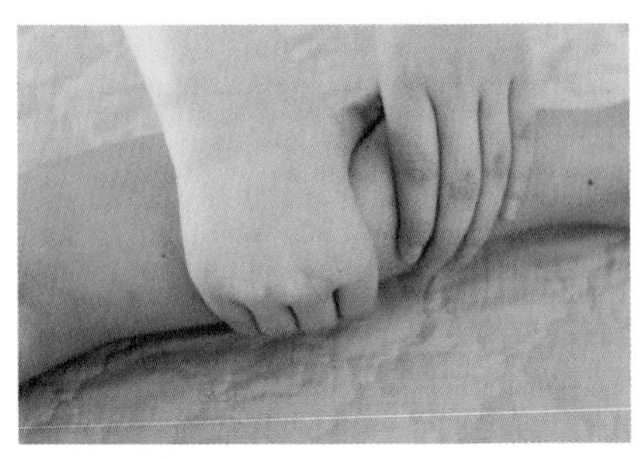

图 5-65 横拉小腿大腿背面

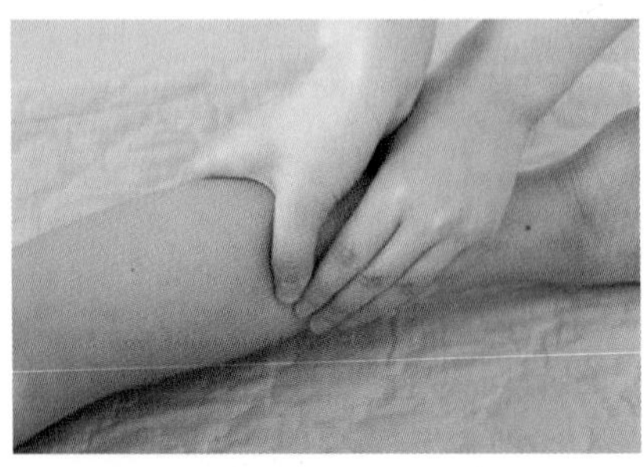

图 5-66 虎口反向提拉

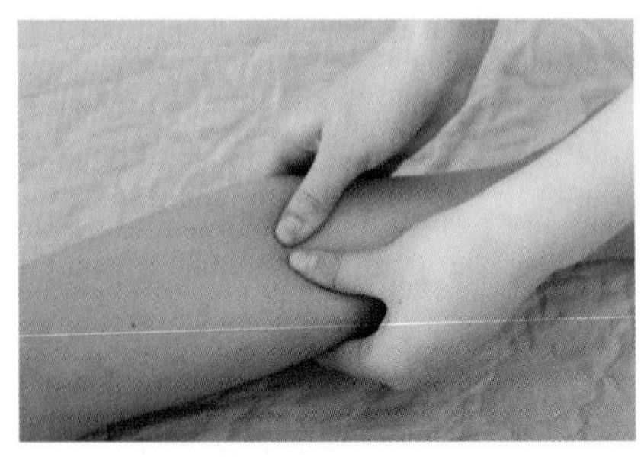

图 5-67 推中线

7. 按抚 两手相对叠掌置于腿部，从跟腱处一直推到大腿根部，反复 5～8 次。先做一侧腿，后做另一侧腿，如图 5-68 所示。

（三）背部手法

1. 展油 顾客取俯卧位，美容师位于床侧，取适量精油，在背部均匀涂抹，如图 5-69 所示。

2. 单边推背部 手掌自然伸展贴伏在背部，双手交替沿单侧背部从腰骶部推至颈部，一侧做完再做另一侧，反复 5～8 次，如图 5-70 所示。

3. 推脊柱 两手拇指沿脊柱两侧，从腰骶部推至颈部，反复 5～8 次，如图 5-71 所示。

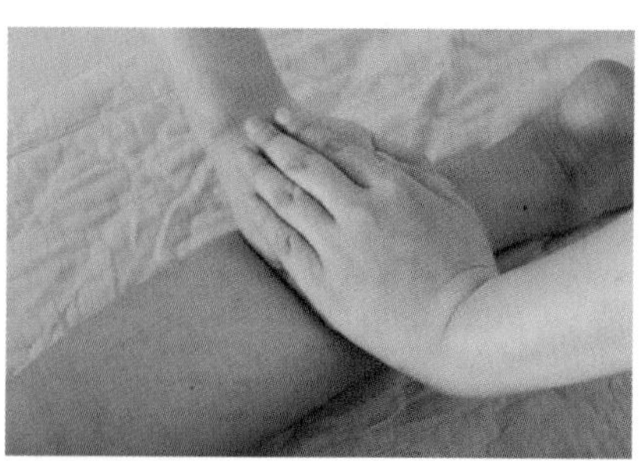

图 5-68 按抚

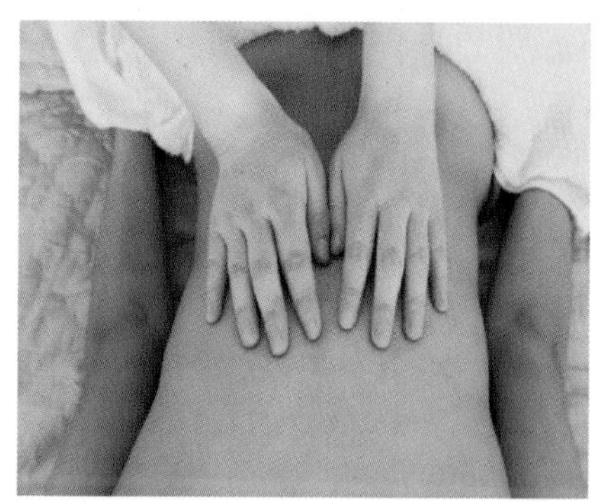

图 5-69 展油

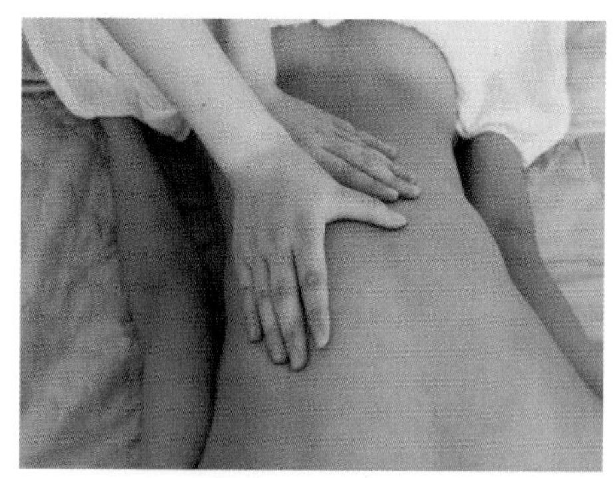

图 5-70 单边推背部

4. 拳推背部 双手半握拳，以掌根和手指背面，在背部正中从腰骶部推至颈部，反复 5～8 次，如图 5-72 所示。

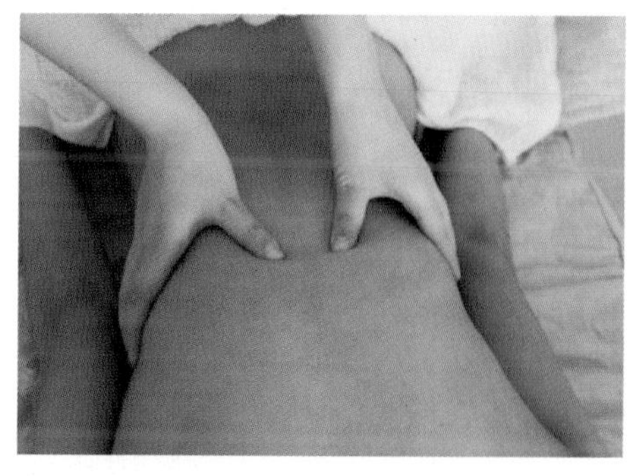

图 5-71 推脊柱

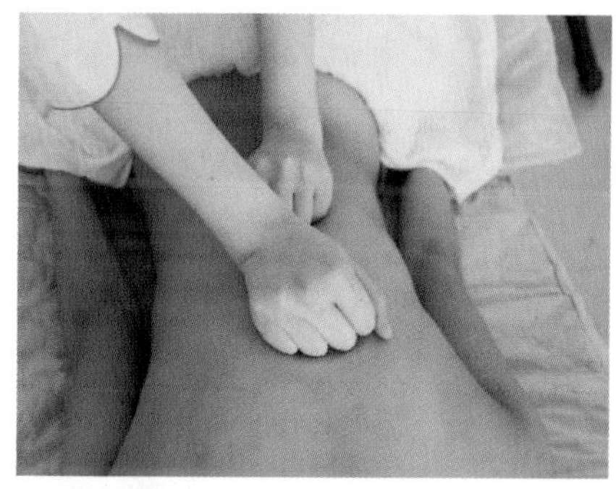

图 5-72 拳推背部

5. 按抚背部 双手掌自然张开，从腰骶部推至颈部，反复 5～8 次，如图 5-73 所示。

6. 下推背部 美容师位于床头，从颈部向下推抹至腰骶部，反复 5～8 次，如图 5-74 所示。

7. 拇指推肩胛 双手拇指交替从颈侧肌肉处，沿肩胛骨边缘由内至外进行推赶和按抚，反复 5～8 次，如图 5-75、图 5-76 所示。

8. 按抚背部 双手掌自然张开，从腰骶部推至颈部，反复 5～8 次，如图 5-77 所示。

9. 拉抹颈项部 两手手掌交替从肩部拉抹至颈部，一侧做完再做另一侧，反复 5～8 次，如图 5-78 所示。

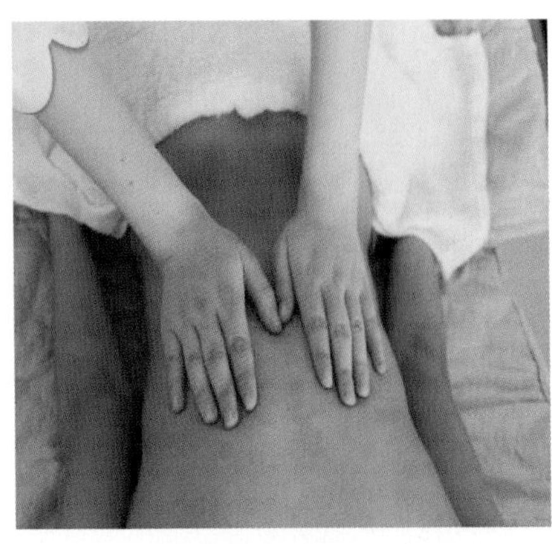

图 5-73　按抚背部

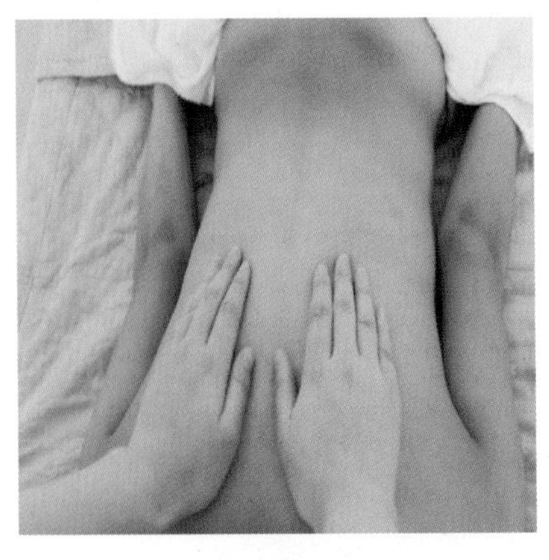

图 5-74　下推背部

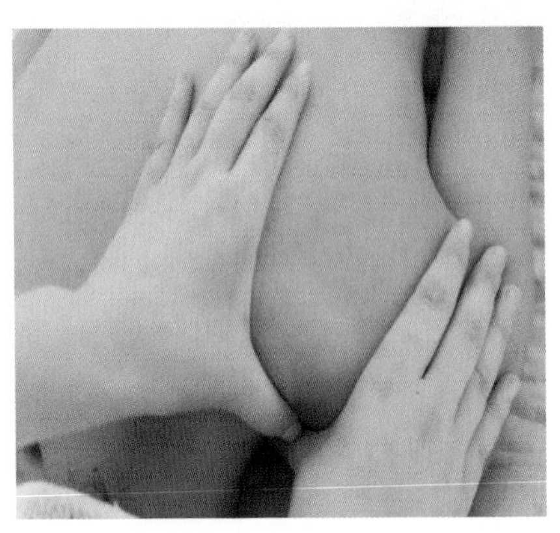

图 5-75　拇指推肩胛一

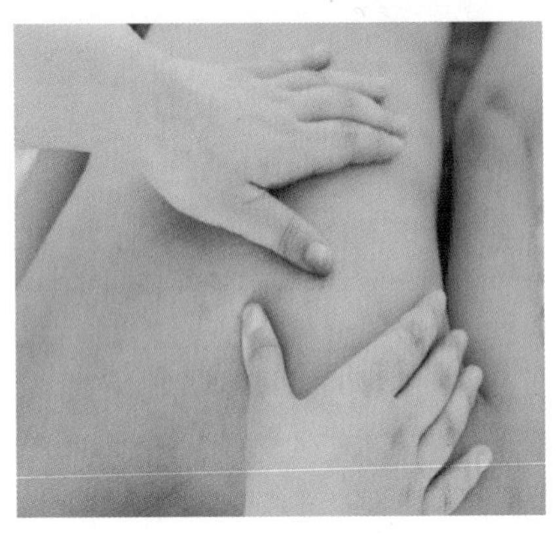

图 5-76　拇指推肩胛二

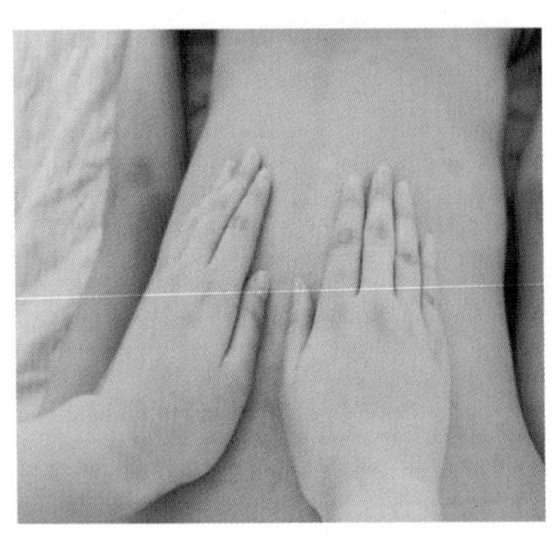

图 5-77　按抚背部

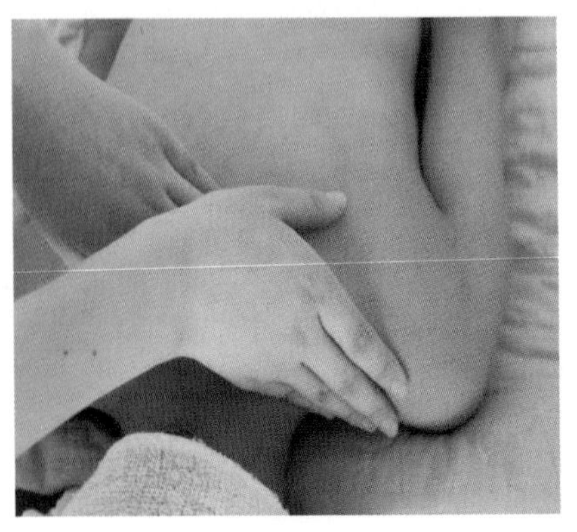

图 5-78　拉抹颈项部

（四）仰卧位下肢部手法

1．展油　顾客取仰卧位，美容师取精油，在下肢正面，双手从足背往大腿根部均匀涂抹，反复 5～8 次，如图 5-79 所示。

2．指推足背，掌推下肢　双手掌自然贴伏在腿部，两拇指交替从足背部向上推抹至足踝，两手掌从足踝处向上推赶，推至膝盖处，两手向腘窝处推赶淋巴液，继续向上推赶至腹股沟，反复 5～8 次，如图 5-80 所示。

3. 虎口反向提拉 两手虎口相对，双手自然相对扣在腿部，两手掌同时向上拉捏腿部深层肌肉，同时向上推赶淋巴液，从足踝一直推到腹股沟，反复 5～8 次，如图 5-81 所示。

4. 虎口正向提拉 两手虎口同向扣在腿部，两手掌同时向上拉捏腿部深层肌肉，从足踝一直推到腹股沟，反复 5～8 次，如图 5-82 所示。

5. 按抚 两手相对叠掌置于腿部，从足踝处一直推到腹股沟，反复 5～8 次。先做一侧腿，再做另一侧腿，如图 5-83 所示。

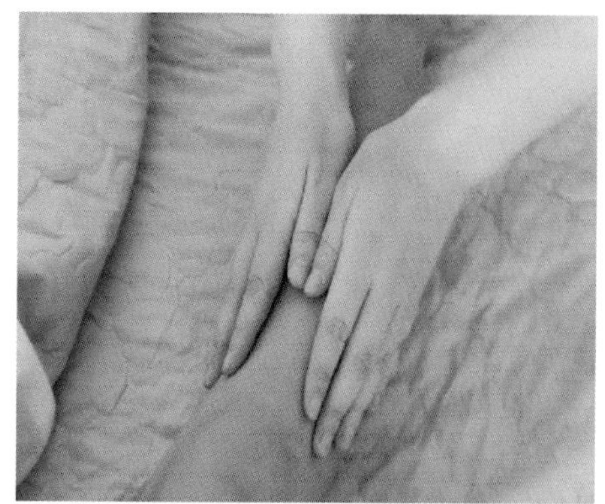

图 5-79 展油

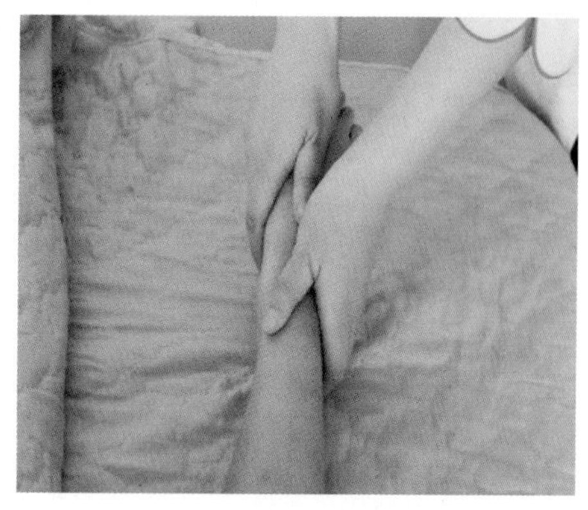

图 5-80 指推足背，掌推下肢

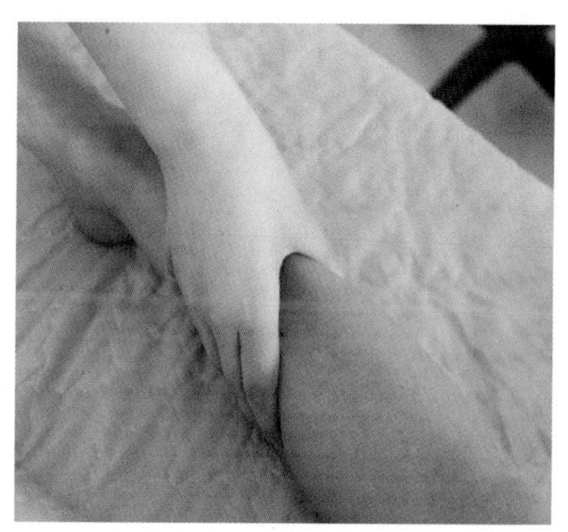

图 5-81 虎口反向提拉

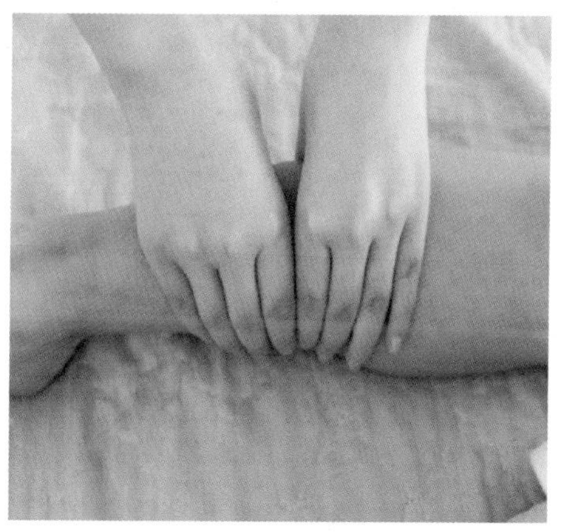

图 5-82 虎口正向提拉

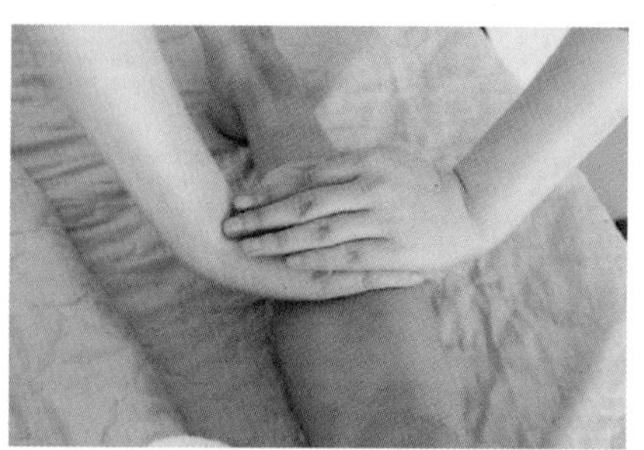

图 5-83 按抚

（五）上肢部手法

1. 展油 顾客取仰卧位，美容师取适量精油，在上肢均匀涂抹，反复5～8次，如图5-84所示。

2. 直推上肢 一手托住顾客手背，一手握住顾客手臂，自腕关节向上推至肘关节，再由肘关节向上推至腋窝前，反复5～8次，推完外侧推内侧，如图5-85所示。

3. 掌推上臂 使顾客肘尖向上，手掌置于头侧，美容师一手扶住顾客手臂，一手沿手臂内侧由肘部推至腋下，反复5～8次，如图5-86所示。

4. 按抚 双手相对叠掌置于手部，向上推抹至肩膀，反复5～8次，如图5-87所示。

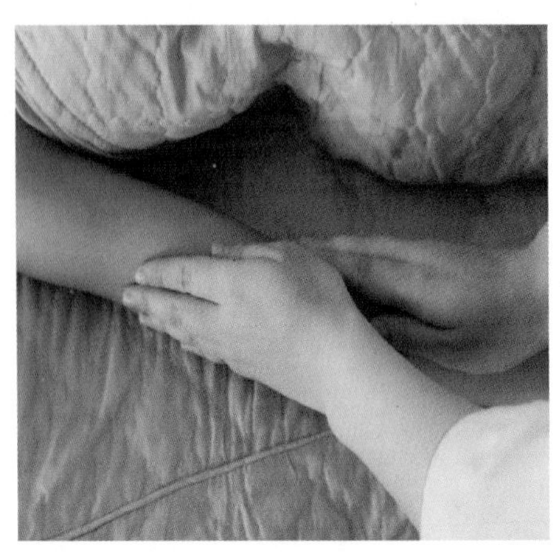

图5-84 展油

图5-85 直推上肢

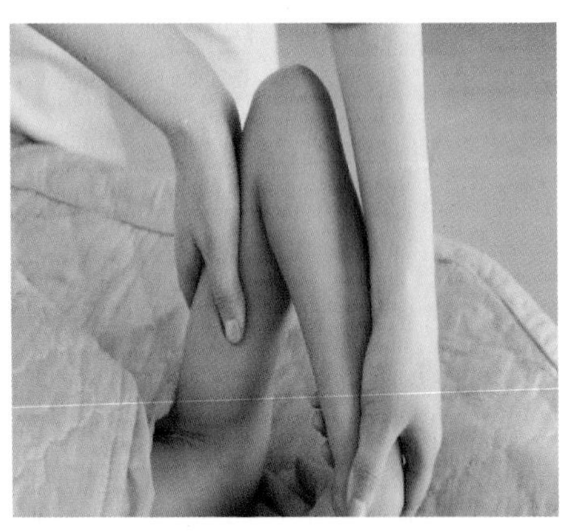

图5-86 掌推上臂

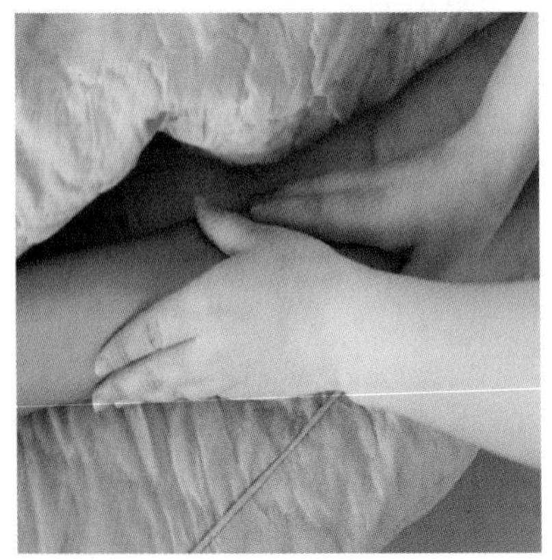

图5-87 按抚

（六）腹部手法

1. 展油 美容师取适量精油，双手掌在腹部均匀涂抹，反复5～8次，如图5-88所示。

2. 腹部太极圈 双手顺时针在腹部交替打圈，反复5～8次，如图5-89所示。

3. 点按腹部穴位 双手拇指点按天枢、气海、关元，每个穴位点按5秒，如图5-90所示。

4. 轻摩腹部 双手交叠，一手四指指腹顺时针绕肚脐轻摩腹部8～10圈，如图5-91所示。

5. 按抚 双手顺时针在腹部交替打圈，反复5～8次，如图5-92所示。

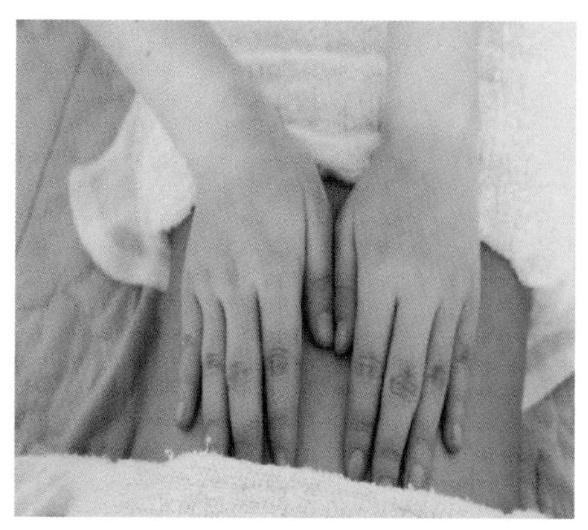

图 5-88　展油

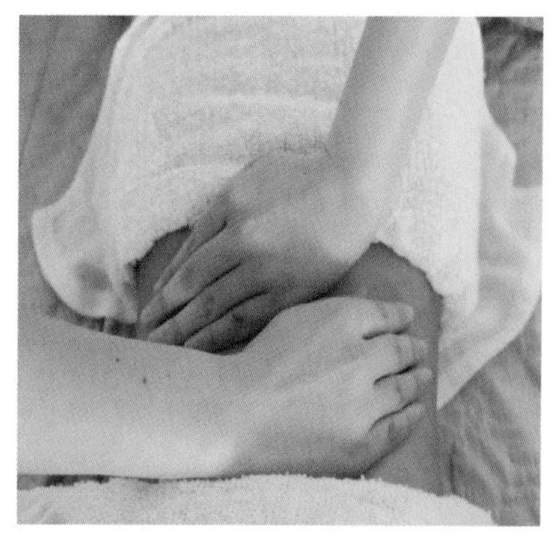

图 5-89　腹部太极圈

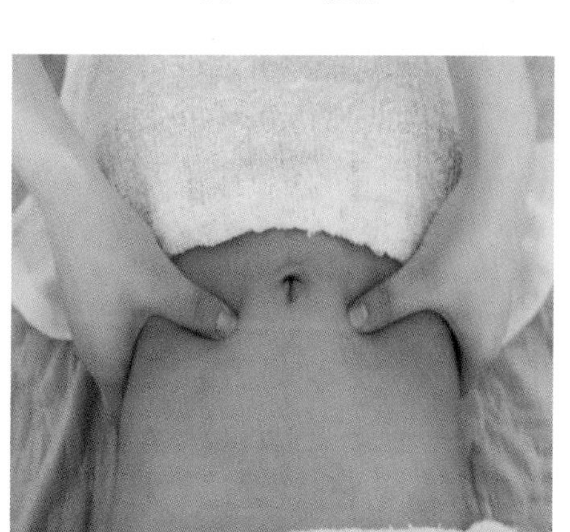

图 5-90　点按腹部穴位

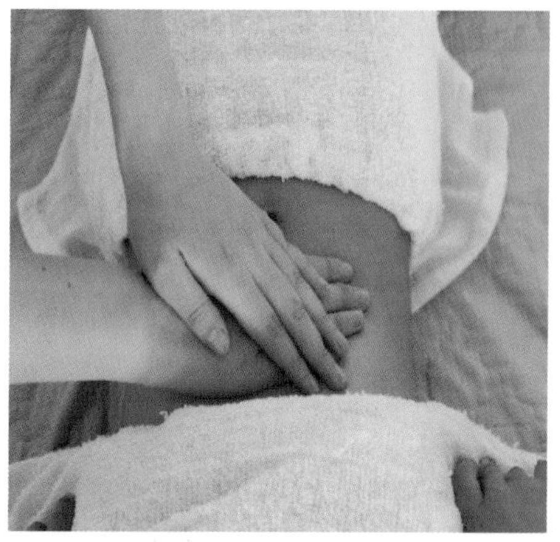

图 5-91　轻摩腹部

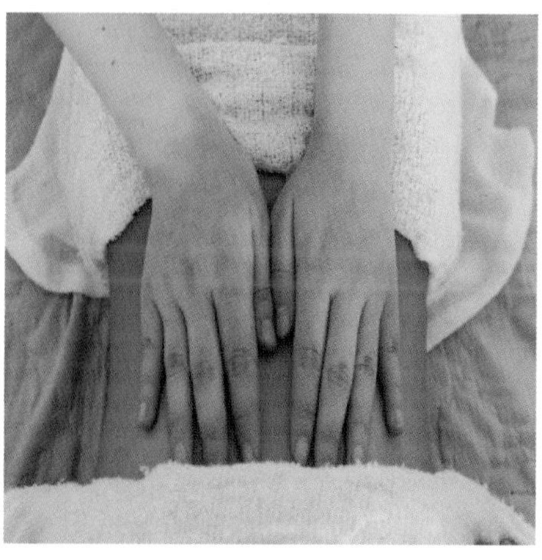

图 5-92　按抚

第六章　美体塑身技术

第一节　健　　胸

一、健胸按摩手法

这里介绍的一套简单的胸部按摩手法，共七节，其中第一节、第三节、第五节、第七节的动作相同。在按摩时(除第六节)，顾客仰卧于按摩床上，美容师立于客人头侧，面向顾客。

1. 第一节同时抚抹、提托双乳　手竖位，四指并拢，指尖向前，双手全掌着力扣于锁骨下方。沿双乳内侧缘向下推至胸口，然后以双手指尖为轴，分别向左外、右外旋转 90°后，双手推至两乳外侧，向内、向上用力提托双乳，最后双手拉至颈部两侧的锁骨处(图 6-1)。如此反复做 30 次。

2. 第二节先后抚抹、提托双乳　美容师站在顾客头位，手竖位，双手四指并拢，指尖向前，按摩左侧乳房。左手全掌着力于锁骨头下方。沿左侧乳房内缘向下推至胸口部，然后以左手指尖为轴，向左旋转 90°，向乳房左侧呈弧线运行至左侧乳房外侧，同时向右上方提托、拉抹乳房。右手同时全掌着力紧随左手动作，沿左侧乳房内缘向下推至胸口部，然后以右手指尖为轴，向左旋转 90°，向右、向上环状提托左乳房(右手沿左手抚抹、提托线路做辅助按摩)(图 6-2)。如此反复做 30 次后换右侧乳房(左手沿右手抚抹、提托线路做辅助按摩)。

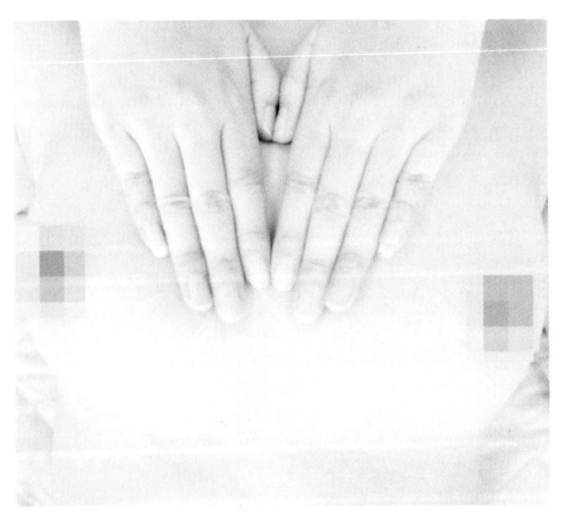

图 6-1　同时抚抹、提托双乳

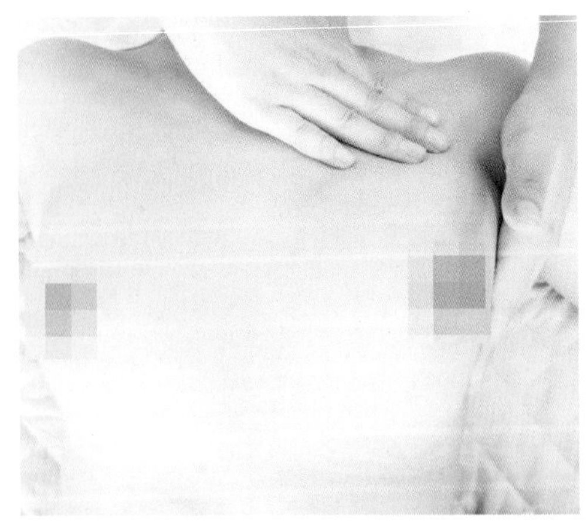

图 6-2　先后抚抹、提托双乳

3. 第三节 按摩手法同第一节，如图 6-1 所示。

4. 第四节弹拍、提托乳房 美容师站在顾客头位，手横位，双手四指并拢，交替在乳房外、下侧向内、上侧弹拍、提托乳房。做完一侧再做另一侧（图 6-3）。每侧反复 30～40 次。

5. 第五节 按摩手法同第一节，如图 6-1 所示。

6. 第六节搓擦乳房 美容师站在顾客侧位（左侧位或右侧位）。手竖位。双手四指并拢，拇指与食指的掌骨也同时用力并拢，拇指第一节与食指分开呈"V"字形，整个手掌尽力向手背弯曲。以双手拇指外侧和大鱼际部位着力，交替从乳房下侧、外侧向上、向内方向搓擦（图 6-4）。做完一侧换站位以同样的姿势和动作做另一侧（切不可做完一侧，原地不动，换搓擦动作为提拉动作做另一侧）。每侧重复 30～40 次。

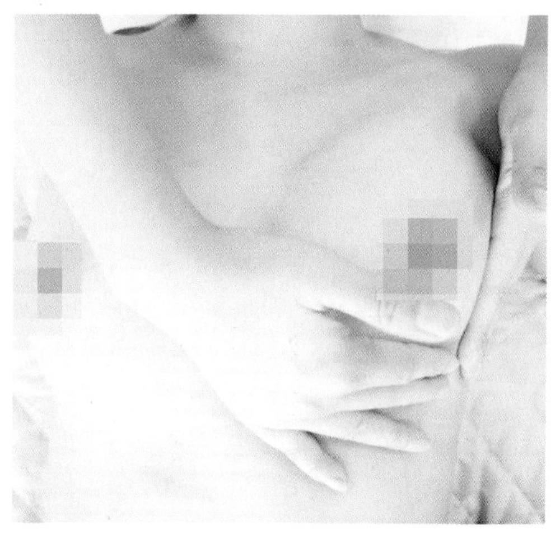

图 6-3 弹拍、提托乳房

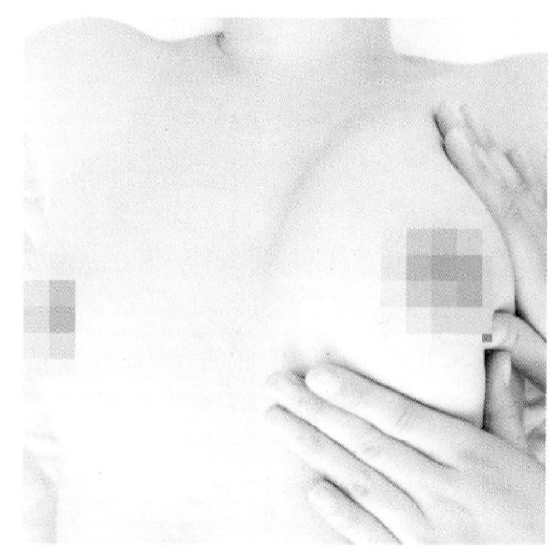

图 6-4 搓擦乳房

7. 第七节 按摩手法同第一节，为了便于系统地、有规律地掌握全套健胸按摩手法，在学习过程中，应首先记忆健胸按摩手法的循行路线简图，如图 6-5 所示。

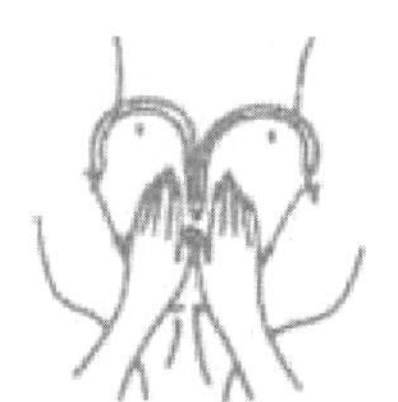

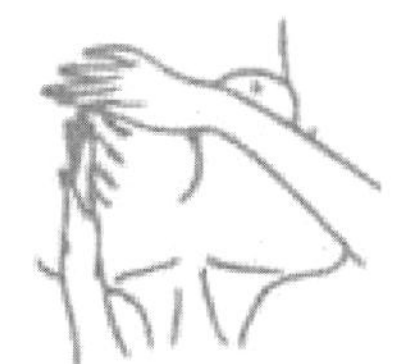

图 6-5 健胸按摩手法循行路线简图

二、健胸按摩注意事项

做胸部按摩时，出现局部微红、胀、痛的感觉属正常情况，按摩力度要视顾客的承受能力而定。一般情况下，要注意在两侧乳房按摩的力度、时间应相等。如果顾客双乳大小不一样时，要侧重小乳房一侧的按摩。

为了使按摩动作具有连贯性，所以在按摩动作中，有向双乳外、下侧运行的动作。在实际按摩中，向双乳内侧、上方按摩时用力要实，力度要到位；向外、下用力的动作要虚，滑过即可。

三、健胸的基本操作方法

(1) 主要准备工作：顾客脱去上衣，换穿一次性纤维纸内裤，或用毛巾将顾客的裤腰包严。

(2) 清洁皮肤：手法与按摩动作第一节相同，动作要轻柔。

(3) 奥桑蒸汽机护理：利用奥桑蒸汽机进行护理。

(4) 磨砂(去死皮)：应视顾客皮肤状况决定是否用磨砂脱屑或用其他方法去死皮。动作要领为用左手的食指、中指将皮肤轻轻绷紧，右手的中指、无名指并拢，用指腹在绷紧的皮肤上轻轻、稍适打圈。

(5) 人工胸部按摩：以健胸膏代替按摩膏，按摩 15～20 分钟。

(6) 健胸精华素导入。

(7) 健胸仪器护理，10 分钟。

(8) 倒模(以倒热模为例)。

(9) 涂底霜(以健胸膏代替底霜)。

(10) 覆盖纱布：将浸湿、攥干后微潮的薄纱布覆盖在乳晕上(以减少刺激)。

(11) 倒热模。

(12) 倒模后做彻底清洁。

(13) 涂少许健胸精华素。

四、注意事项

(一) 疗程

每 2～3 天做 1 次，10 次为 1 个疗程。在疗程开始和结束均应为顾客做胸围测量。

(二) 禁忌

在整个护理操作过程中，避免碰到顾客的乳晕、乳头；在倒模时，切记用潮的棉片将乳晕部位盖住。

(三) 安全感

健胸的环境应使顾客具有安全感。

第二节 减　　肥

一、减肥塑身护理基本程序

1. 准备工作

(1) 备齐用品，用具。主要包括按摩床、身体清洁霜、减肥膏(或减肥精油)、酒精、棉片、体膜、保鲜膜、减肥精华素、美体乳液、浴袍、一次性内衣。

(2) 指导减肥者换穿美容院专用一次性纤维内裤，女士换穿一次性纤维胸罩，或用消毒后的毛巾将顾客的衣裤边缘包住。

2. 体型分析 量尺寸，再做体型分析。

3. 消毒　使用75%酒精棉片对产品封口处以及美容师双手进行消毒。

4. 清洁　局部减肥塑身时，可以先用热毛巾进行表层清洁，也可以先请顾客进行全身沐浴，再使用身体清洁霜进行清洁。清洁的方向由内而外，由下至上。

5. 按摩　以减肥膏代替按摩膏，做局部或全身减肥塑身按摩，时间为 8～10 分钟。这里以腹部减肥按摩为例，先将适量减肥膏在掌心大圈揉散，再按照腹部减肥按摩手法进行按摩。清洁后可以进行 8～10 分钟的减肥塑身精油按摩或精华素导入。最后再使用减肥膏进行 30～40 分钟的按摩。

6. 仪器护理　使用减肥仪器减肥。

7. 敷体膜　以腹部减肥为例，先用减肥膏打底，再将体膜均匀涂抹于腹部，涂敷方向由外向内，由下至上，注意肚脐处不用涂抹。然后，请顾客深呼吸，将保鲜膜用力平展地包裹于腹部，包裹 2～3 层，再用热毛巾热敷或使用酵素减肥仪加热均可。30～40 分钟后取膜。取膜时，先将手指插入保鲜膜与皮肤的间隙中，再用剪刀从手指上侧滑过，不可直接用剪刀剪，以免划伤顾客的皮肤。对于接受全身减肥护理的顾客，在敷完体膜后，进入太空舱接受红外线理疗。

8. 清洁　对敷体膜部位进行清洁。

9. 基本保养　涂美体乳液，保持皮肤滋润。

10. 重新测量尺寸　重新测量尺寸，再进行前后比较。

二、减肥塑身按摩

1. 对皮肤的作用

(1) 按摩可使局部衰亡的表皮细胞得以清除，有利于汗腺和皮脂腺的分泌，促进汗液和皮脂排出。皮脂腺分泌加强，会增加皮肤光泽。真皮内弹性纤维作用的加强，则可增强皮肤的弹性，因而增加了皮肤的保护功能。汗腺分泌增加，则有利于体温的调节，同时加强皮肤及其附属器对冷热等刺激的适应能力。

(2) 按摩还可以使皮肤内产生组织胺和类组织胺物质，使毛细血管扩张、开放，局部血流量增加，循环加快，皮肤温度得到相应提高，改善皮肤营养，使皮肤润泽而富有弹性，还可以促进皮肤新陈代谢，加强皮肤的屏障功能，增强机体的抗病能力和对环境的适应能力。

据研究表明，按抚按摩能提高皮肤温度 0.2～0.3 ℃，揉捏按摩能提高 1.5～3 ℃。还有实验报告指出，对人的肩部三角肌处按摩 5 分钟，按摩后比按摩前皮肤温度平均升高 0.562～3.13 ℃，最高可达 4.6 ℃。

(3) 按摩对局部皮肤的刺激，也可通过相应的脊髓节段传递或经交感神经直接通向丘脑下部自主神经中枢，通过神经体液调节（或尚待深入探讨的经络传导系统）反射性地引起血液成分的重新分配或引起所有受作用的器官与组织（部位或穴位）产生相应的变化，同时，通过手法的作用，组织中产生类组织胺物质和蛋白质分解产物，进而使真皮内细胞的活力增强。

2. 对脂肪组织的作用

(1) 按摩不会增加肌肉的力量，却可保持肌肉的正常功能。

(2) 按摩使肌肉中的毛细血管扩张和后背毛细血管开放，使局部的血液供应加强，营养改善，从而提高了肌肉的工作能力。

(3) 按摩还可以消除肌肉组织堆积的乳酸，减轻肌肉组织的疲劳。

(4) 定期按摩可以松弛紧张的肌肉，预防肌肉组织纤维变性。

3. 对循环系统的作用

(1) 按摩可直接作用于皮下的血管,加快静脉血的回流速度,从而降低末梢循环的阻力,减轻心脏的负担,对心律、心跳都有调节作用。临床证实,适当的按摩手法对高血压、低血压的治疗均有明显、可靠的疗效。得当的按摩手法使肌肉放松后,其血流量要比肌肉紧张时多10倍以上。

(2) 据研究表明,按摩手法还可以明显消耗和除去血管壁上的脂类物质,改善血管壁的弹性和血管的通畅性。

(3) 按摩能引起一时性血液的再分配。故按摩后,正常人体血液中的红细胞、白细胞、血小板、血红蛋白数量及白细胞的吞噬能力均有所增加。

(4) 按摩可直接作用于淋巴管,促进淋巴液的回流加快,经研究表明,顺淋巴回流方向施以手法,有利于组织间隙中积聚的水分的吸收,因而正确的淋巴引流按摩可起到促进淋巴液的流动,加速淋巴系统的循环速度,消除水肿的作用。

4. 对神经系统的影响 按摩以手法作为物理刺激,作用于皮肤的感受器或肌肉、肌腱、韧带、关节等身体感受器,通过神经节段性反射、躯体-内脏反射、扩散或反馈等,可引起一系列应答反应。按摩手法对降低感觉及运动的传导性有直接作用。在许多情况下,力度弱、时间短的手法刺激,能改善大脑状况,提高工作效率,力度强、时间长的手法可起到镇定、舒缓的作用。

5. 对呼吸、消化系统的作用

(1) 按摩可直接刺激胸壁或通过神经反射使呼吸加深,改善呼吸功能,增强体质,能使氧的需要量增加,相应地增加二氧化碳的排出量,还可通过间歇作用和反射机制,提高胃肠的分泌功能和消化作用,排除毒物和废物。

(2) 按摩手法可明显影响胃肠的消化功能,如加强胃肠活动,改变胃体收缩幅度、频率,胃液的酸度、酶的活性等。各种不同强度的手法对胃、肠当时所处的机能状态有不同的影响,如叩打和震颤的手法能刺激胃、肠、肝的运动。当胃运动处于增强的状态时,推按胃俞、脾俞、足三里等穴位,可抑制胃的运动,反之,则出现完全相反的情况。

三、减肥推脂按摩基本手法

1. 俯卧位 俯卧位推脂按摩包括预热按摩、肩部按摩、背部按摩、腰部按摩四项,按摩手法共二十二节。

(1) 预热按摩。在进行减肥塑身按摩之前,应先做两节预热按摩,使顾客缓缓进入放松状态。因此这两节按摩动作应从缓慢、轻柔的手法开始,逐步加大力度与速度。

第一节:掌推背部。

步骤1:美容师站在顾客左侧位,双手自然平伸,两手中指相对,全掌着力于臀部,从臀部沿脊椎向上推按至颈部,如图6-6(a)所示。

步骤2:双手向外旋转180°,两掌根相对,沿肩胛骨按抚至两腋内侧,如图6-6(b)所示。

步骤3:指尖向上双手竖位向下拉抚至臀部,如图6-6(c)所示。

第二节:指推背部。

步骤1:美容师站在顾客左侧位。双手四指微握拳,两手拇指相对,以指腹由尾骨两侧沿脊椎骨两侧用力慢推至隆骨,如图6-7(a)所示。

步骤2:用两手四指分别勾住左右肩胛提肌,用爆发力向下拉一下,如图6-7(b)所示。

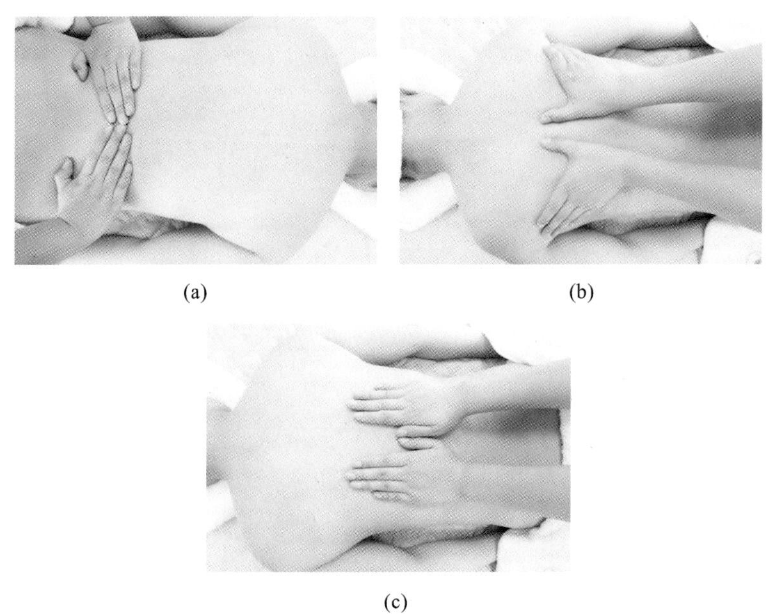

(a) (b)

(c)

图 6-6　掌推背部

步骤 3:全掌用力,手竖位,沿脊椎骨两侧拉抹至尾骨两侧,如图 6-7(c)所示。

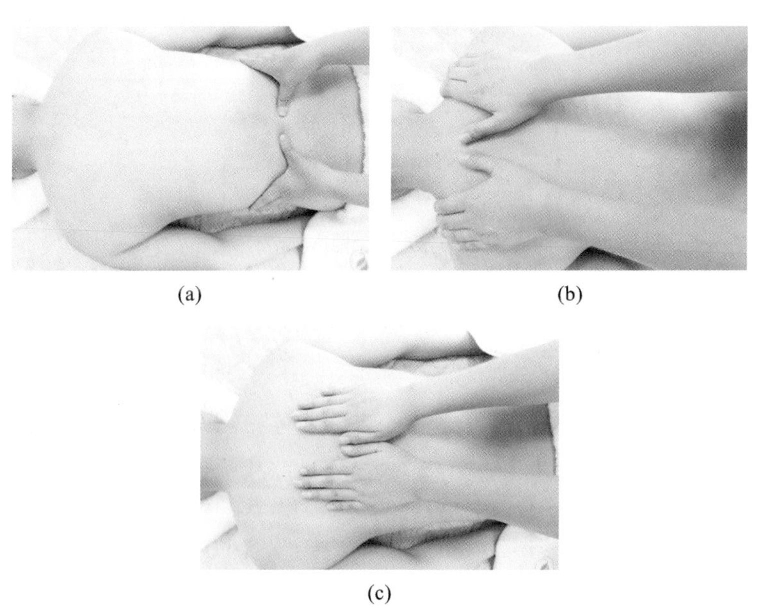

(a) (b)

(c)

图 6-7　指推背部

(2) 肩部按摩。

第三节:双肩摩圈,拉抹。

步骤 1:美容师站在顾客头位,双手拇指分别置于锁骨末端,食指至小指放于双肩背部,虎口卡住两肩三角肌的部位,如图 6-8(a)所示。

步骤 2:双手食指至小指同时向内打圈,至颈部,然后用力拉抹至双肩三角肌部位,如图 6-8(b)所示。

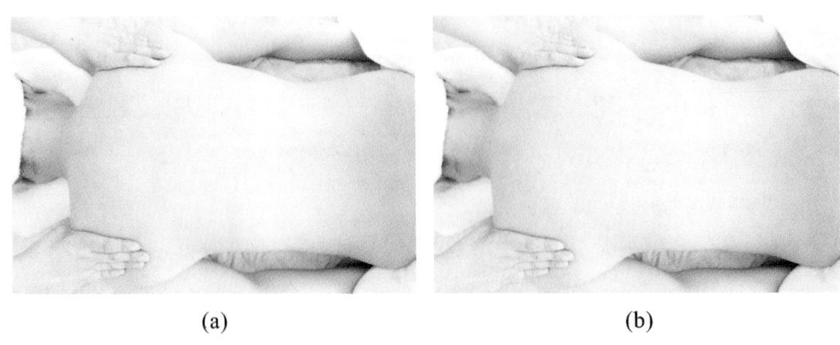

(a) (b)

图 6-8 双肩摩圈，拉抹

第四节：沿肩胛骨抹大圈，拉抹双肩。

美容师站在顾客头位，双手指尖向下扣于双肩三角肌处，沿肩胛骨外侧用力打一个大圈拉抹至颈部，然后分别沿双肩向两侧用力拉抹至三角肌，复位，如此反复 10～12 次，如图 6-9 所示。

第五节：颈椎两侧抹圈，点揉风池。

美容师站在顾客头位，右手拇指、中指分别从颈椎的棘突两侧沿颈椎打小圈至风池。在风池处点揉 8～10 次，力度由轻到重，然后将拇指、中指迅速滑至颈椎两侧，复位，如此反复，如图 6-10 所示。

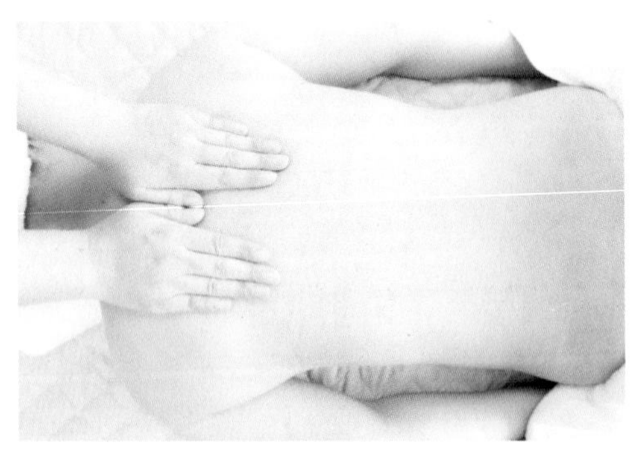

图 6-9 沿肩胛骨抹大圈，拉抹双肩

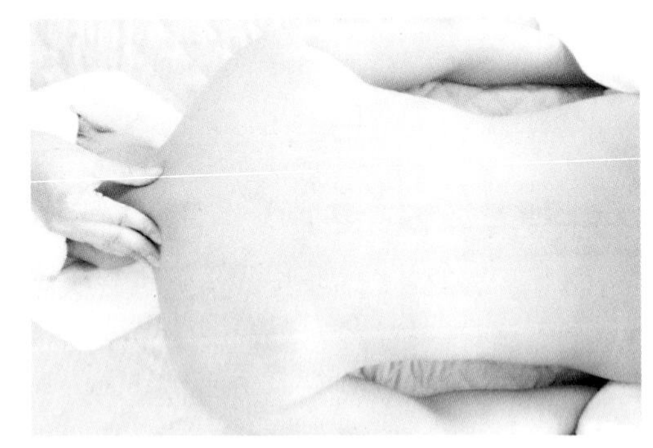

图 6-10 点揉风池

第六节：沿肩胛骨外缘抹大圈。

美容师站在顾客头位，双手全掌着力扣于颈部两侧，从颈部向下推至肩胛骨下缘，沿肩胛骨外缘两侧打大圈后用力拉抹至颈部，如此反复 10～12 次，如图 6-11(a)、图 6-11(b)所示。

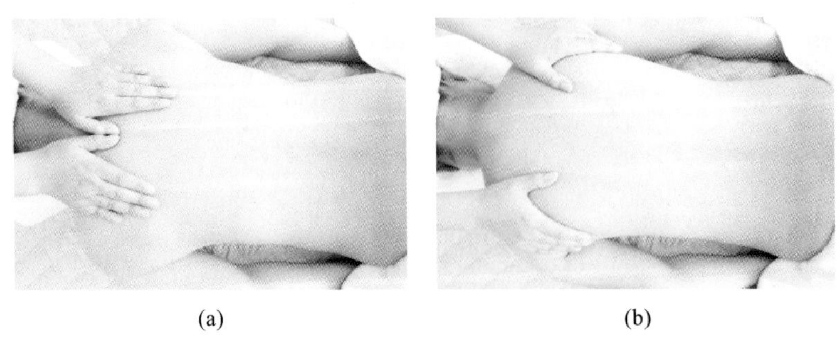

(a) (b)

图 6-11 沿肩胛骨外缘抹大圈

第七节：提拿双肩、上臂。

美容师站在顾客头位，双手置于颈部两侧，拇指在上，其余四指在下，用虎口卡住肩胛提肌。两手同时用力将肌肉拿起，再松开。自颈部两侧沿双肩、上臂至肘部拿按。然后依原线路返回复位，如此反复 10～12 次，如图 6-12 所示。

第八节：叩击双肩、两臂。

美容师站在顾客头位，双手微握拳，拇指、小指略伸直，虎口向上，以拇指、小指、大小鱼际外侧（着力部位呈马蹄状）着力、抖腕，用爆发力叩击双肩、两臂，如此反复 40～50 次，如图 6-13所示。

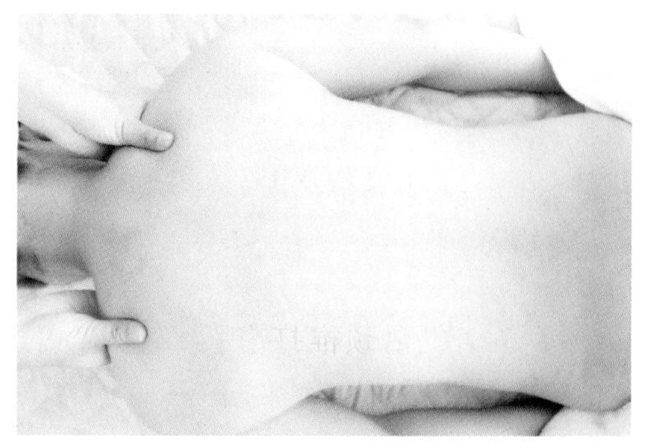

图 6-12　提拿双肩

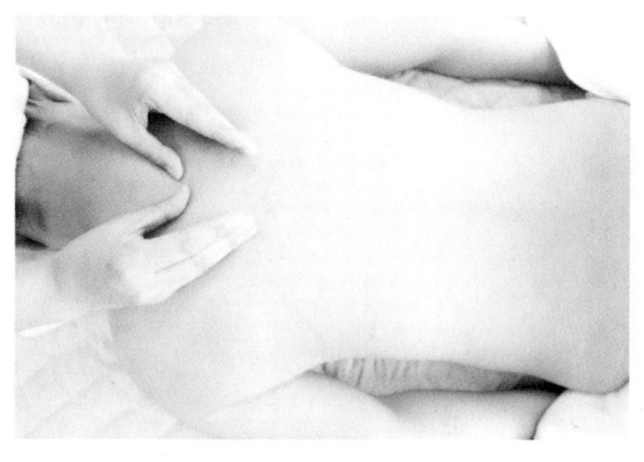

图 6-13　叩击双肩

第九节：重复第四节的操作。

第十节：重复第一节的操作。

第十一节：抚摩大圈。

美容师站在顾客左侧位，手竖位。双手五指自然并拢，平伸，全掌着力于背部，自上向下，自内向外沿肩胛骨外缘抚摩大圈后复位，如此反复 10～12 次，如图 6-14 所示。

(3) 背部按摩。

第十二节：揉按肩背。

右手手掌着力于肩胛骨部位至骶骨逐一进行缓慢的画圈揉按，左手重叠压在右手上并辅助用力以加强效果。此动作可在整个背部进行，但注意避开脊椎骨，如图 6-15 所示。

第十三节：推搓后背。

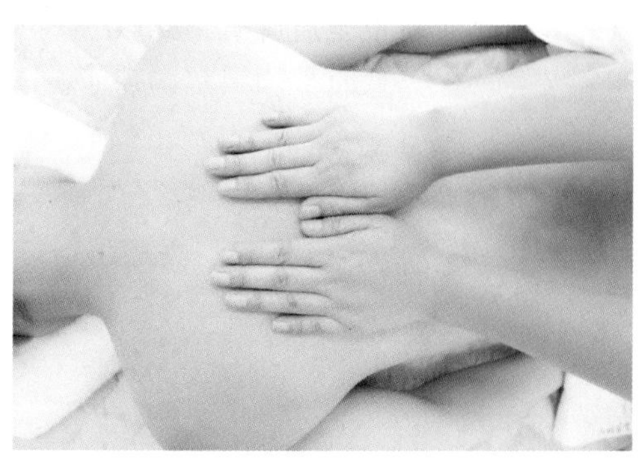

图 6-14　抚摩大圈

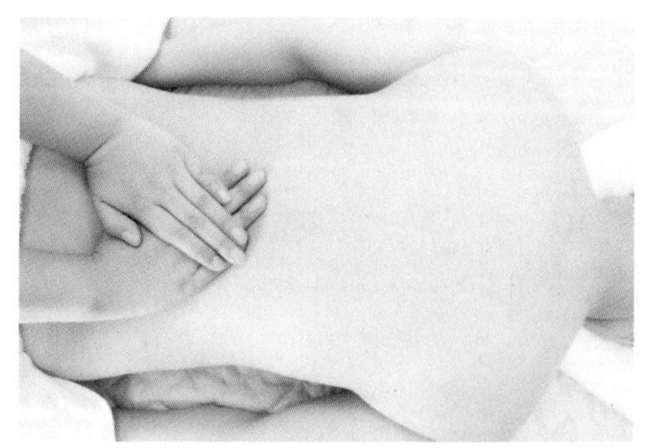

图 6-15　揉按肩背

美容师站在顾客左侧位。双手微握拳，用食指、中指、无名指、小指的第一指关节的背侧部位着力于背部。以前臂带动手部，在背部交错推搓，如此反复 30～40 次，如图 6-16 所示。

第十四节：重复第一节的操作。

第十五节：深层叩提背部。

美容师站在顾客左侧位。双手四指并拢微握拳与拇指配合，如同双手各拿一个茶杯，其虎口向上，迅速抖腕，双手交替用爆发力叩击背部，在手与背部接触的一瞬间，小手指与拇指用力握住背部肌肉迅速上提。双手如此交替反复叩提 30～40 次，如图 6-17 所示。

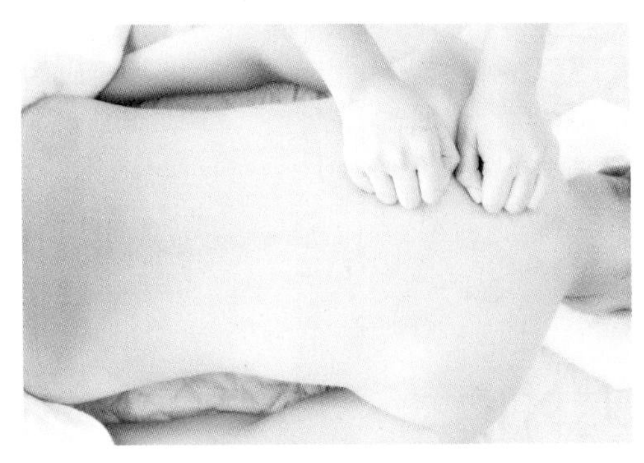

图 6-16 推搓后背

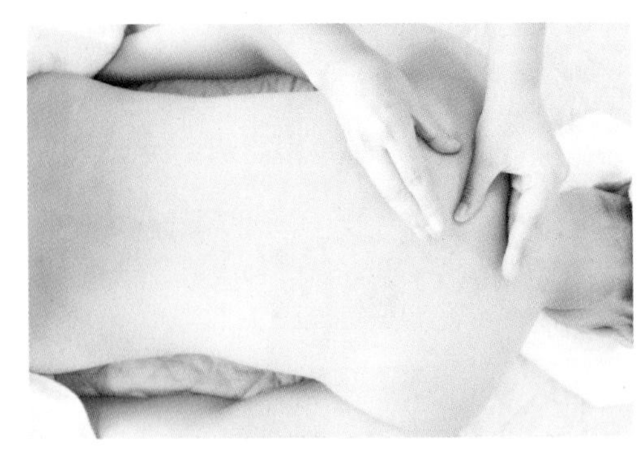

图 6-17 深层叩提背部

第十六节：叩击背部。

美容师站在顾客左侧位。双手自然弯曲虚握拳，腕部放松，分别以双手四个手指的第一指关节着力，迅速抖腕，双手交替用爆发力叩击背部，如此交替反复叩提 30～40 次，如图6-18 所示。

第十七节：推按背部。

美容师站在顾客左侧位，双手四指并拢，自然平伸。左手按在右手上，全掌着力于尾骨上侧，用力向上直线推至颈部。再用同样的手法从左臀部推至左肩，右臀部推至右肩，复位，如此反复 6～8 次，如图 6-19 所示。

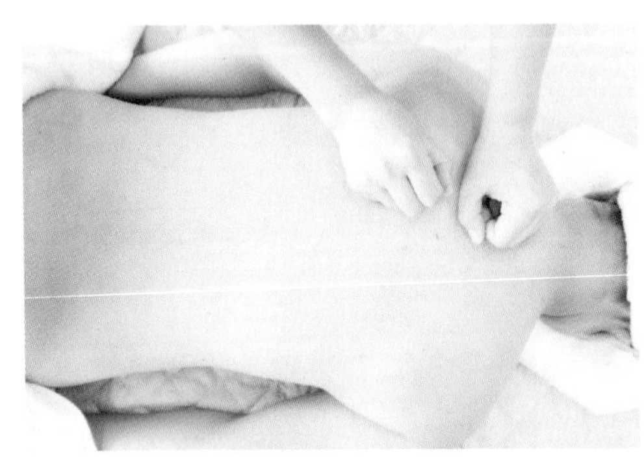

图 6-18 叩击背部

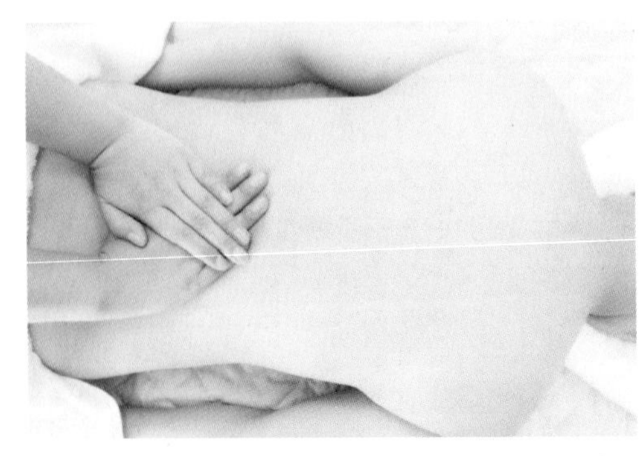

图 6-19 推按背部

第十八节：按抚背部。

美容师站在顾客头位，双手手掌沿椎骨交替进行按抚，从颈部至骶骨。按摩动作缓慢、轻柔，当一只手结束的同时，另一只手紧接着开始同样的动作。如此反复 8～10 次。

(4) 腰部按摩。

第十九节：掌推腰部。

掌推左侧时，美容师站在顾客左侧位，右侧反之。双手自然平伸，掌根着力于腰部，向腰部迅速交替用力推。推完一侧后换站位，再推另一侧，每侧掌推 30～40 次，如图 6-20 所示。

第二十节：大鱼际旋揉腰部。

双手自然平伸，同时用大鱼际着力于腰部，旋转手腕，用腕力在原部位做环状摩擦后缓慢移动，直至皮肤发热为止，如图 6-21 所示。

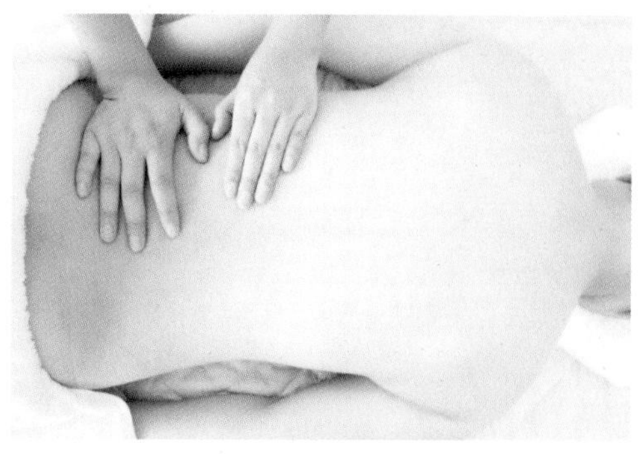

图 6-20　掌推腰部

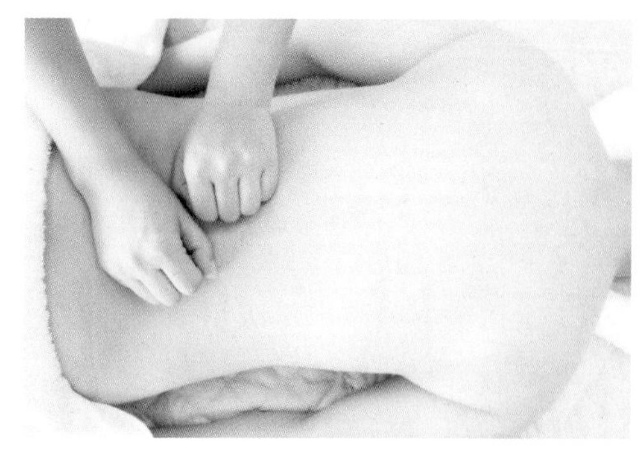

图 6-21　大鱼际旋揉腰部

第二十一节：轻叩腰部。

双手虚握拳，交替叩击腰椎两侧部位，在抖腕瞬间叩击并迅速弹起，力度要轻，如此反复叩击 50～60 次，如图 6-22 所示。

第二十二节：按揉腰部。

掌根部紧贴于腰部皮肤，做环状运动，如图 6-23 所示。

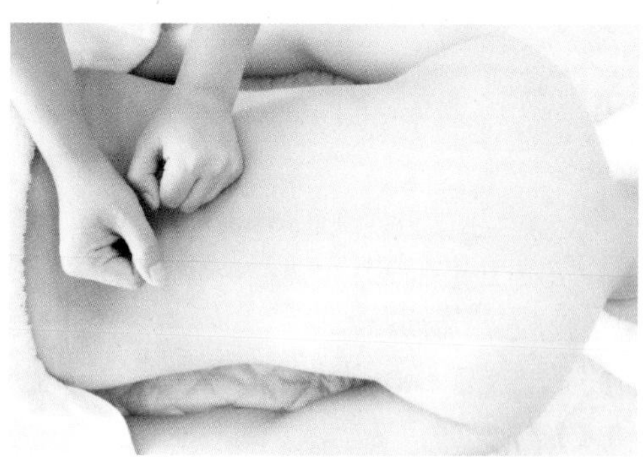

图 6-22　轻叩腰部

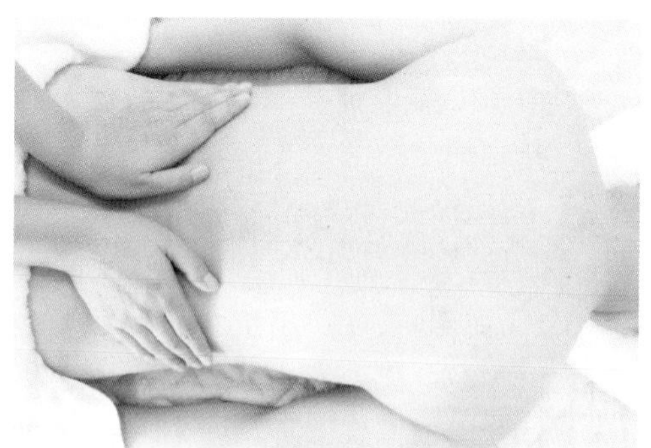

图 6-23　按揉腰部

参考文献

CANKAOWENXIAN

[1] 全国美容师技术等级培训电视讲座教材(初、中级)[M]. 3 版. 上海:上海交通大学出版社,1996.

[2] 赵晓川. 医学美容技术[M]. 北京:高等教育出版社,2005.

[3] 中国就业培训技术指导中心. 美容师(初级)[M]. 北京:中国劳动社会保障出版社,2006.

[4] 中国就业培训技术指导中心. 美容师(中级)[M]. 北京:中国劳动社会保障出版社,2006.

[5] 中国就业培训技术指导中心. 美容师(高级)[M]. 北京:中国劳动社会保障出版社,2006.

[6] 劳动和社会保障部,中国就业培训技术指导中心. 美容师(初级技能、中级技能、高级技能)[M]. 北京:中国劳动社会保障出版社,2001.

[7] 中国就业培训技术指导中心. 美容师(基础知识)[M]. 北京:中国劳动社会保障出版社,2005.

[8] 章萍. 激光医学[M]. 郑州:郑州大学出版社,2007.

[9] 张信江,边二堂. 医疗美容技术[M]. 2 版. 北京:人民卫生出版社,2011.

[10] 张丽宏. 美容实用技术[M]. 2 版. 北京:人民卫生出版社,2014.

[11] 张丽宏. 美容实用技术[M]. 北京:人民卫生出版社,2010.

[12] 阎红,面部皮肤护理[M]. 上海:上海交通大学出版社,2007.

[13] 吴继聪,张海霞. 美容医疗技术[M]. 2 版. 北京:科学出版社,2017.

[14] 孙玉萍,李素娟. 美容医师指南[M]. 北京:学苑出版社,2007.

[15] 申五一,刘开东,王文科. 医学美容临床技术教程[M]. 北京:中医古籍出版社,2005.

[16] 裘名宜. 医疗美容技术[M]. 北京:人民卫生出版社,2010.

[17] 乔国华. 现代美容实用技术[M]. 北京:高等教育出版社,2005.

[18] 李利. 美容化妆学[M]. 北京:人民卫生出版社,2011.

[19] 劳动和社会保障部教材办公室. 皮肤护理与美体[M]. 北京:中国劳动社会保障出版社,2004.

[20] 贺孟泉. 美容化妆品学[M]. 北京:人民卫生出版社,2002.

[21] 何黎. 美容皮肤科学[M]. 北京:人民卫生出版社,2011.

[22] 张秀丽,赵丽,聂莉. 美容护肤技术[M]. 北京:科学出版社,2017.